U0415650

基于 PVD 的金属结构裂纹监测技术与应用

何宇廷　崔荣洪　等著

国防工业出版社
·北京·

内 容 简 介

本书以金属结构疲劳裂纹损伤监测为背景,针对现有损伤监测传感器难以实现与金属结构一体化集成导致的耐久性差、虚警率高等问题,开展了基于物理气相沉积(PVD)技术的金属结构裂纹监测原理与技术研究。

本书以金属结构作为主要研究对象,设计研制了用于金属结构裂纹定量监测的PVD薄膜传感器及配套设备,分析了PVD传感器的裂纹监测机理,总结了PVD制备工艺参数对膜层结构、性能的影响规律,制备出了具有优良耐磨性能和结合强度的损伤传感层,实现了传感器与金属基体的高度一体化集成,并具有对金属结构裂纹损伤的高灵敏感知能力,提出了针对PVD薄膜传感器的裂纹定量识别方法,进行了PVD薄膜传感器信号产生、实时采集、分析处理和结构损伤识别功能模块的软、硬件集成,搭建了多通道飞机金属结构裂纹在线监测系统,开展了典型载荷谱下和典型工作环境下金属试样的疲劳裂纹监测实验,验证了PVD薄膜传感器对金属结构工作环境的适应性。在此基础上,提出了基于健康度的含裂纹结构健康状态评估方法和基于健康状态的结构视情维修决策方法,可用于指导开展飞机结构视情维修保障。

本书可为从事飞机、起重机械、压力容器等重要装备研制和装备使用管理的技术人员和管理人员提供一种有效的裂纹损伤监测手段,以提高装备结构的服役使用安全性,降低使用维修成本,延长服役使用寿命,也可以作为从事结构健康监测领域人员的参考书。

图书在版编目(CIP)数据

基于PVD的金属结构裂纹监测技术与应用/何宇廷等著. —北京:国防工业出版社,2024. 5
ISBN 978-7-118-13302-8

Ⅰ. ①基… Ⅱ. ①何… Ⅲ. ①金属结构—金属疲劳—裂纹扩展—监测 Ⅳ. ①TG111. 8

中国国家版本馆CIP数据核字(2024)第103959号

※

国防工業出版社 出版发行

(北京市海淀区紫竹院南路23号 邮政编码100048)
三河市天利华印刷装订有限公司印刷
新华书店经售

*

开本 710×1000 1/16 **插页** 9 **印张** 16¼ **字数** 286千字
2024年5月第1版第1次印刷 **印数** 1—1400册 **定价** 119.00元

(本书如有印装错误,我社负责调换)

国防书店:(010)88540777 书店传真:(010)88540776
发行业务:(010)88540717 发行传真:(010)88540762

前　言

金属结构疲劳裂纹监测是现代结构健康监控的重点也是难点。一方面，金属结构长期以来都被作为飞机、起重机械、高速列车等重要装备设施的主承力结构，其服役使用过程中产生的裂纹损伤会严重威胁装备的服役安全、影响装备的服役使用寿命，因金属结构疲劳损伤引发的灾难性事故不胜枚举；另一方面，金属结构的制造环境（高温）、工作环境（高承载、高应力、振动、磨损、腐蚀、电磁环境、温差等）均比较严酷，现有的损伤传感器与金属结构的一体化集成程度比较低，且大多都不能适应金属结构应力水平高、工作年限长的特点，可靠性低、耐久性差、虚警率高。开展金属结构疲劳裂纹监测技术研究，对于保障结构使用安全，避免灾难性事故发生、减少维修周期、降低维修费用等，具有重大现实意义。2018 年，中国科协发布了 60 个“硬骨头”重大科学问题和重大工程技术难题，“工程结构安全的长期智能监测预警技术”位列其中，充分说明开展服役环境下结构损伤监测研究的重大意义和紧迫性。

作者针对上述关键问题，在国家“973”计划、国家“863”计划、国家重点研发计划、国家自然科学基金等项目的支持下，对结构裂纹定量监测技术开展了持续多年的研究：设计研制了用于金属结构裂纹定量监测的 PVD 薄膜传感器及配套设备，分析了 PVD 传感器的裂纹监测机理，总结了 PVD 制备工艺参数对膜层结构、性能的影响规律，制备出了具有优良耐磨性能和结合强度的损伤传感层，实现了传感器与金属基体的高度一体化集成，并具有对金属结构裂纹损伤的高灵敏感知能力，提出了针对 PVD 薄膜传感器的裂纹定量识别方法，进行了 PVD 薄膜传感器信号产生、实时采集、分析处理和结构损伤识别功能模块的软、硬件集成，搭建了多通道飞机金属结构裂纹在线监测系统，开展了典型载荷谱下和典型工作环境下金属试样的疲劳裂纹监测实验，验证了 PVD 薄膜传感器监测金属结构裂纹的可行性和对金属结构工作环境的适应性。在此基础上，提出了基于健康度的含裂纹结构健康状态评估方法和基于健康状态的结构视情维修决策方法。

本书较全面地阐述了 PVD 薄膜传感器建模分析、优化设计、监测系统研制、服役环境干扰抑制和传感器耐久集成等内容，可为从事飞机等装备设计和维修使用的技术人员和管理人员提供一种有效的装备金属结构裂纹损伤监测技术，以提高装备结构的服役使用安全、降低使用维修成本、延长服役使用寿命。同时，本书也可以作为结构健康监测领域人员的参考书，丰富结构健康监测的理论和技术。

在本书的撰写和出版过程中，得到了中国人民解放军军委科技委、军委装备发展部、空军、空军工程大学有关领导和机关的大力支持；陈一坚、唐长红、孙聪、闫楚良、王向明、孙侠生、宁宇、刘小冬、丁克勤、肖迎春、王新波、景博、张彦君等与作者进行了有益的讨论并提出了宝贵的意见，作者在此一并表示衷心的感谢！

本书由何宇廷统稿，崔荣洪、刘马宝、宋雨键、张腾、樊祥洪、李鸿鹏、刘凯、李小涛等参与撰写。由于作者水平有限，加之结构健康监测技术的复杂性，书中难免有错误和不当之处，敬请各位读者提出宝贵意见。

著　者

2023 年 10 月

目　录

第1章　金属结构裂纹监测技术概述

1.1　结构健康监测的研究背景

结构安全是保证各类装备安全可靠运行的前提和基础。金属结构作为最为常见的主承力结构，其在疲劳、腐蚀、冲击、磨损等因素的共同作用下可能发生多种模式的结构损伤，其中，疲劳裂纹损伤是金属结构在服役过程中最直接和终极的损伤模式。金属结构中裂纹的萌生与扩展，会不断降低结构承载能力，从而导致结构最终失效，甚至突然断裂，酿成惨痛事故。因金属结构疲劳损伤引发的灾难性事故不胜枚举。1954 年，英国 2 架彗星 –1 旅客飞机发生空中解体事故。1958 年，美国 4 架 B –52 飞机发生结构疲劳断裂事故；1979 年，美国 1 架 F –111战斗机机翼大梁疲劳裂纹扩展导致机翼折断，飞机坠毁；1985 年，日本 1 架波音 747 飞机因机身壁板疲劳裂纹扩展开裂失事；2007 年，美国 1 架 F –15 战机因主梁疲劳破坏而空中解体，致使该型飞机全球停飞；2008 年 8 月，吉尔吉斯斯坦 1 架波音 737 客机的旅客舱结构破坏，飞机坠毁；2012 年，空中客车公司的 21 世纪“旗舰”产品“空中巨无霸”空客 A380 旅客飞机连接机翼翼肋与蒙皮的连接件出现疲劳裂纹，引起旅客恐慌，导致刚交付使用不久的 A380 飞机不得不重新更改原设计并召回更换修理所有已交付使用的飞机；2021 年，美军一架 B –2轰炸机发生冲出跑道事故，原因是起落架液压联轴器出现金属疲劳导致液压油漏光……

一次次灾难性事故的发生以及巨大的维修费用开销，引起了人们对结构运行安全和使用寿命的关注，从而带来结构设计思想和维修方式的变革。

20 世纪 60 年代末到 70 年代初的多起断裂事故表明，以往的安全寿命设计并不能确保飞机安全和维修经济性。经过研究分析发现，这一时期飞机结构设计中大量采用高强度和超高强度合金材料。一般来说，高强度合金材料的韧性低且缺口敏感性强，同时在安全寿命设计中，特别是对于一些疲劳薄弱部位的关键件、重要件，没有考虑结构中的初始裂纹存在，也没有考虑裂纹扩展速率和临界裂纹的概念。而实际上，由于飞机结构材料在冶金中存在的初始缺陷、在加工制造中形成的微裂纹，或由于使用中各种损伤（如划伤、碰伤等），使飞机结构在服役中这些缺陷/裂纹不断扩展导致结构剩余强度不足而发生破坏。损伤容限设计思想就是在这一时期产生的:承认结构中存在着未被发现的初始缺陷、裂纹或其他损伤,使用过程中,在重复载荷作用下将不断扩展。通过分析和实验验证,对可检结构给出检修周期,对不可检结构提出严格的剩余强度要求和裂纹增长限制,以保证结构在给定使用寿命期内,不会由于未被发现的初始缺陷的失稳扩展导致结构的破坏。损伤容限设计思想对飞机的定寿、维修与寿命管理提出了不同于以往的要求,对保证飞机飞行安全性和使用寿命发挥了重要作用。受技术水平限制,传统的结构损伤容限设计思想是基于无损检测(NDT)技术和定期维修机制实现的,如图 1.1 所示。

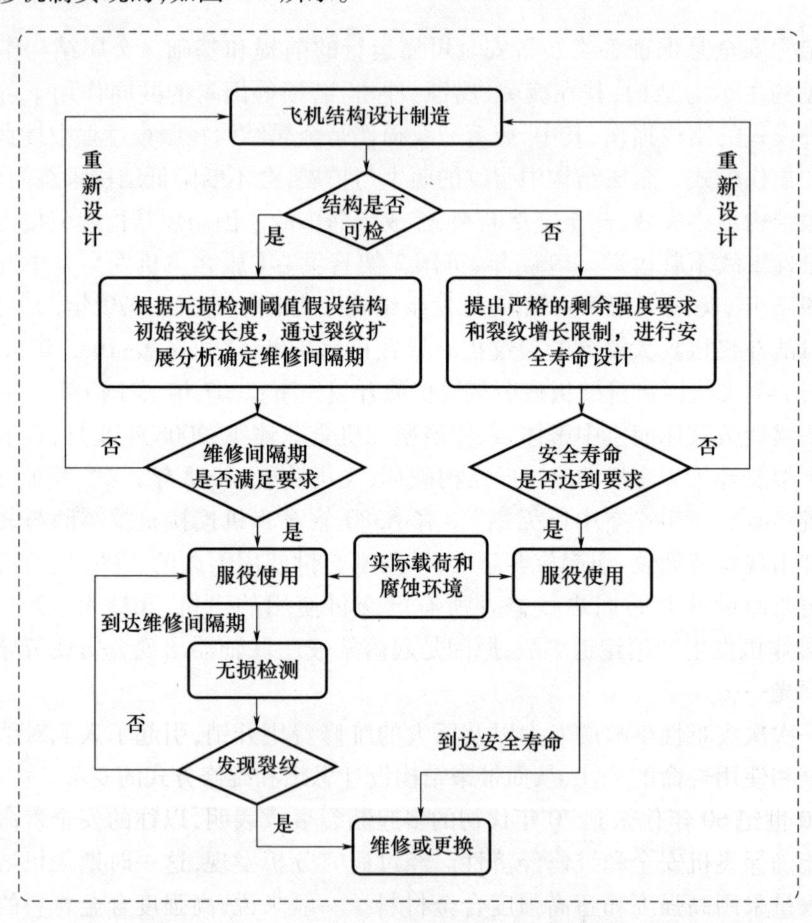

图 1.1　基于 NDT 技术和定期维修的结构损伤容限设计思想实现

由图 1.1 可知,在传统的结构损伤容限设计思想实现中还包括安全寿命设计准则,后者主要针对一些无法进行损伤容限控制的飞机结构,譬如飞机起落架等。同时在传统的结构损伤容限设计思想实现中,NDT 技术对保证飞行安全和飞机使用寿命起到了至关重要的作用。但是,目前这些常规成熟的NDT技术,如磁粉、涡流、射线、超声波、声发射和红外热成像技术等,还只适合离线和被动的维修检测场合,只能检测已经存在并达到一定尺寸的缺陷和损伤,不能对飞机结构和部件的损伤和失效过程进行主动监测,更难以对飞机的健康状态进行综合评估和寿命分析,无法保证飞机飞行安全性和使用寿命。

(1)无损检测方法是对结构的局部检测,需要经验支持,预先估计可能的结构损伤位置。对检查人员的能力、设备的性能和检查时机要求高,无法做到实时、在线监测。这种周期性的检测方式增加了结构维护费用的同时也降低了飞机使用率。

(2)现代飞机,特别是新一代飞机,为获得优良的气动外形布局,在结构设计上采用了翼身融合技术、内埋武器弹舱和隐身外形布局,导致结构构形相对复杂,疲劳关键部位多,可达性/可检性较差,特别是许多部位处于封闭区导致不可检。而在传统的结构损伤容限设计思想实现中,这部分结构仍将采用传统的安全寿命设计,这不仅增加了维修费用,降低了结构安全性,而且安全寿命设计中过大的分散系数导致该部分结构的使用寿命较低。

(3)随训练强度的不断加大,新一代飞机结构出现损伤的风险不断提高,而目前飞机检查周期一般根据全机疲劳实验结果确定,当飞机实际服役使用情况与实验情况不同时,飞机结构在检查周期间隔内出现裂纹的可能性和裂纹扩展的速率会大大增大。

在传统的基于无损检测技术(Non - Destructive Testing,NDT)的定期维修方式基础之上,基于结构健康诊断与健康管理技术(PHM)的视情维修或称基于状态的维修模式(Condition - Based Maintenance,CBM)作为具有诱人前景的全新理念被提出来并逐渐应用到结构精确维修中。CBM在确定维修需求时最突出的特点是考虑了装备的运行状态信息,根据实时获取的状态信息制定维修决策。而作为获取装备底层状态信息的关键支撑技术,PHM成为实现CBM的重点同时也是难点。目前,PHM技术的研究和应用已经涉及航空、航天、汽车、电子等各个领域的工程系统。

PHM定义为检验和监控装备健康状态,并采取正确适当的措施以维护装备执行其功能或安全运行。所谓健康诊断,即诊断航空装备所属部件或系统完成其功能的能力和状态,包括确定其残余寿命或正常工作的时间长度;所谓状态管理,是根据健康诊断和故障预测信息、可用资源和使用需求等航空装备维修保障状态信息对维修活动做出合适决策的管理活动。PHM可以提供先进的在线诊断和测试性能,通过系统重构来提高任务可靠性,实现视情维修,提高装备安全性,降低寿命周期费用,是被美国国防部认定的唯一一项能显著降低使用和保障费用,并能同时提高航空装备安全性和航空装备可用度的综合性技术。

PHM 以诊断、预测为主要手段，具有智能和自主的典型特征，必须建立在状态/信息感知、融合和辨识的基础上，是以感知为中心的决策过程和执行过程。健康诊断与状态管理的基本要求包括：在足够的时间内，充分检测到异常和未知异常，以便能够及时做出反应；分析数据和执行决策分析（包括人工干预或自动模式）；提供正确的措施，发起解决问题和预防故障的行为；提供故障重构，增加可靠性。

PHM 的体系结构为基于状态维修的开放式系统结构。主要由如下七层组成：

（1）数据获取层。数据获取层位于七层结构最底层，该层与航空装备的特定物理测量设备相连接，其功能是收集来自各种传感器的信号，为健康诊断与状态管理系统提供数据支持。

（2）数据处理层。该层的主要功能是处理来自数据获取层的数据，通过一些特征提取算法把所获取的数据转换成状态监测、健康评估等，满足顶测层所需要的形式。这些信号特征能够以某一种形式表征系统/组件的健康程度。通常采用的数据处理算法包括快速傅立叶变换、神经网络、小波、卡尔曼滤波或统计方法等。数据处理层的输出结果包括经过滤、压缩后的传感器数据、频谱数据以及其他特征数据等。

（3）状态监测层。状态监测层接收来自传感器、数据处理层以及其他状态监测模块的数据。其主要功能是完成与系统状态相关的特征的计算和估计即将获取的数据同预定的失效判据等进行比较来监测系统当前的状态，并且可以根据预定的各种参数指标极限值/阈值来提供故障报警能力，例如对子系统、部件的行为以及材料的状况进行测试和报告，此外也对运行环境进行检测和报告。状态监测层又可以称为状态监控层。

（4）健康评估层。健康评估层接收来自不同状态监测模块以及其他健康评估模块的数据，根据状态监测层的输出和历史的状态评估值，主要评估被监测系统、分系统或部件的健康状态，确定这些系统是否降级。如果系统的健康状态降级了，该层会产生诊断信息，提示可能发生的故障。该层的输出包括组件的健康或健康程度。

（5）预测层。预测层可综合前面各层的数据信息，评估和预测被监测系统、子系统和部件未来的健康状态。主要功能是对系统、子系统或部件在使用工作包线和工作应力下的剩余使用寿命进行估计。预测层可能报告系统未来健康状态或评估组件的剩余使用寿命。

（6）决策支持层。该层接收来自状态监测层、健康评估层和预测层的数据，并根据前面各层的输出结果做出相应的支持决策，为维修资源管理和其他健康诊断与状态管理过程提供支撑。决策支持层综合所需要的信息，基于与系统健康相关的信息，以支持做出决策，为维修提供建议及措施。

(7)显示层。该层具备与其他所有层通信的能力，通过便携式维修设备、维修管理和操作管理实现健康诊断与状态管理系统同使用人员、维修人员的人机交互界面功能。该层的输出包括低层产生的输出信息以及低层所需要的输入信息。以上七层结构中，一般来说，数据获取层、数据处理层、状态监测层和健康评估层是健康诊断与状态管理系统的主要部分。

PHM 的主要功能有故障检测、故障隔离、健康诊断、故障预测、剩余使用寿命预计、部件寿命跟踪、性能降级趋势跟踪、保证期跟踪、故障选择性报告等。PHM 的主要活动涉及从健康诊断、故障预测、故障诊断到恢复正常的一系列活动。在上述四类活动中，健康诊断与预测显然是一切健康诊断与管理活动的基本出发点，如何合理有效地提取健康诊断信息是实现装备健康诊断与状态管理的基础。

金属结构裂纹监测就是通过将先进的损伤监测传感器件集成在金属结构上，利用传感器对金属结构的裂纹损伤情况进行监测，获取与结构裂纹损伤状况相关的信息，并根据获取的信号结合先进的信号信息处理方法提取结构裂纹损伤特征参数，进行状态评估，提供相关结构的完好状态信息或故障预警。

研究探索金属结构裂纹监测技术，可以在准确的时间、准确的部位采取准确的维修活动，改变过去由事件主宰的维修方式和定期维修的传统方式，真正做到依据健康状态来视情维修，减少停机时间，降低维护保障费用，预防灾难性的结构故障发生，提高飞机的可靠性和安全性，具有重要的理论价值和现实意义。目前国外的一些疲劳损伤监控系统已经在实际的飞行器上得到了初步验证和应用，取得了巨大的经济和军事效益。加拿大空军 CF－18 战斗机进行了机体结构的同步疲劳监控，使得机群使用寿命延长 12 年。美国 F－35 预期可使维修人力减少 20%～40%，后勤规模缩小 50%，出动架次率提高 25%。

1.2 金属结构裂纹监测技术现状

结构裂纹监测技术被多数人视为飞机结构健康监测技术中最为重要的技术，一直是结构健康监测领域的研究热点。根据监测的方式，可以分为间接裂纹监测技术和直接裂纹监测技术。间接裂纹监测指的是结构裂纹的产生和扩展，使得结构局部区域的应力、应变或形变发生改变，通过监测结构的应力应变的变化情况来反推结构有无裂纹以及裂纹的扩展情况，这类监测技术主要是采用监测结构应变、应力、形变的传感器。直接裂纹监测指的是结构裂纹的产生和扩展，直接使得传感器的监测信号发生改变，从而实现对结构裂纹的监测。

下面主要阐述各类金属结构裂纹监测技术的特点及研究发展现状。

1. 基于应变片的结构损伤监测技术

应变片是使用时间最长、应用最为广泛的一种结构应变测量传感器，其工作原理是应用电阻应变效应，通过测量其产生机械变形时发生的微小电阻变化对应变进行测定，从而感知结构应力引起的结构变形，可以准确反映出结构的局部受力和变形状态。在结构健康监测领域，应变片可用来实时测量被测区域的载荷情况，应用疲劳累积损伤理论进行飞机结构的单机寿命监测。因此，国外采用应变片进行结构损伤监测的历史已经超过 30 年了，在从 F-15 飞机开始到最先进的 F-22、F-35 战机（图 1.2）都安装了应变片用于结构的载荷测量。

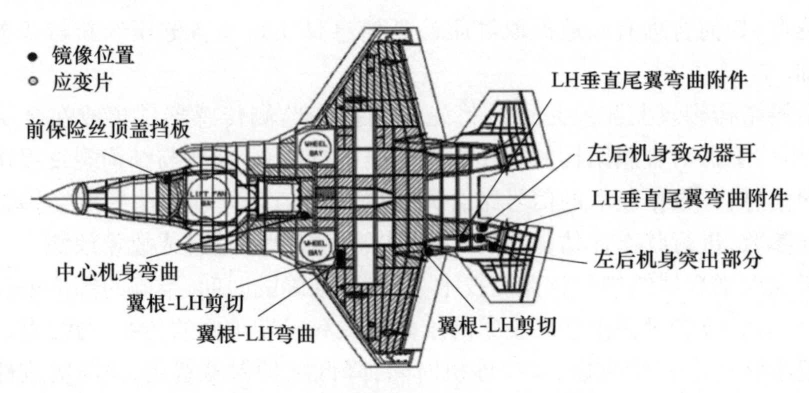

图 1.2　安装在 F-35 飞机上的应变片

但是，单机寿命监测从本质上来说仍然只是寿命监测的一种策略，并不能准确监测结构是否产生裂纹以及裂纹的扩展情况。因此，应变片虽然具有技术成熟度高（9 级）的优点，但是其监测能力有限，对结构的裂纹损伤不敏感，只有结构的裂纹长度到达改变结构的应力分布时才能感知到裂纹的产生，所以一般只用于监测结构的应力、应变变化。

2. 基于光纤的结构损伤监测技术

光纤传感器的工作原理（图 1.3）是将光作为敏感信息的载体，通过光纤传输至调制器，在调制区内，待测参数与进入调制区的光相互作用，导致光的强度、波长、频率、相位等光学性质发生变化，形成被调制的信号光，再通过光纤输入光探测器，最后经解调获得被测参数。按照测量原理，用于结构健康监测的光纤传感器可以分为两种主要类型：干涉测量和光栅测量。干涉测量传感器分辨率高、稳定，但只适用于单点测量、动态测量范围很低，因此目前在航空领域的应用研究较少。而基于光栅的传感器可用于分布式测量，在航空航天领域有着广阔的应用前景。

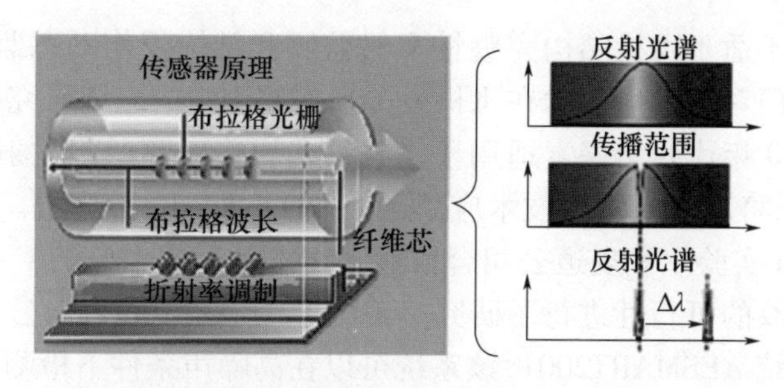

图 1.3　光纤传感器的工作原理(见彩图)

光纤 Bragg 光栅(FBG)传感器是结构损伤监测技术中最具发展前途的光纤无源器件之一。与普通光纤传感器相比,FBG 传感器具有无可比拟的优势——探头尺寸小,抗干扰能力强,传感与传输功能集于一体、易于构成分布式传感网络,可用来测量变形、载荷、冲击和分层,具有抗电磁干扰能力强、体积小可埋入复合材料内部、可复用、易于组建传感器网络的优点,是光纤传感器领域的研究热点。美国、日本和欧洲各国的研究机构以及波音、空客等公司对 FBG 传感器在航空材料结构损伤监测领域的应用研究取得了一定成果。NASA 的飞行研究中心基于使用 FBG 传感器实时获取应变数据,提出了一种能够从测量数据中准确估计变形场的监测技术。Lee 和 Read 等人利用光纤传感器监测风洞条件下的翼梁中的动态应变或飞行期间的机翼前缘。Minakuchi 等开发了一种基于 FBG 的 L 形角部件生命周期监测系统,将光纤嵌入 L 形复合材料试样的角落,以监测整个结构生命周期中的横截面应变变化。Baker 等提出了一种简单的基于应变的 SHM 方法,用于监测 F-111C 机翼中临界疲劳裂纹的硼/环氧树脂补片修复。Panopoulou 和 Loutas 等使用 FBG 传感器来执行动态应变测量,并结合神经网络识别蒙皮、框架和桁条的典型航空结构的复合材料试件的损伤。Sierra 等人使用基于主成分分析(PCA)技术识别结构损伤,并分析了涉及多个缺陷的复杂损伤的监测情况。Saito 等在公务机上进行了基于分布式光纤传感器的机载结构健康监测系统的飞行测试。

目前,光纤传感器主要用于飞机结构的单机寿命监测领域以及复合材料的冲击损伤监测领域,主要是通过监测载荷和温度进行结构损伤预测。与应变片类似,对结构的小损伤不敏感,只有裂纹长度足以改变结构的应力分布时,传感器才会有明显的变化。并且,由于光纤传感器直接安装在结构表面的耐久性问题难以解决,因此,多将其嵌入复合材料中进行冲击、分层等损失监测。

3. 基于声发射的结构裂纹监测技术

声发射是指材料或结构在外力、内力或温度的作用下,局部区域产生塑性变形或有裂纹萌生和扩展时,以瞬态弹性波形式快速释放应变能的现象,而通过声发射弹性波采集和分析,对材料或结构的损伤状态进行监测和评价的技术即为声发射技术。

声发射技术适于飞机结构完整性实时监测和结构损伤动态监测，欧美各国军方和航空部门对声发射技术在飞机疲劳损伤监测中的应用研究相当活跃。美国从20世纪70年代开始探索适用于飞机结构损伤监测的声发射技术，在取得一定成果之后，将声发射监测技术应用于F-111，F-15等飞机。20世纪90年代，美国Wright实验室和麦道公司合作对利用声发射技术监测F-15飞机机翼等构件疲劳裂纹的可行性进行了研究。美国Dunegan工程咨询公司研制了一种声发射监测系统AESMART2001，该系统可以在高噪声条件下检测结构件疲劳裂纹扩展的声发射信号，并已经在P-3“猎户座”海上巡逻机上应用。英国皇家空军采用PAC公司研制的声发射监测系统SPARTAN对VC10飞机的结构损伤进行监测，取得了成功。俄罗斯西伯利亚航空研究所利用声发射系统对C-80ГП飞机副翼的复合材料结构件在疲劳实验中的损伤部位进行定位，效果较好。澳大利亚空军和航空研究所利用声发射技术监测飞机机翼主梁等主承力构件的疲劳损伤，取得了较大进展。

目前，美国空军、美国海军、英国皇家空军以及波音系列飞机和空中客车飞机都将声发射技术作为飞机损伤检测的常规手段。此外，BELL HELICOPTER、BOEING VERTOL和SIKORSKY等公司均已将声发射技术应用于直升机的研制和生产中。

虽然可以发现很多声发射在飞机结构上使用的报道，但是美国空军21世纪初就已经停止了该项技术在实际飞机结构上的监测应用。声发射技术虽然具有实时动态性强、可直接监测裂纹的优点，但是飞机使用时，发动机、气流和武器发射、飞机降落等都会引起噪声，这无疑会对监测系统产生致命的干扰。即使是采用先进的噪声消除技术，也难以真正消除噪声干扰，这导致了声发射技术在飞行应用时“虚警率”过高，使得飞机的可用性降低。任何降低飞机可用性的技术都无法得到实际应用，这也是该技术最终没能成功在飞机结构中应用的原因。

4. 基于压电的结构裂纹监测技术

压电传感器的工作基础是压电效应。压电元件受到外力作用而发生形变时，压电材料内部电荷的极化现象会引起电场、电场强度与应力大小成比例变化，电场方向取决于应力的方向，该现象即为正压电效应。逆压电效应则相反，当压电材料在电场作用下发生电极化现象时，产生应变，其应变值同电场强度成比例，应变正负取决于电场方向。基于正、逆压电效应，压电传感器既可作为传感元件又可作为驱动元件用于结构损伤监测。压电传感器具有灵敏度高、工作频带宽、动态特性好、监测区域大、功耗小、结构简单、体积小、质量轻、寿命长以及同时适用于金属结构和复合材料结构损伤监测等优点。

基于压电传感器的结构损伤监测技术在航空结构中的应用近年来已成为结构健康监测研究的一个重要方向。20世纪90年代初，美国弗吉尼亚理工学院暨州立大学率先展开了用于结构损伤检测的压电阻抗法研究。Chaudhry 最早将基于压电传感元件的结构损伤监测技术应用于航空结构,Castanien 利用压电技术成功识别了机身结构损伤,Giurgiutiu 利用压电传感技术对老龄航空结构进行了损伤监测及状态评估,验证了其应用于航空结构损伤监测的可行性;Ghoshal 在直升机折梁实验中采用压电传感技术对结构损伤进行了检测,Winston 等采用基于压电传感器的结构损伤技术实现了喷气机涡轮引擎故障检测,Toshimichi 等利用压电陶瓷传感器实现了飞机复合材料结构损伤监测。Giurgiutiu 和 Zagrai 等人针对老龄飞机结构裂纹和腐蚀损伤监测需求,研制了主动式压电传感器,并通过飞机壁板结构损伤监测实验验证了该传感器应用的有效性。

在美、加、澳三国的技术合作计划中,采用分布式组合压电驱动器对 F/A－18 复合材料垂尾的涡流载荷进行主动减缓,以延长结构的疲劳寿命。美国陆军研制了基于压电传感器的损伤监测系统,用以对直升机行星齿轮系的温度和应力进行监测。美国诺斯罗普·格鲁曼公司采用压电传感器监测 F－18 机翼结构的损伤及应变。波音公司采用压电传感器对地面实验中 F－16 尾部隔框的疲劳裂纹进行了监测。空客公司开展了基于压电传感器的结构疲劳损伤监测系统研制,相关成果已在 A340－600 客机上获得初步应用。

目前,压电传感器主要应用于飞机壁板结构的损伤监测,而对飞机复杂连接结构进行损伤监测尚存在一定难度,这是因为复杂连接结构中应力回波的传播规律复杂。此外,压电传感器容易受到实际飞机结构工作环境中振动噪声等因素的影响。

5. 基于比较真空监测(CVM)传感器的结构裂纹监测技术

CVM 传感器是一种用于金属结构裂纹原位检测/监测的传感器。CVM 传感器的基本原理是保持低真空的管路对任何空气进入都非常敏感,因此对任何缝隙都很敏感。如图 1.4 所示,传感器黏附在被测结构上,如果不存在缺陷,则低真空在基值下保持稳定;如果出现裂缝,空气将通过裂缝流到真空管路;当裂缝扩展时,裂纹上方的管路都会泄露,从而可以对裂纹长度进行定量监测。

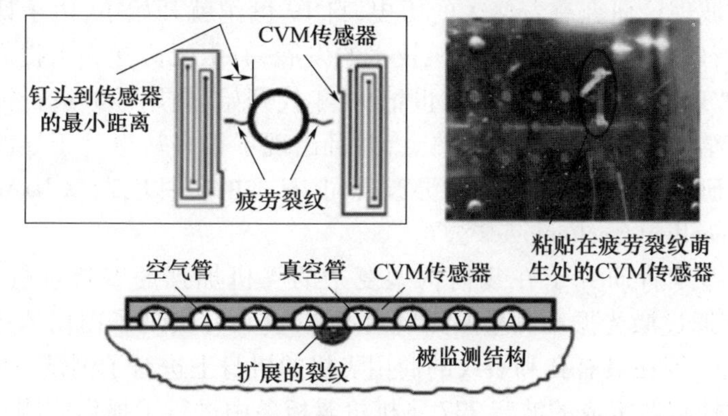

图 1.4　CVM 传感器监测疲劳裂纹的原理示意图

美国Sandia实验室分别在美国的西北航空公司和达美航空公司的DC－9、B－757和B－767飞机上安装了26个传感器进行飞行条件下的功能验证和耐久性验证。此外，在美军的C－130、巴基斯坦的FT－5、“幻影”Ⅲ飞机也都安装过CVM传感器进行飞行测试。

CVM传感器实际上是由硅胶制造而成的薄膜，该传感器无法承载，需要与被测结构一同破坏才能监测到结构表面的裂纹。然而，飞机结构中许多关键部位均有较厚的防腐蚀涂层，这些涂层在结构裂纹较小的情况下不会破坏，只有当裂纹长度足够长时，结构表面的涂层才会随着拉伸载荷的作用而破坏。同时，实验结果表明，CVM传感器需要较高的粘贴工艺才会使得传感器与结构的裂纹一同产生破坏。

6. 基于导波的结构裂纹监测技术

导波监测一般先由激励器（压电、磁致伸缩等）在结构上激励产生导波，再由传感器（压电、光纤、激光等）接收响应信号。结构产生损伤前后的导波信号会发生变化，通过分析信号的变化就可以实现对结构损伤的监测。用于结构健康监测技术的导波主要是超声机械波，通过有界结构介质传播，具有多模态、色散和衰减波传播的特点。导波监测法具有以下优点：①可大面积监测，特别适用于飞机蒙皮、壁板等大型平面结构的损伤监测；②激励频率高，可以检测较小的损伤；③低频环境振动对导波不会产生较大干扰；④损伤监测类型多，腐蚀、疲劳裂纹、螺栓松动、复合材料脱黏等损伤都能监测。因此，导波目前是结构健康监测领域研究的热点之一。

导波的种类很多，包括Lamb波、瑞利波、剪切－水平（SH）波等。Lamb波是最常见的一种导波，它通过无应力表面传播的薄板和壳体传播；瑞利波在介质的自由表面附近传播，并且在较高频率或较厚的板中，兰姆波被转换为瑞利波传播；SH波是一种在板状结构中传播的波，通常用于层压复合板。除此之外，一些研究人员还研究了圆柱形结构和管道中的圆周、轴向和径向波传播。

超声导波理论研究有着悠久的历史，自19世纪就开始了，由于计算能力有限，只能进行解析计算，随着计算机技术的发展，有限元方法大大提高了分析能力，使得导波理论进一步完善。20世纪90年代开始，应用导波进行损伤检测与成像成为了结构损伤监测技术的热点，并且出现了很多从事基于导波的结构损伤检测技术研发的公司，如英国的导波公司、日本的奥林巴斯（OLYMPUS）公司和美国的Accellent Technologies公司。

近期一些学者研究了在几何构型复杂的飞机加强筋壁板进行导波监测。Ong和Chiu通过激光振动测量法测量兰姆波响应，并实现了损伤的定位与定量监测。Haynes等在具有孔和裂纹的商用飞机的机身上进行了测试。Senyurek在由铝和复合蜂窝芯组成的波音737飞机机翼板条中进行了损伤监测。部分研究还涉及基于导波的飞机结构健康监测系统的发展。Monaco 等介绍了基于导波的 SHM 系统,该系统用于复合材料机翼结构元件。Schmidt 等提出了基于兰姆波的 SHM 系统与全尺寸复合材料机身面板的 PZT 传感器阵列的类似开发。美国斯坦福大学和美国 Accellent Technologies 公司将压电传感器/驱动器利用柔性电路制板工艺封装制成了压电智能夹层(SMART Layer)传感器,既保证了压电单元的一致性、又提高了压电传感器的使用效率,如图 1.5 所示。该传感器适用于平面和曲面结构,可嵌入复合结构或安装在现有的金属和复合结构表面进行结构裂纹、腐蚀、复合材料损伤的监测,并在 F-16 飞机和贝尔直升机进行测试。目前,Accellent Technologies 公司使用了 SMART Layer 传感器在 OH-58 飞机上进行飞行测试,并且将结构损伤监测功能接入到了飞机上的 HUMS 系统中。

图 1.5　SMART Layer 传感器

南京航空航天大学的袁慎芳等长期开展基于导波的飞机结构损伤监测技术,并研制了智能夹层传感器及结构损伤监测系统,并用于复合材料、飞机起落架的结构损伤监测实验。大连理工大学的武湛君等开展了基于导波的结构损伤监测技术,并在实验室开展了飞机壁板、飞机焊接管路等结构的损伤监测实验。香港理工大学的研究团队研究了一种可直接喷涂于结构表面的纳米复合超声传感器,并在实验室开展了可行性验证实验。

基于导波的结构损伤监测本质上是通过监测导波信号的变化来推算结构的损伤程度。飞机复杂恶劣的服役环境对传感器的耐久性和可靠性都提出了挑战。同时,飞机结构中螺栓受剪的连接结构(飞机多钉连接件、耳片接头等)的受载情况复杂,受载时往往会发生相对移动、摩擦,会对导波信号产生较多的干扰,使得该项技术还无法用于耳片、复杂多钉连接结构的裂纹监测。

7. 基于电磁涡流的结构裂纹监测技术

涡流传感器监测原理为:当交变电流通过涡流传感器线圈时,引起被测导电结构中产生感应电涡流,感应电涡流又会影响线圈阻抗,因而线圈阻抗中包含被测导体的损伤信息,则通过阻抗分析即可获知被测导电结构的损伤信息。

电磁涡流检测作为一种常规的无损检测方法具有非接触式检测、使用简单、灵敏度高的特点。20 世纪 50 年代,Forster 在涡流检测理论上取得实质性突破开始,涡流检测技术就如雨后春笋一般迅速得到发展。用于结构损伤检测的涡流探头一般体积都比较大,无法安装于结构表面对结构进行损伤监测。

20 世纪 90 年代开始,麻省理工学院(MIT)的电磁与电子系统实验室(LEES)对一种 $\omega-\lambda$ 型涡流传感器进行了持续多年的研究。如图 1.6 所示,该传感器由一个激励线圈在空间激励电磁场,并由多个感应线圈接收电磁场的变化。这是柔性涡流阵列传感器的雏形。

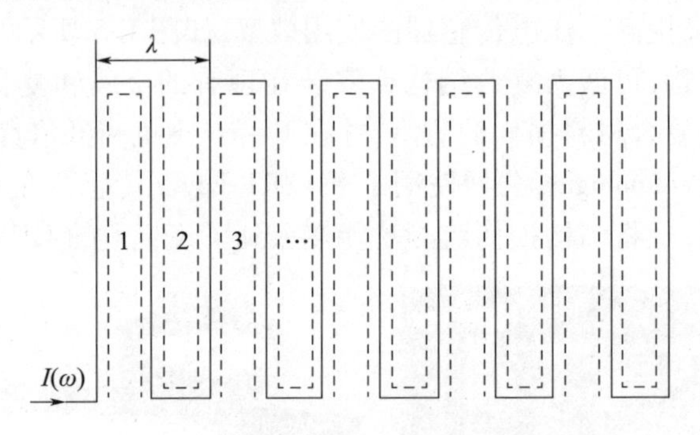

图 1.6　$\omega-\lambda$ 型涡流传感器原理图

Goldfine 建立了 $\omega-\lambda$ 传感器的电磁解析模型,并提出了一种不需要校准就可测量材料电导率和磁导率的方法。Yanko Sherretov 研究了基于 GMR 的 MWM 传感器(图 1.7),使得传感器可以在极低的频率下工作,解决了传感器用于深层损伤检测的问题。Schlicker 提出了含有多个 MWM 阵列的新型传感器,并研究了基于该传感器的结构损伤扫描成像技术。目前,MWM 传感器可检测出 50μm 长的微小裂纹损伤,并成功应用于发动机的叶片和转子部件、飞机几何外形复杂结构、输油管道、焊接结构等结构的损伤的成像检测,结构表面处理(抛光、喷丸、激光冲击强化等)工艺评定,结构涂层厚度测量以及复合材料压力容器的损伤检测。目前,MWM 传感器已经在美国海军的飞机上进行了飞行测试。此外,斯坦福大学的 Fukuo Chang 等开发了一种 SHM 螺栓,它由一个涡流传感器薄膜与螺栓集成而成,主要用于螺栓孔壁的裂纹监测。虽然 SHM 螺栓能承受较大的载荷,但是传感器只适用于间隙装配、无法适用于飞机上常用的过盈装配,并且该型传感器目前只验证了疲劳载荷的作用影响。

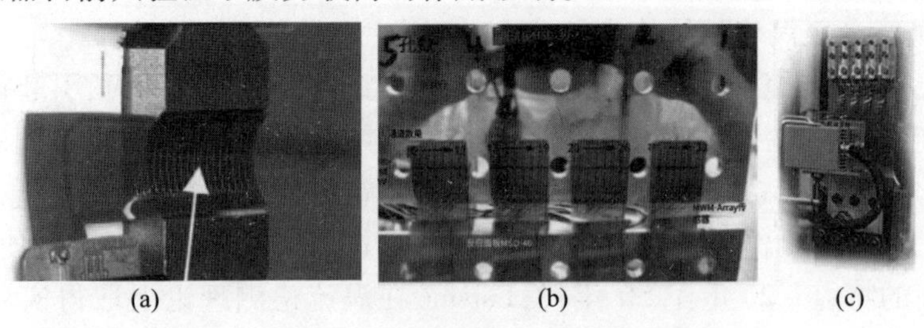

图 1.7　用于结构裂纹监测的 MWM 传感器

清华大学的丁天怀等研制了一种柔性的电涡流位移检测传感器,该传感器测量精度高、可用于曲面结构微小缝隙的监测。国防科技大学的谢瑞芳等开发了一种由64个测量单元组成的柔性涡流传感器阵列,用于飞机发动机叶片的裂纹损伤检测,检测的精度为0.2mm。作者带领的课题组提出了用于连接结构裂纹监测的环状涡流阵列传感器和用于曲面结构裂纹监测的矩形状柔性涡流阵列传感器(图1.8),对基于柔性涡流阵列传感器的金属结构裂纹监测技术开展了持续多年的研究,在传感器建模与优化设计、传感器制造与集成、监测系统研制、环境干扰抑制特征信号提取,以及传感器耐久集成等方面取得了一系列突破,并已经在港口起重设备上进行了工程应用。

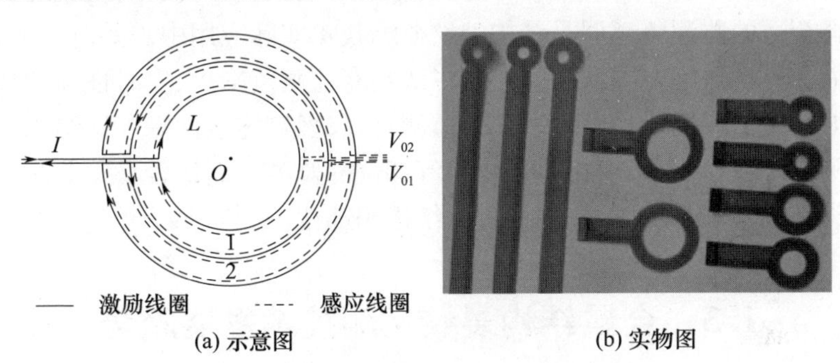

(a) 示意图　　(b) 实物图

图1.8　环状涡流阵列传感器

涡流传感器在飞机金属结构疲劳损伤监测中应用前景诱人,存在的主要问题是涡流传感器容易受到提离效应、温度变化等因素干扰,造成虚警。

8. 基于智能涂层的结构裂纹监测技术

智能涂层是一种与被测材料紧密结合,与结构的裂纹损伤具有随附损伤特性的结构裂纹监测传感器。加拿大、日本和中国先后开展了基于智能涂层的结构裂纹监测技术研究。

西安交通大学研制了一种由驱动层、传感器层和保护层组成的智能涂层传感器,该传感器通过特殊的胶黏剂粘贴在被测结构表面,通过随附裂纹损伤来感知被测结构是否产生裂纹。该传感器已成功用于我国某型飞机的全机疲劳实验,并在多型飞机结构上开展了飞行测试。然而该传感器在飞机实际服役环境中,耐久性和可靠性存在一定的问题,出现了较多的"虚警",飞机不得不在大修厂进行拆卸检测,导致了飞机的可用性降低。

空军工程大学研制了一种物理气相沉积(PVD)薄膜传感器(图1.9),该传感器由绝缘层、导电传感层和封装保护层构成,通过阵列的方式制作还可以用于紧固件连接结构的裂纹定量监测;此外,该传感器通过物理气相沉积原理与结构进行一体化集成,传感器在腐蚀、载荷、振动、电磁干扰等服役环境下表现出了很高的耐久性和可靠性。

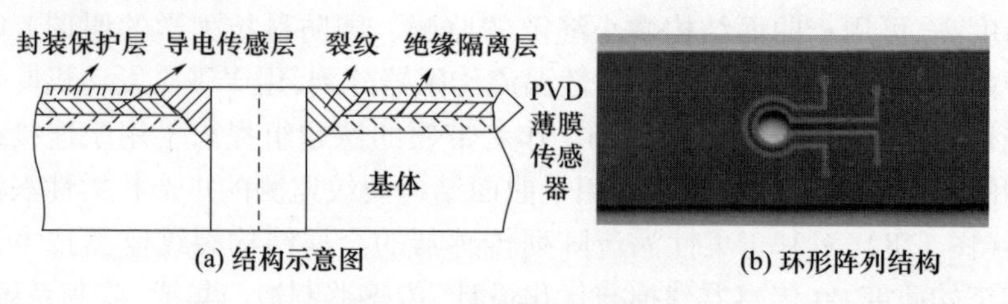

(a) 结构示意图　(b) 环形阵列结构

图 1.9　PVD 薄膜传感器

目前,可用于金属结构裂纹监测的传感器种类很多,如何根据被监测部位的特点选择合适的监测传感器是结构裂纹监测技术实际应用中需要解决的首要问题。例如,声发射、超声导波两类监测方法具有监测范围大、实时性强的特点,但是由于波的传播特性使得其无法用于监测耳片、多钉连接件等连接结构,所以这两类监测方法适合用于复材壁板、管路等部位的监测。而比较真空监测、智能涂层、涡流可以监测连接结构和曲面过渡结构等部位。

1.3　金属结构裂纹监测技术发展趋势

根据国内外目前的研究现状,飞机结构损伤监测技术在面向工程化应用中亟待深入研究的关键技术问题主要包括:

(1)传感器技术。

在飞机结构损伤监测系统中,传感器是感知飞机损伤状态表征参数的核心元件。传感器性能直接决定着飞机结构损伤监测系统性能优劣。传感器技术研究主要寻求在新型传感器开发和应用研究、传感器优化配置等方面取得突破。传感器的发展趋势是智能化,微型化,功耗低;高可靠性,高耐久性,可在复杂、严酷环境下长期工作;便于与结构一体化设计与集成;便于实现监测传感器网络。

(2)信号处理技术。

信号处理技术研究也是飞机结构损伤监测技术研究必不可少的环节。信号处理技术用于对传感器感知的损伤信息进行处理以提取监测对象的损伤特征因子。飞机结构的服役环境复杂多变,电磁干扰、振动、腐蚀和高、低温等环境因素容易对传感器监测信号造成影响,甚至将结构损伤信号淹没在噪声信号之中。此外,新型飞机结构及损伤形式更加复杂,也对结构损伤诊断提出了更高的要求。鲁棒性强、实时性高的损伤特征参数提取技术以及高效的损伤诊断方法是关于飞机结构损伤监测技术研究的关键问题之一。

(3)智能无线传输技术。

飞机结构的损伤监测具有监测点分布分散、监测参数种类多、待处理的数据量大等特点,随之而来的是结构损伤监测网络的复杂程度、系统各部分之间的协调需求以及监测功耗急剧增加。而无线传感网络技术能够为飞机结构损伤监测系统的实现提供智能化分布式监测网络,从而有效解决上述问题,提高监测系统的运行速度和可靠性。针对航空结构监测的无线传感网络技术应用研究还处于探索和起步阶段,迫切需要实时性、同步性和可靠性强的智能无线传感网络技术。

(4)飞机结构损伤监测系统的功能演示及验证。

目前国内外关于飞机结构损伤监测技术的原理性研究大多针对简单平板结构,而飞机结构形式日益复杂。因而针对飞机复杂结构的结构损伤监测系统功能验证是面向工程应用的必经阶段。

(5)大型传感器网络的设计与安装。

监测系统中设置传感器数量的主要影响因素为测控范围与面积。因此,当其用于大范围或大面积(如飞机的机翼或整个机身)监测时,需要的传感器数量是相当可观的。因此设计和安装大型传感器网络,从而实现多部位、大范围实时监测,是飞机金属结构裂纹监测系统迈向实际工程应用中的重要一步。

(6)环境条件的补偿。

飞机金属结构裂纹监测系统的工作环境由飞行环境决定,而飞行环境的复杂性使监测系统需要面临各种不同的工作环境。目前使用最为广泛的飞机金属结构裂纹监测的工作原理是比较实时采集的传感器监测信号与飞机金属结构没有产生裂纹前采集的传感器监测信号,依据监测信号的变化来推算裂纹的扩展情况。需要注意的是,环境的变化十分容易导致传感器监测信号的变化,这也是限制传感器在实际工程中正常使用的一个重要原因。如果裂纹监测软件不能补偿因环境变化引起的传感器监测信号变化,就可能会出现“虚警”“误警”的情况。

1.4 基于 PVD 的金属结构裂纹监测技术的提出

金属结构具有服役年限较长、工作环境恶劣、承受的应力水平较高等突出特点!当前应用广泛的损伤监测传感器在用于飞机金属结构疲劳裂纹监测时仍存在以下障碍难以克服:

(1)难以实现与飞机金属结构一体化集成,应用受限;

(2)难以承受飞机金属结构的严苛工作环境,耐久性不足;

(3)监测范围和精度存在局限性,难以有效评估结构疲劳损伤状态;

(4)价格昂贵,综合效费比低,难以广泛应用。

针对上述关键问题,笔者所在的课题组在国家“973”计划、国家“863”计划、国家重点研发计划、国家自然科学基金等项目的支持下,将PVD(Physical Vapour Deposition,物理气相沉积)原理和电位监测原理综合起来,提出了基于PVD的金属结构裂纹监测技术,其基本原理是:应用PVD原理和工艺得到结构一体化的功能梯度材料,实现传感器与金属结构一体化集成,应用电位测量原理对金属结构裂纹损伤实施全过程监测。

基于PVD的金属结构裂纹监测技术具有以下特点:

(1)PVD原理和技术的引入,使监测传感器与飞机金属结构的一体化集成简便、易行;并且由于PVD薄膜传感器制备对结构本身的性能与功能没有不良影响,该监测技术可以广泛应用于飞机铝合金、钛合金和钢等金属材料结构和构件的疲劳损伤监测。

(2)PVD薄膜传感器具备优良的力学、化学、电学性能,可以承受载荷、适应飞机金属结构的恶劣服役环境,可靠性高,耐久性好,可以对目标部位实施长期监测。

(3)综合了应变监测和电位监测的基本原理,在结构疲劳裂纹形成阶段实施应变监测,在疲劳裂纹扩展阶段实施电位监测,可以实现对飞机金属结构疲劳损伤的全程监测。

(4)监测原理简单,监测信号处理简便,传感器制备所需配套设备少,综合效费比高。

课题组设计研制了用于金属结构裂纹定量监测的PVD薄膜传感器及配套设备,分析了PVD传感器的裂纹监测机理,总结了PVD制备工艺参数对膜层结构、性能的影响规律,制备出了具有优良耐磨性能和结合强度的损伤传感层,实现了传感器与金属基体的高度一体化集成,并具有对金属结构裂纹损伤的高灵敏感知能力,提出了针对PVD薄膜传感器的裂纹定量识别方法,进行了PVD薄膜传感器信号产生、实时采集、分析处理和结构损伤识别功能模块的软、硬件集成,搭建了多通道飞机金属结构裂纹在线监测系统,开展了典型载荷谱下和典型工作环境下金属试样的疲劳裂纹监测实验,验证了PVD薄膜传感器监测金属结构裂纹的可行性和对金属结构工作环境的适应性,提出了基于健康度的含裂纹结构健康状态评估方法和基于健康状态的结构视情维修决策方法。在后续章节中,将分别进行介绍。

第2章　物理气相沉积(PVD)原理与技术

PVD薄膜传感器是作者所在课题组提出的一种新型结构疲劳损伤监测传感器,其实质是应用物理气相沉积(PVD)技术沉积到结构需要监测部位表面的一层形状和尺寸参数经过特殊设计的导电微元,通过监测导电薄膜结构中电场信息变化情况即可感知金属结构疲劳裂纹损伤。本章即对物理气相沉积技术的基本原理和关键技术进行介绍。

2.1　物理气相沉积技术概述

物理气相沉积(Physical Vapor Deposition,PVD)是指在真空条件下,利用各种物理方法,将固体镀膜材料转化成原子、分子或使其离化为离子,直接沉积到基体表面上的技术,主要包括真空蒸镀、磁控溅射镀膜、离子镀膜等。物理气相沉积技术具有工艺可重复性好,成膜致密度高,与基体结合力强,沉积温度可控,沉积材料广泛等优点,应用PVD技术制备薄膜可以实现薄膜与金属基体一体化集成。

物理气相沉积技术按照沉积薄膜气相物质的生成方式和特征主要可以分为:

(1)蒸发镀膜,镀材以热蒸发原子或分子的形式沉积成膜;

(2)溅射镀膜,镀材以溅射原子或分子的形式沉积成膜;

(3)离子镀膜,镀材以离子和高能量的原子或分子的形式沉积成膜。

蒸发镀膜一般是将真空室气压抽至10^{-2}Pa以下(多在$10^{-3}\sim10^{-5}$Pa),通过加热源加热待镀材料,使其具有一定能量的原子或分子蒸发,入射到基片表面,凝聚形成固态薄膜的方法。在高真空条件下,蒸气原子与气体分子碰撞次数很少,能量损失也就很少,蒸气原子到达基片后仍具备扩散、迁移所需的能量,因此,真空蒸镀可以形成高致密、高纯度膜层。但是,由于蒸气原子直接到达基片,因此镀膜的绕射性差。此外,真空蒸镀膜层与基片结合强度不高。

溅射镀膜通常是在真空室中,利用荷能粒子轰击靶材表面,使其原子获得足够能量而进入气相,进而在基片表面沉积形成膜层的技术。与真空蒸镀相比,溅射镀膜具有膜层和基体附着力强、膜厚可控性和重复性好、易于制备反应膜、容易控制膜的组成等显著优点,可以在任何材料基体上沉积任何材料的薄膜。因此,溅射镀膜在新材料发现、新功能应用、新器件制作等方面的作用举足轻重。但是,溅射镀膜的绕射性差,膜层气体分子含量高于真空蒸镀。

离子镀膜则是在真空蒸镀和真空溅射两种镀膜技术基础上发展起来的一种镀膜技术,在真空条件下,利用惰性气体放电产生等离子体区,使气体或被蒸发粒子离化,在离子轰击基体和镀层表面的同时,将蒸发镀料或其反应物沉积在基体表面的工艺。真空离子镀膜技术由于在膜层沉积过程中基片始终受到高能离子的轰击而十分清洁,因此它与真空蒸发镀膜和真空溅射镀膜相比较,具有如下突出特点:①镀层黏着力好,不易脱落;②绕射性能良好;③镀层质量高;④可镀材质广泛;⑤沉积效率高。当然,真空离子镀技术虽然优点众多,具有巨大的发展潜力,但是也存在不足,例如,应用离子镀进行局部镀覆尚存在一定困难,无法直接监测膜层厚度等。

在三种 PVD 基本镀膜方法中,气相原子、分子和离子所产生的方式和具有的能量各不相同,由此进一步衍生出种类繁多的薄膜制备技术。下面对蒸发镀膜、溅射镀膜和真空离子镀膜三种基本的 PVD 镀膜方法分别进行介绍,并通过比对分析最终确定 PVD 薄膜传感器的制备工艺。

2.2 物理气相沉积基本原理

蒸发镀膜、溅射镀膜和真空离子镀膜三种基本 PVD 镀膜方法的工作原理各不相同,下面分别进行介绍。

2.2.1 蒸发镀膜

把待镀膜的基片或工件置于真空室内,通过对镀膜材料加热使其蒸发气化而沉积于基体或工件表面并形成薄膜的工艺过程,称为真空蒸发镀膜,简称蒸发镀膜或蒸镀。

1. 蒸发镀膜的装置与过程

蒸发镀膜的基本设备主要是附有真空抽气系统的真空室和蒸发镀膜材料的加热系统,安装基片或工件的基片架和一些辅助装置组成。

蒸发镀膜的过程如下:使用真空抽气系统对密闭的真空室进行抽气,当真空室内的气体压强足够低(真空度足够高),通过蒸发源对蒸发料进行加热到一定的温度、使蒸发料气化后沉积到基片表面,形成薄膜。

2. 真空度

真空蒸镀时,为了使蒸发料形成的气体原子不受真空室内的残余气体分子碰撞引起散射而直接到达基片表面,同时避免活性气体分子与蒸发料反应形成化合物后,沉积于薄膜中造成的污染和质量下降,镀膜的真空室内的压力应尽可能低。

真空室中,气体分子的平均自由程 L(cm)与气体压力 p(Pa)成反比,可以近似表示为

$$L = \frac{0.65}{p}$$

在 1Pa 的气压下,分子平均自由程为 0.65cm;在 10^{-3}Pa 时,$L = 650$cm。为了使蒸发料原子在运动到基片的途中与残余气体分子的碰撞率小于 10%,通常需要气体分子平均自由程 L 大于蒸发源到基片距离的 10 倍。对于一般的蒸发镀膜设备,蒸发源到基片的距离通常小于 65cm,因而蒸发镀膜真空罩的气压通常为 $10^{-2} \sim 10^{-5}$Pa,视对薄膜质量的要求而定。

3. 蒸发温度

对镀膜材料加热使其蒸发,加热温度的高低直接影响到镀膜材料的蒸发速率和蒸发方式。蒸发温度过低时,镀膜材料蒸发速率过低而使薄膜生长速率低;而过高的蒸发温度,不仅会造成蒸发速率过高而产生的蒸发原子相互碰撞、散射等不希望出现的现象,还可能产生由于镀料中含有的气体迅速膨胀而形成镀料飞溅。通常采用将镀膜材料加热到使其平衡蒸气压力达到几帕时的温度为其蒸发温度。

4. 蒸发源与蒸发方式

蒸发源是使镀膜材料气化的部件,镀膜材料的蒸发是由于温度升高所产生的,所以能对镀膜材料施加能量并使其温度上升的各种加热方式都可用作蒸发源。

(1)电阻蒸发源。

制作电阻蒸发源的材料应该具有高熔点、低蒸气压,并且在蒸发温度下不与蒸发料发生相互溶解或化学反应,但却要求易被液态的蒸发材料润湿,以保证蒸发状态稳定。高熔点金属钨、钼、钽是最常用的材料。

电阻蒸发源利用大电流通过产生的焦耳热直接加热镀膜材料使其蒸发,可用于蒸发温度小于 1500℃的许多金属和一些化合物。电阻蒸发源由于结构简单,使用方便而得到普遍应用。但是,电阻蒸发源由于蒸发源与镀膜材料直接接触,镀膜材料会受到蒸发源的污染而影响镀膜的纯度和性能。另外,一些镀膜材料会与蒸发源产生反应,降低蒸发源的使用寿命。所以在使用中对不同的镀膜材料要选择不同的蒸发源材料。此外,由于受蒸发源材料熔点的限制,一些高熔点材料的蒸发镀膜也受到限制。此时需要采用高能量密度的电子束蒸发源和激光蒸发源。

(2)电子束蒸发源。

在镀膜室内安装一个电子枪,利用电子束聚焦后集中轰击镀膜材料进行加

热就形成了电子束蒸发镀膜。电子束蒸发源由发射电子的热阴极、电子加速极和作为阳极的镀膜材料组成。电子束蒸发源的能量可高度集中,使镀膜材料局部达到高温而蒸发。通过调节电子束的功率,可以方便地控制镀膜材料的蒸发速率,特别是有利于蒸发高熔点金属和化合物材料。此外,由于盛放镀膜材料的容器或坩埚可以通水冷却,镀膜材料与容器不会产生反应或污染,有刊于提高薄膜的纯度。但是,电子束的轰击会使一些化合物部分分解,残余气体分子和镀膜材料蒸发形成的原子或分子会被部分电离,影响薄膜的结构和性能。另外,电子束蒸发源体积较大,价格较高,从而限制了它的广泛应用。

(3)激光蒸发源。

将激光束聚焦后作为热源对镀膜材料加热的蒸发源,是一种先进的高能量密度蒸发源。聚焦后的激光束能量密度可达到$10^8 W/cm^2$以上,可以通过无接触加热方式使镀膜材料迅速气化,实现蒸发镀膜。激光蒸发源不仅可以方便地调节照射在镀膜材料上束斑的大小,还可以方便地调节其功率密度。通过激光束的输出方式改变,可以输出脉冲激光或连续激光使镀膜材料实现瞬时蒸发和连续蒸发,有利于控制薄膜的生长结构。激光束的高能量密度和非接触加热还可以方便地沉积高熔点的金属和化合物。另外,两种以上的镀膜材料装在可变换位置的材料架上,或通过改变反射镜的角度,让激光束轮流照射不同的镀膜材料,就可以方便地沉积出合金薄膜、成分渐变的梯度薄膜和两种材料周期变化的多层薄膜。因而激光蒸镀是一种沉积多层薄膜材料的好方法。但是高功率激光源的价格昂贵,在工业上的应用也受到限制。

5. 薄膜的形成

(1)吸附现象。

在正常的蒸镀条件下,镀膜材料的原子或分子在从蒸发源射向基片的途中一般不发生碰撞,即入射原子在迁移过程中无能量的损耗。当入射原子到达基片后就进入了基片表面的力场,此时入射原子与基片就可能出现几种相互作用。

①反射,入射原子没有将其能量释放,又重新回到空间。

②物理吸附,入射原子将能量转移给基片而停留在基片上,并由范德瓦耳斯力与基片保持较弱的结合,因而也容易因解吸附而重新返回空间。

③化学吸附,入射原子由物理吸附可进一步转为化学吸附,其本质是入射原子与基片表面原子形成了电子共有的化学键。化学吸附常需要克服势垒,同样,解化学吸附也比解物理吸附需要更高的能量。

④吸附原子的迁移及与同类原子的缔合,吸附于基片表面的原子仍具有一定的能量,因而是不稳定的,它们可以解吸附,也可以克服能量势垒在基片上移动,并再找势垒更低的位置。在基片表面上移动的同类原子相遇时会缔合成原子团,这样有利于体系能量的降低。

所有以上入射原子与基片的相互作用都与两者的性质和基片的温度密切相关,从而直接影响到薄膜的初期沉积速率和生长方式,以致最终影响所形成薄膜的微结构和性能。

(2)薄膜的生长方式。

薄膜生长有三种基本类型,即核生长型、层生长型以及层核生长型,如图2.1所示。

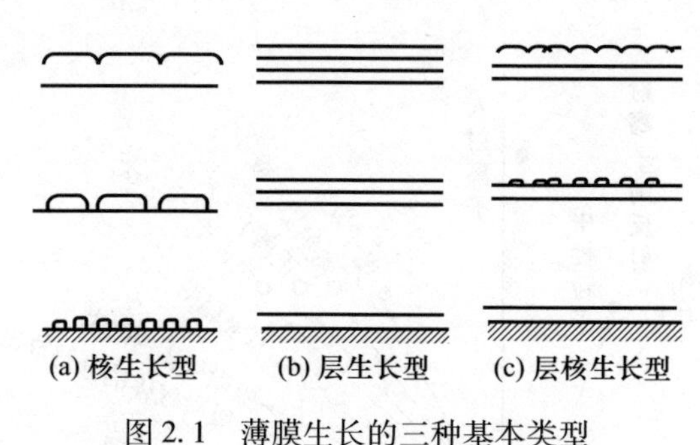

图2.1 薄膜生长的三种基本类型

在核生长型中,薄膜的生长过程可分为如下几个阶段。

①形核阶段。吸附于基片表面的入射原子在基片表面迁移缔合形成原子团,原子团长大到一定尺寸后成为稳定的晶核。

②小岛阶段。稳定晶核通过捕获吸附原子和直接接收入射原子而长大,其长大是在三维方向上进行的,并且已具有晶体结构。

③网络阶段。小岛在生长的过程中相遇后会合并成大岛,其岛的外形和内部晶体结构均会产生调整和变化以降低体系能量,大岛相遇形成网状薄膜。

④连续薄膜。随着吸附原子的连续增加,网状薄膜的沟道被逐步填满,这种填满既可由网状薄膜的生长所致,也可以由新形成的小岛合并而成,从而形成连续薄膜。

在层生长型薄膜中,吸附原子与基片原子形成强结合,从而直接生长于基片的晶格上,常形成共格外延生长。共格外延生长,可以在薄膜与基片具有相同晶格类型且晶格常数相差不大的体系组合中产生,称为同结构外延;也可以由两种不同晶格类型的材料在特定的晶面上形成,称为异结构外延。

由以上两种薄膜生长方式相结合的是层核生长型:首先在基片表面生长1或2层单层原子,这种二维结构强烈地受基片晶格的影响,晶格畸变较大,而后在其上吸附原子以核生长型生成小岛,并最终形成薄膜。

2.2.2 溅射镀膜

带有几十电子伏以上动能的荷能粒子轰击固体材料时,材料表面的原子或分子会获得足够的能量而脱离固体的束缚逸出到气体中,这一现象称为溅射。而把溅射到气相中的材料收集起来,使之沉积成膜,则称为溅射镀膜。

1. 溅射现象

在溅射过程中,由于离子易于获得并易于通过电磁场进行加速和偏转,因此溅射镀膜的荷能粒子通常为离子。而被轰击材料称为靶,靶受到离子轰击时,除了会产生溅射现象外,还会与离子发生许多相互作用,如图 2.2 所示。

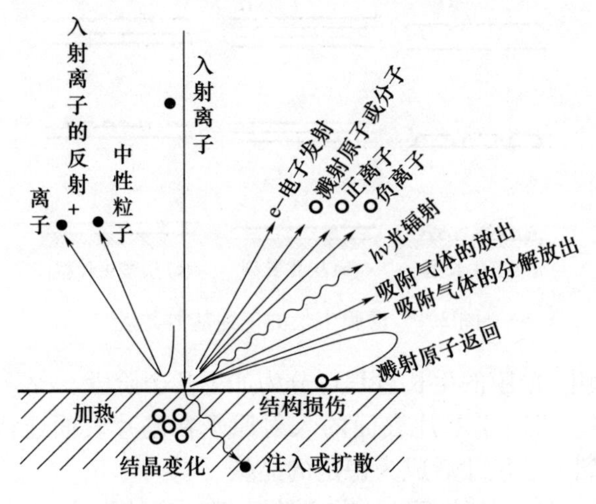

图 2.2　离子和固体表面的相互作用

对于溅射的机制,早期的理论模型为能量传递的热蒸发理论,认为入射离子轰击到靶面上导致局部区域温升,从而使轰击区的靶原子或分子热运动加剧,当其热运动的动能超过表面原子或分子的结合能(升华热)时,便从表面蒸发逸出。这种理论模型由于后来发现单晶靶溅射出来粒子的角分布不满足余弦规律而被否定。

目前的溅射理论采用的是动量传递的级联碰撞(也称连锁冲撞)模型。在级联碰撞模型中,把靶内的原子(或分子)看作是以晶格排列的刚体球,那么,当相邻晶格原子的间距小于两倍晶格原子的直径时,外来冲撞将会使晶格原子的运动聚焦,从而造成动量积聚,使晶格中的表面原子逸出,形成溅射。图 2.3 示出了晶格原子受到冲撞时的聚焦过程。

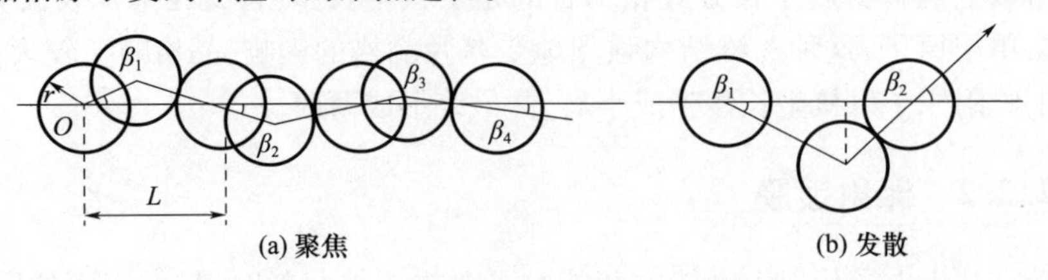

图 2.3　级联碰撞动量积聚的一维模型

2. 溅射速率

一个入射离子所溅射出的原子个数称为溅射速率或溅射产额,其单位为原子个数/离子。显然,溅射速率越高,沉积成膜的速度也越高。影响溅射速率的因素有很多,主要考虑如下几个方面。

(1)入射离子。

入射离子的种类、所具有的能量和入射角都会影响溅射速率。图2.4示出了入射离子能量和溅射速率的关系,由图中可以看到:

①存在一个溅射阈值,当离子能量低于溅射阈值时,溅射不会发生。对于大多数金属,溅射阈值在20~40eV范围内。

②当入射离子能量超过阈值后,溅射速率先是随离子能量的提高而增加,而后逐步达到饱和。当进一步提高入射离子的能量到数万电子伏以上时,溅射速率开始降低,此时离子对靶产生注入效应。

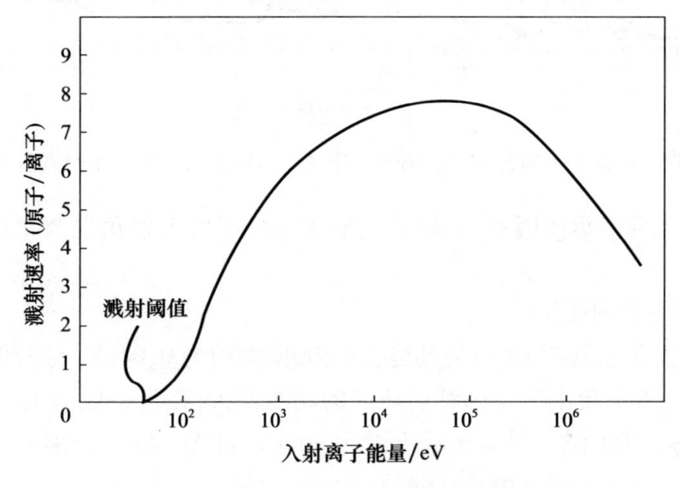

图2.4 溅射速率与入射离子能量的关系

另外,入射离子的种类对溅射速率也有重要影响,图2.5示出了在45keV下的各种入射离子对银、铜、钽靶轰击时所产生的溅射速率,由图可见,随入射离子质量的增大,靶的溅射率总体呈增加趋势,并且与元素的化学周期性呈对应关系。在相应于Ne、Ar、Kr、Xe等惰性气体的离子对靶进行溅射时,靶的溅射产额出现峰值。在通常的溅射装置中,从经济上考虑,多采用氩离子作为溅射离子。

(2)靶。

溅射速率与靶材物质也有重要关系。从图2.5中可以看出,对于同样种类和能量的入射离子,在Ag、Cu、Ta靶上轰击下来的溅射原子数有很大差异。实际上,与入射离子一样,纯金属靶材物质对溅射速率也表现出某种周期性:即随靶材原子d壳层电子填满程度的增加,溅射速率变大。如Cu、Ag、Au等金属的溅射速率最高，而 Ti、Zr、Nb、Mo、Hf、Ta、W 等金属的溅射速率最低。

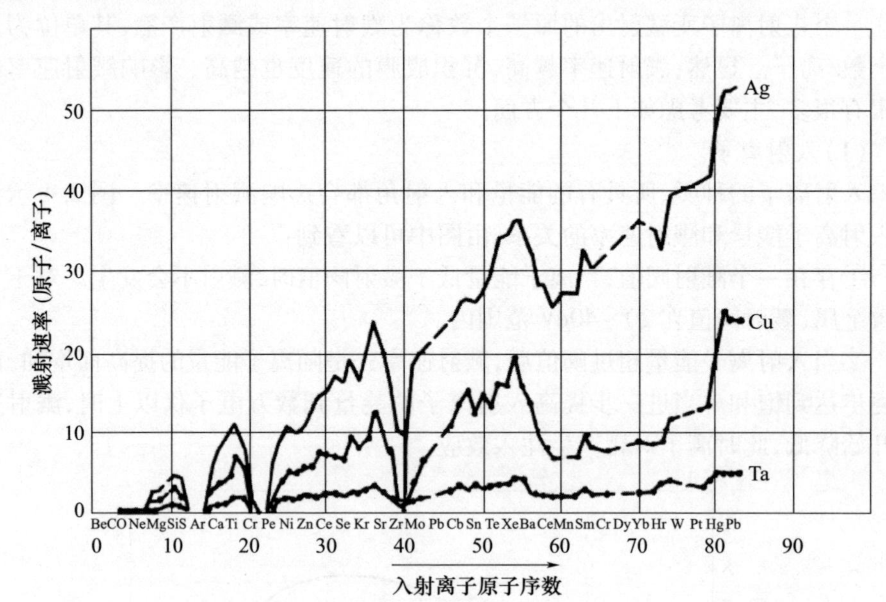

图 2.5　45keV 下的各种入射离子对银、铜、钽靶轰击时所产生的溅射速率

除了以上两个重要因素外，溅射速率还与离子的入射角以及靶材的温度等有一定关系。

3. 溅射原子的能量

与热蒸发原子具有 10^{-1}eV 动能（在 300K 大约为 0.04eV，在 1500K 大约为 0.2eV）相比，离子轰击产生的溅射原子的动能要大得多，一般为 1～10eV，是蒸发原子的 10～100 倍。图 2.6 示出了用 900eV 的 Ar^+ 离子分别垂直轰击 A1、Cu、Ti、Ni 靶时溅射原子的能量分布。

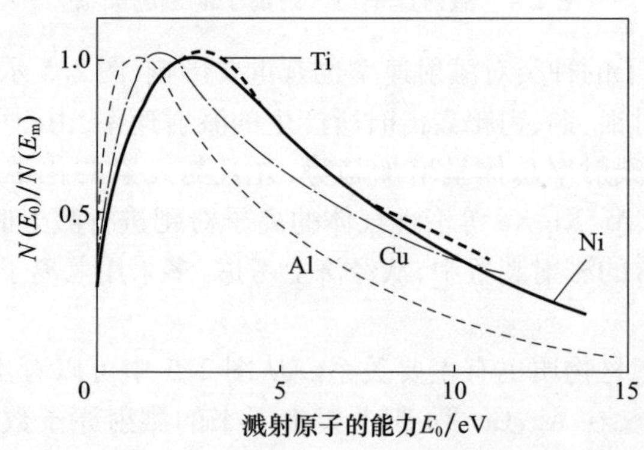

图 2.6　900eV 的 Ar + 离子垂直轰击 Al、Cu、Ni 靶时，溅射原子的能量分布

4. 气体的辉光放电

溅射所需要的轰击离子通常采用辉光放电获得。辉光放电是气体放电的一种类型,是一种稳定的自持放电。在真空室内安置两个电极,阴极为冷电极,通入压力为0.1~10Pa的气体(通常为Ar)。当外加直流高压超过着火电压(起始放电电压)时,气体就被击穿,由绝缘体变成良好导体,两极间电流突然上升,电压下降,此时两极间会出现明暗相间的光层。这种气体的放电称为辉光放电,放电产生等离子体。图2.7为辉光放电的示意图,由图可见,辉光放电存在光强度不同的光层。这些明暗相间的光层可以分为不同的区域,在这些区域中,最重要的是阴极位降区,它包括阿斯顿暗区、阴极辉光区和克鲁克斯暗区三个区域。这一区域所产生的压降为两极间压降的主要部分,辉光放电的基本过程也在此区域形成:由于电场的作用,辉光放电中的离子向阴极运动,在阴极压降区获得能量并加速,轰击到阴极表面(靶)后,产生溅射和其他物理化学现象,其中轰击出的二次电子在阴极暗区电场的作用下,获得能量并加速向阳极运动。这些电子获得足够的能量后,在与气体分子的碰撞中使气体分子激发电离。受激分子中的电子辐射跃迁引起发光,而电离形成的气体离子再向阳极运动,从而维持气体放电。

辉光放电可分为正常辉光放电和异常辉光放电两类。正常辉光放电时,由于辉光放电的电流还未大到足以使阴极表面全部布满辉光,因而随电流的增大,阴极的辉光面积成比例地增大,而电流密度和阴极压降则不随电流的变化而变化。异常辉光放电时,阴极表面已全部布满辉光,电流的进一步增大,必然需要提高阴极压降并提高电流密度。此时,轰击阴极的离子数目和动能都比正常辉光放电时大为增加,在阴极发生的溅射作用也强烈得多。

5. 溅射薄膜的生长特点

溅射法制取薄膜时,由于到达基片的溅射粒子(原子、分子及其团簇)的能量比蒸发镀膜大得多,因而会给薄膜的生长和性质带来一系列影响。首先,高能量溅射粒子的轰击会造成基片温度的上升和内应力的增加。溅射薄膜的内应力主要来自两个方面,一方面是本征应力,因溅射粒子沉积于正在生长的薄膜表面的同时,其带有的能量也对薄膜的生长表面带来冲击,造成薄膜表面晶格的畸变。如果基片温度不够高,晶格中的热运动不能消除这种晶格畸变,就在薄膜中产生内应力。对于反应溅射的化合物薄膜,这种本征应力可高达几个GPa,甚至超过10GPa。另一方面是由于薄膜与基片热膨胀系数的差异所致,在较高温度镀膜后冷至室温,也会使薄膜产生热应力。内应力的存在会改变薄膜的硬度、弹性模量等力学性能,以及薄膜与基片的结合力。对于TiN等硬质薄膜,由于存在巨大的内应力,并且这种内应力会随薄膜厚度的增加而增加,因而在厚度增加后(如大于5μm)有时硬质薄膜会自动从基片上剥落。

溅射粒子的能量与溅射电压、真空室气体的压强以及靶和基片的距离有关，因而溅射薄膜的生长也与上述因素相关。此外，基片温度与溅射粒子的能量释放和生长中薄膜的晶格热运动有关，因此也会影响薄膜的生长结构。图 2.7 形象地示出了溅射气体压力和基片温度与薄膜生长结构之间的关系，由图可见，随基片温度的增加，溅射薄膜经历了从多孔结构、致密纤维组织（非晶态）、柱状晶到再结晶等轴晶的变化。还要指出，溅射的晶体薄膜经常产生强烈的织构，织构的择优取向通常为晶体的密排面平行于薄膜的生长表面。

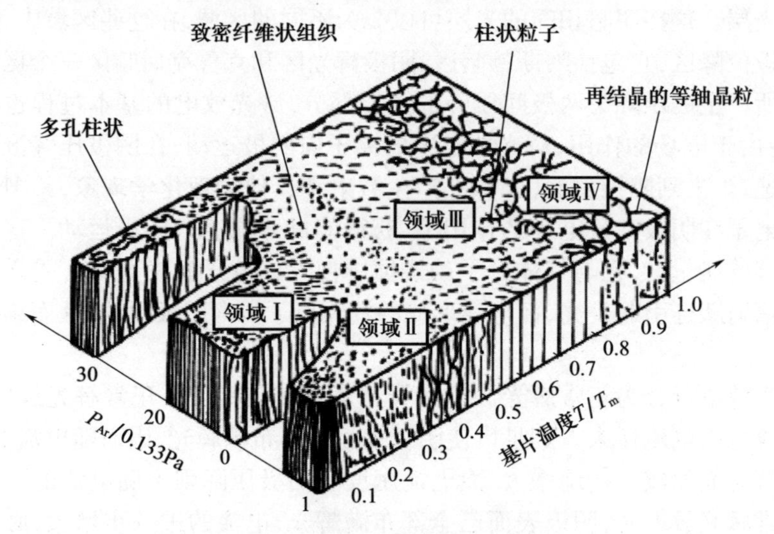

图 2.7　溅射薄膜的结构示意图

T—基片温度；T_m—薄膜的熔点

2.2.3　离子镀膜

离子镀膜简称离子镀，是在真空条件下利用气体放电使被气化的物质部分离子化，并在这些荷能粒子轰击基体表面的同时沉积于其上并形成薄膜的一种气相沉积方法。离子镀中被部分电离的沉积材料可以由蒸发源、溅射源或气源提供，但通常是由产生汽化材料速率高、种类多且方便获得的蒸发源提供。离子镀兼具蒸发镀膜的沉积速率高和溅射镀膜沉积粒子能量高（实际上比溅射粒子能量高得多）的特点并且特别具有膜层与基体结合力强、绕射性好、可镀材料广泛等优点。

1. 原理与装置

图2.8 为基本的直流二极离子镀装置示意图。镀膜时、基片装在阴极上，当真空室的真空度达到 10^{-3}Pa 以上后，对真空室中通入工作气体（如 Ar），使其气压达到气体放电气压（10^{-1} ~ 1Pa）。接通高压电源，从而在蒸发源与基片之间

建立一个低压气体放电的低温等离子区。基片电极上所接的是数百伏至数千伏的直流高压,从而构成辉光放电的阴极。按照辉光放电的原理,作为基片的阴极,将受到惰性气体电离后产生的离子轰击,对基片表面进行溅射清洗,以去除基片表面的吸附气体和氧化膜等污染物。在随后的离子镀膜过程中先使蒸发源中的蒸发料蒸发,气化后的蒸发粒子进入等离子区与电子以及离子化或激发的惰性气体碰撞,引起蒸发粒子离子化。在这一过程中,蒸发粒子只有部分离子化,大部分粒子达不到离子化的能量而处于激发态,从而发出特定颜色的光。这些带有较高能量的镀料粒子与气体离子一起受到电场加速后轰击到基片的表面,在基片上同时产生溅射效应和沉积效应。由于沉积效应大于溅射效应,故能够在基片上形成薄膜。并且,在离子镀中,生长着的薄膜表面一直受到荷能粒子的轰击。由此可见,离子镀的两个必要条件:一是要在基片前方形成一个气体放电的空间;二是要将镀料气化后的粒子(原子、分子及其团簇)引入气体放电空间并使其部分离子化。

离子镀自1963年问世以来,通过放电形成方式和镀料蒸发方式的改变,衍生了多种离子镀的工艺方法,如空心阴极离子镀、多弧离子镀、成型枪电子束离子镀等,并在工业中得到广泛应用。与反应蒸镀和反应溅射一样,在离子镀过程中对真空室内导入部分反应气体如N_2、O_2、CH_4等,就可以在基片上形成各种化合物薄膜,称为反应离子镀。与反应蒸镀和反应溅射相比,离子镀中的沉积材料由于部分被离子化并具有很高的能量,而且反应气体也会部分离子化,因而产生化合物更为容易。

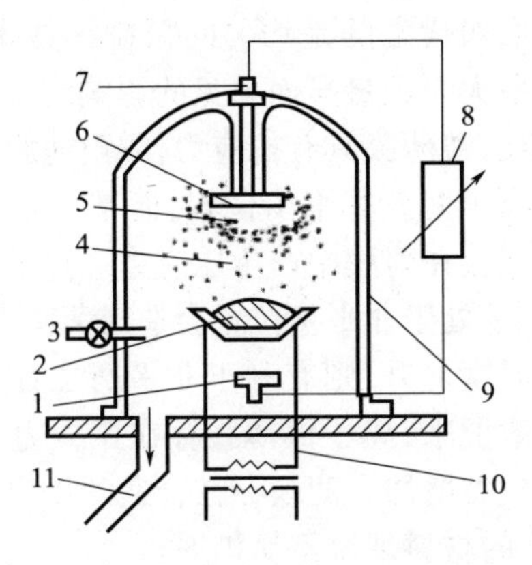

图2.8　直流二极型离子镀示意图

1—阳极;2—蒸发源;3—进气口;4—辉光放电区;5—阴极暗区;6—基片;7—绝缘支架;8—直流电源(1~5kV);9—真空室;10—蒸发电源;11—真空系统。

2. 离子镀层的特点

由于薄膜在形成和生长的过程中始终受到荷能粒子的轰击,使离子镀薄膜与蒸镀和溅射薄膜相比具有许多不同的特点,这些特点主要体现在如下几个方面。

(1)离子轰击对基片和膜/基界面的作用。

离子镀膜前的基片表面首先受到工作气体离子的轰击,在轰击中基片表面的吸附气体、氧化物被溅射去除,使基片露出新鲜表面,并在表面上产生晶体学缺陷,表面的微观几何形貌也会改变,并目伴随着基片温度的升高。对于合金材料基片,离子轰击的选择性溅射会使基片表面高溅射率相的面积减小,造成基片表面成分变化。

在离子镀膜初期,基片表面产生的溅射原子会在气体放电区中受到碰撞而返回基片,加上表面初期沉积的原子受到荷能粒子的轰击产生的反冲注入效应,将使膜/基界面形成一个厚度可达数百纳米的成分过渡区,称为伪扩散层。伪扩散层的形成展宽了膜/基结合的界面,十分有利于薄膜界面结合力的提高。因而,离子镀薄膜的结合力远高于蒸镀薄膜和溅射薄膜。在机械工业中的工模具硬质薄膜大多采用离子镀膜技术,离子镀膜的结合力高就是其中的重要因素。

(2)离子轰击对薄膜生长的作用。

在离子镀薄膜生长过程中,薄膜的表面始终受到荷能粒子的轰击,从而对薄膜的生长方式以及由此得到的微结构和性能都会带来重要影响。

首先,荷能粒子的轰击会将沉积于薄膜表面结合松散的原子去除,从而降低薄膜的针孔缺陷,提高致密度。另外,荷能粒子的轰击还会改变薄膜的晶体结构,减少薄膜的柱状晶,取而代之的是均匀的颗粒状晶体。在薄膜的性能方面,荷能粒子的轰击带来的最大而且最显而易见的影响之一就是对薄膜残余内应力的影响。一般说来,真空蒸镀薄膜具有拉应力,溅射薄膜具有压应力。薄膜生长中受到荷能粒子轰击使原子偏离其平衡位置,而基片温度较低时原子不能通过热运动回复到平衡位置就会在薄膜中产生压应力。离子镀中荷能粒子轰击生长中的薄膜表面时,强迫原子处于非平衡位置会造成薄膜内应力上升;而荷能粒子轰击所造成的薄膜表面温度上升,则有利于非平衡位置上的原子回复到平衡位置而减小薄膜应力。一般说来,离子镀薄膜存在压应力,材料熔点越高,荷能粒子的轰击越容易使其压应力增加。薄膜存在合适的压应力在多数情况下是有益的,因为处于压缩状态下的材料裂纹不易扩展。

(3)绕射性。

与蒸发镀膜和溅射镀膜相比,离子镀膜还有一个重要的优点是具有较好的绕射性。在蒸发镀膜和溅射镀膜中,镀料原子是从蒸发源和靶面直射基片的,形成所谓“视线加工”。而基片表面的不平整或机件几何形状的遮挡会造成薄膜生长的阴影效应,使部分区域不能接受镀料或形成薄膜疏松生长。在离子镀中,基片或机件处于阴极,电力线的分布将使带电粒子可到达某些视线加工时难以到达的位置,薄膜沉积较为均匀。

2.3 物理气相沉积技术的比较

蒸镀、溅射和离子镀三种基本的物理气相沉积方法的工艺特征、沉积粒子能量的不同,所获得的薄膜也各有特点。表2.1对这三种方法的工艺特点和所得薄膜的特征进行了比较。

表2.1 物理气相沉积基本方法的比较

<table>
<tr><th colspan="2" rowspan="2">比较项目</th><th colspan="3">分类</th></tr>
<tr><th>蒸发镀膜</th><th>溅射镀膜</th><th>离子镀膜</th></tr>
<tr><td rowspan="2">沉积离子能量</td><td>中性原子</td><td>0.1~1eV</td><td>1~10eV</td><td>0.1~1eV
(此外还有高能中性原子)</td></tr>
<tr><td>入射离子</td><td>—</td><td>—</td><td>数百至数千电子伏</td></tr>
<tr><td colspan="2">沉积速率/μm·min^{-1}</td><td>0.1~70</td><td>0.01~0.5</td><td>0.1~50</td></tr>
<tr><td rowspan="5">膜层特点</td><td>密度</td><td>低温时密度较小
但表面平滑</td><td>密度大</td><td>密度大</td></tr>
<tr><td>气孔</td><td>低温时多</td><td>气孔少,但混入
溅射气体较多</td><td>无气孔,但膜层缺陷较多</td></tr>
<tr><td>附着性</td><td>不太好</td><td>较好</td><td>很好</td></tr>
<tr><td>内应力</td><td>拉应力</td><td>压应力</td><td>依工艺条件而定</td></tr>
<tr><td>绕射性</td><td>差</td><td>差</td><td>较好</td></tr>
<tr><td colspan="2">被沉积物质的气化方式</td><td>电阻加热
电子束加热
感应加热
激光加热等</td><td>镀料原子不是靠热源加热蒸发,而是依靠阴极溅射由靶材获得沉积原子</td><td>蒸发式:电阻加热、电子束加热、感应加热、激光加热
溅射式:进入辉光放电空间的原子由气体提供,反应物沉积在基片上</td></tr>
<tr><td colspan="2">镀膜的原理及特点</td><td>工件不带电;在真空条件下金属加热蒸发沉积到工件表面,沉积粒子的能量与蒸发时的温度相对应</td><td>工件为阳极,靶为阴极,利用离子的溅射作用把靶材原子击出后沉积在工件(基片)表面上。沉积原子的能量由被溅射原子的能量分布决定</td><td>工件为阴极,蒸发源为阳极进入辉光放电空间的金属原子离子化后奔向工件,并在工件表面沉积成膜。沉积过程中离子对基片表面、膜层与基片的界面以及对膜层本身都发生轰击作用。离子的能量决定于阴极上所加的电压</td></tr>
</table>

2.4 PVD薄膜传感器制备工艺的确定

应用化学方法制备所需的导电传感薄膜,存在的主要问题是发生化学反应后,难以保证原始金属结构不发生变化。课题组认为,制备薄膜传感元导电传感层的工艺,首选还是采用物理方法。

薄膜制备的物理方法主要有,涂装技术、堆焊和热喷涂技术以及物理气相沉积技术。涂装技术一般用于装饰或防腐等功能性涂覆,不符合薄膜传感器对于结合力以及膜层厚度精确控制的要求,首先被排除。堆焊和热喷涂技术得到的薄膜结合力较好,但操作过程中一般伴有高温,可能会影响基体材料的性能,且热喷涂技术对膜层尺寸参数的控制不理想,可重复性较差,因此这两种方法也不太合适。相比较而言,物理气相沉积技术可以满足不影响基体性能,且保证结合力、精确控制膜层尺寸参数、可重复性强等要求,是制备薄膜传感器导电传感层的首选。

综合分析真空蒸发镀膜、真空溅射镀膜和真空离子镀膜的原理、工艺以及优缺点,根据薄膜传感器对膜层黏着力、致密度、质量以及成膜温度和工艺可重复性等方面的要求,最终选定真空离子镀技术用于制备PVD薄膜传感器的导电传感层。

真空离子镀的种类是多种多样的。表2.2列出了目前常用的离子镀工艺的蒸发、电离或激发方式、气体压力及主要优缺点。

表2.2 各种离子镀方式的比较

类型	蒸发源	工作压力/Pa	离化方式	离子加速方式	基体温升	特点
感应加热离子镀	高频感应加热	1.33×10^{-4} ~ 1.33×10^{-1} (10^{-6} ~ 10^{-3})	感应漏磁	DC1 ~ 5KV	小	能获得化合物镀层
多阴极型	电阻加热或电子束加热	1.33×10^{-4} ~ 1.33×10^{-1} (10^{-6} ~ 10^{-3})	依靠热电子、阴极放出的电子以及辉光放电	0至数千伏的加速电压。离化和离子加速可独立操作	小,还需对基片加热	采用低能电子,离化效率高,膜层质量可控制
低压等离子体离子镀	电子束加热	1.33×10^{-2} ~ 1.33×10^{-1} (10^{-4} ~ 10^{-3})	等离子体	DC或AC,50V	小,还需对基片加热	结构简单,能获得化合物镀层
多弧离子镀	电弧放电加热阴极辉点	10 ~ 10^{-1}	热电子碰撞电离,场致发射电子电离,热离解	可用0 ~ 120V的阳极加速	依蒸发功率而定	不用熔池,离化率高,蒸镀速率快;高功率下膜层质量变差

续表

类型	蒸发源	工作压力/Pa	离化方式	离子加速方式	基体温升	特点
空心阴极放电离子镀	等离子电子束	1.33×10^{-2} ~ $1.33(10^{-4}$ ~ $10^{-2})$	利用低压大电流的电子束碰撞	0至数百伏的加速电压。离化和离子加速独立操作	小,还需对基片加热	离化率高,金属膜、介质膜、化合物膜都可获得
电弧放电型高真空离子镀	电子束加热	真空或O_2、N_2等10^{-4}	蒸发源产生热电子引起弧光放电,使粒子电离	0 ~ 700V的加速高压	依蒸发功率而定	蒸发粒子理化率高,易进行反应镀,膜层质量好

综合对比以上离子镀方式,多弧离子镀技术被确定为制备PVD薄膜传感器导电传感层的首选方法,该技术具有以下特点:

(1)金属阴极靶材不融化,可以自由安放使膜层均匀;

(2)外加磁场可以控制电弧运动,改善电弧放电,细化膜层微粒,加速带电粒子;

(3)一弧多用,既是蒸发源,又是加热源、预轰击净化源和离化源;

(4)金属离化率高,有利于提高膜层的均匀性和附着力。

第3章 基于PVD的金属结构裂纹监测机理与可行性验证

PVD 薄膜传感器是作者所在课题组提出的一种新型结构疲劳损伤监测传感器,其实质是应用物理气相沉积原理沉积到结构需要监测部位表面的一层形状和尺寸参数经过特殊设计的导电微元。PVD 薄膜传感器的突出特点是:可以实现与金属结构的一体化集成,且不会对结构本身的力学性能产生任何不良影响;传感器本身能够承受载荷,性能稳定,可以对在严苛环境中服役的结构进行损伤在线监测。

本章首先介绍 PVD 薄膜传感器的概念,阐述 PVD 薄膜传感器的工作原理,提出 PVD 薄膜传感器的初步设计方案。然后,开展基于 PVD 薄膜传感器的金属结构裂纹监测机理分析与有限元仿真分析,确定 PVD 薄膜传感器的裂纹监测输出特性。最后,进行 PVD 薄膜传感器制备和性能评估,并初步验证 PVD 薄膜传感器对金属结构裂纹损伤的监测性能。

3.1 PVD 薄膜传感器

3.1.1 PVD 薄膜传感器概念

PVD 薄膜传感器是指应用 PVD 技术将导电功能材料沉积到金属材料结构表面,形成薄膜/基体结构一体化导电薄膜,通过监测导电薄膜结构中电场信息变化情况即可感知金属结构疲劳裂纹损伤的薄膜传感器。物理气相沉积技术具有工艺可重复性好、成膜致密度高、与基体结合力强、沉积温度可控、沉积材料广泛等优点,应用 PVD 技术制备薄膜可以实现薄膜与金属基体一体化集成。

如果表面薄膜与基体实现了结构一体化并且膜层厚度控制在合适的范围内,当疲劳裂纹在结构基体表面或表面附近萌生并逐渐扩展时,薄膜会跟随结构基体发生同步损伤。因此,可以利用薄膜损伤状态来反映结构基体的损伤状态,而薄膜损伤会引起薄膜结构导电性能以及损伤区域电场的变化,这些变化又会通过薄膜两端电位差或薄膜电阻的变化体现出来,因而导电薄膜传感器通过监测电位差或电阻变化即可感知结构裂纹萌生和扩展,应用结构一体化 PVD 薄膜传感器进行飞机金属结构裂纹监测的概念即以此设想为基础。

3.1.2 PVD 薄膜传感器的初步设计方案

(1)PVD 薄膜传感器布设位置确定。

课题组调研发现飞机金属结构中螺栓连接板与耳片连接件等典型连接件的连接孔周边经常出现裂纹。对于这些带孔的结构连接件,应将 PVD 薄膜传感器布设在连接孔的周边;而对于其他形式的主承力结构件,也可以通过调研统计、全机疲劳实验以及结构细节应力有限元分析确定裂纹容易出现的部位,布设相应的 PVD 薄膜传感器。

(2)PVD 薄膜传感器结构形式设计。

应用 PVD 薄膜传感器监测金属结构疲劳裂纹损伤的基础是电位监测技术,该技术自身存在局限性,如:对结构形状敏感,难以监测低电导率材料结构的裂纹等,决定了其难以直接应用于结构损伤监测。PVD 薄膜传感器的提出与应用就是为了解决以上问题,而如果 PVD 薄膜传感器直接沉积在金属结构基体表面会造成薄膜与基体导通,会导致 PVD 薄膜传感器的损伤监测信息受到结构本身形状的影响。

飞机金属结构服役环境极为严苛,PVD 薄膜传感器布设部位往往会受到环境腐蚀和结构相互磨损的作用,对传感器的可靠性和耐久性造成严重影响。

为了消除结构形状对 PVD 薄膜传感器导电性能及监测结果的影响,同时提高传感器的可靠性和耐久性,将 PVD 薄膜传感器设计为三层功能梯度材料结构,底层为用于实现导电薄膜与基体有效隔离的绝缘隔离材料,中层为用于实现损伤监测功能的导电传感材料,顶层为用于避免意外损伤、提高耐久性的封装保护材料,PVD 薄膜传感器结构剖面如图 3.1 所示。

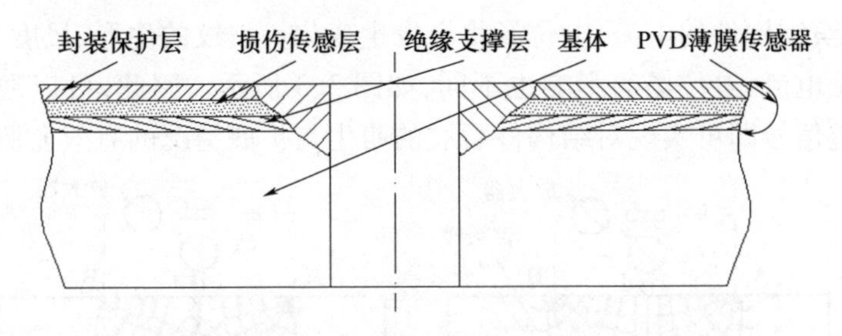

图 3.1 PVD 薄膜传感器结构示意图

(3)PVD 薄膜传感器形状设计。

PVD 薄膜传感器的形状设计原则是简单、规则。以带孔的连接结构件为例,在结构的孔边制备如图 3.2 所示的 PVD 薄膜传感器。

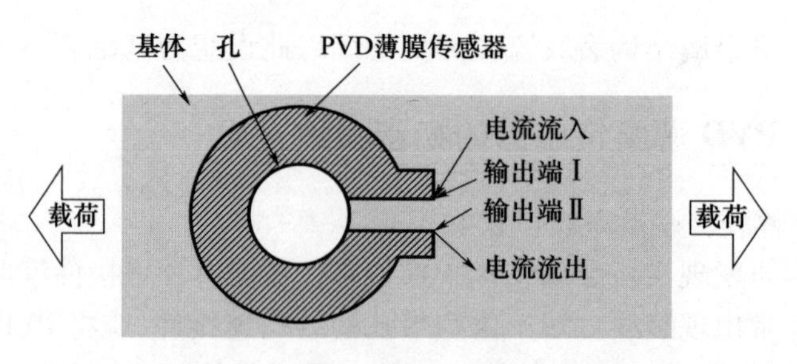

图 3.2　PVD 薄膜传感器示意图

PVD 薄膜传感器的环形部位是传感器的主要监测区域；尾部是传感器的引线，一端引线用于电流输入，另一端用于电流输出，传感器的电位差也通过两端引线输出。将导电薄膜传感器设计为环状是为了确保其感知任意方向的裂纹扩展。

3.2　基于 PVD 薄膜传感器的裂纹监测机理分析

PVD 薄膜传感器监测金属结构疲劳裂纹是基于电位法原理的。已有结果显示，电位法对裂纹扩展量的分辨率在裂纹长度小于 0.5mm 时，可以达到 6 ~ 8μm；裂纹尺寸超过 1mm 以上时，分辨率可高达 3 ~ 5μm。同时，电位法还适用于高温和腐蚀介质中的裂纹扩展的监测。基于电位法原理监测裂纹具有检测装置容易安装、检测精度高以及检测信号易于处理等特点，能够满足结构疲劳裂纹进行在线实时监测的基本条件。以下对基于电位法的裂纹监测基本原理进行介绍。

电位法又称电位差法或电导法，其物理原理是基于金属的导电性。当电流从构件的被检测部位通过时，构件的被检测部位将会产生一定的电流、电位场。当结构件上出现裂纹时，若电流、构件的几何形状及尺度、自身材质等其他因素不发生变化，结构件的电流、电位场将会发生变化。裂纹的位形、尺度不同，它对被检测部位电流、电位场的影响也不同，如图 3.3 所示。因此，可以通过测量和分析电位差信号即可实现对结构件裂纹的萌生与扩展情况的有效监测。

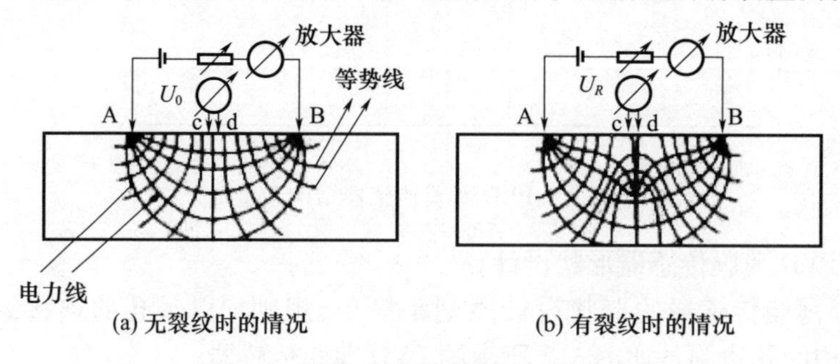

(a) 无裂纹时的情况　　(b) 有裂纹时的情况

图 3.3　电位法检测裂纹的基本原理

3.2.1 监测电位与裂纹深度间的关系

假设,一固定值电流通过图3.4所示的两根外侧电极(电流电极)被引入和引出试件,再测量两个中间电极(电位电极)的电位差。

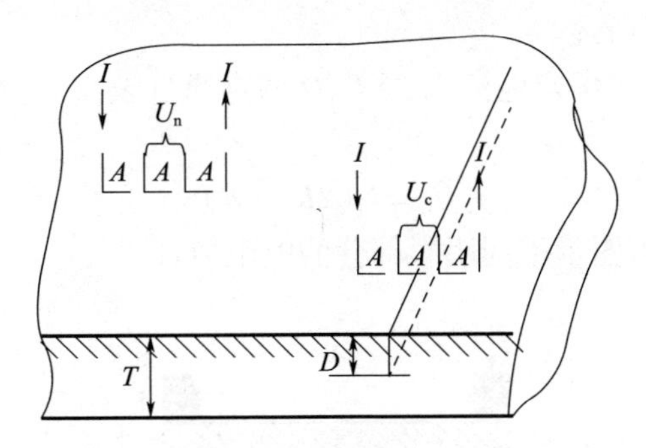

图3.4 直流电位法测量裂纹深度示意图

对于无裂纹的试件,设通过电流为I,则测得的电位差U_n可表示为

$$U_n = R_n I = \frac{\rho A}{M} I \tag{3.1}$$

式中:R_n为无裂纹时电位电极间的电阻(Ω);ρ为试件材料的电阻率(Ω · m);A为两电位电极间的材料距离(m);M为电流线通过的横截面积(m^2)。

当试件表面裂纹处于两电位电极之间时,测得的电位差值U_c可表示为

$$U_c = R_c I = \frac{\rho A_c}{M} I \tag{3.2}$$

式中:R_c为两电位电极存在裂纹时的电阻(Ω);A_c为因存在裂纹,电位电极间的电流流过距离(m):$A_c = A + 2D$;D为裂纹深度(m)。

由于

$$U_c - U_n = \frac{\rho I}{M}(A_c - A) = \frac{\rho I}{M} 2D \tag{3.3}$$

故通过测量U_c、U_n可求得裂纹深度为

$$D = \frac{M}{2\rho I}(U_c - U_n) \tag{3.4}$$

为消除电阻率对裂纹深度的影响,裂纹深度D可用U_c/U_n来计算

$$D = \frac{A}{2}\left(\frac{U_c}{U_n} - 1\right) \tag{3.5}$$

已有的相关实验表明,当$A > D$时按式(3.5)计算可得到较好的结果。当$A \ll D$时,由于电流通过情况甚为复杂,D与U_c/U_n的关系需要由实验确定。

3.2.2 监测电位与裂纹长度间的关系

南京航空航天大学研制的利用 BY－8 型裂纹片检测表面疲劳裂纹的系统就是利用了电位法原理。它提出了一个利用测量裂纹片输出电压信号来计算裂纹长度的模型,如下所述。

如图 3.5 所示,当恒定电流 I_0 经 C、D 两点通过裂纹片时,AB 两端有输出电压 U_0

$$U_0 = I_0(2R_0 + R) \tag{3.6}$$

式中:R_0 和 R 分别为图示不同阴影部分的电阻值。

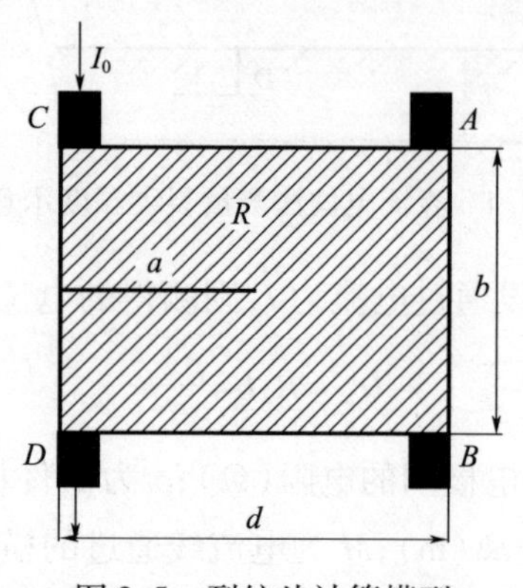

图 3.5　裂纹片计算模型

当测量段($b \times d$)上出现长度为 a 的裂纹时,电阻 R 发生变化,成为 $R_a(R_a > R)$,电阻变化值近似表示为

$$\Delta R_a = R_a - R \approx |4a/b + ab/[d(d-a)]|\rho/h \tag{3.7}$$

式中:ρ 为材料的电阻率;h 为裂纹片厚度;d 为裂纹片有效长度;b 为裂纹片有效宽度。

电阻值的变化使得 AB 两端输出电压也产生相应变化。输出电压变化值为

$$\Delta U = I_0 \Delta R_a \tag{3.8}$$

由式(3.7)导出裂纹长度 a 与电阻变化值之间的关系式为

$$a = (E + F + G)/(8d) \tag{3.9}$$

式中:$E = 4d^2 + b^2$;$F = h\Delta R_a bd^2/\rho$;$G = \sqrt{2E + 2(b^2 - 4d^2)F + F^2}$。

应用时,可根据实测的电压变化值,由式(3.8)计算出电阻增量,并由式(3.9)计算裂纹长度值。

另有研究指出,直流电位法的应用完全依赖于测量电位差与裂纹长度的精确标定。作为裂纹尺寸的函数,被检构件电位场整体分布通常因构件几何形状

不同而表现出不同的特征。因此,为了对裂纹长度进行准确的评估,需要针对构件的特定几何形状确定相应的精确标定曲线。

针对CT试样,裂纹长度与电位差之间的关系可以采用以下分析型关系式表示:

$$a = \frac{2W}{\pi}\arccos\left[\cosh(\pi y/2W)\Big/\cosh\left(\frac{V}{V_r}\operatorname{arccosh}\left[\frac{\cosh(\pi y/2W)}{\cos(\pi a_r/2W)}\right]\right)\right] \tag{3.10}$$

式中:a为裂纹长度;a_r为初始裂纹长度;V为输出电压;V_r为初始输出电压;W为试样宽度;y为输出电压引线间距的一半。

针对M(T)试样,裂纹长度与电位差之间的关系可以采用以下分析型关系式表示:

$$a = \frac{W}{\pi}\arccos\left[\cosh(\pi y/W)\Big/\cosh\left(\frac{V}{V_r}\operatorname{arccosh}\left[\frac{\cosh(\pi y/W)}{\cos(\pi a_r/W)}\right]\right)\right] \tag{3.11}$$

式中:a为裂纹长度;a_r为初始裂纹长度;V为输出电压;V_r为初始输出电压;W为试样宽度;y为输出电压引线间距的一半。

3.2.3 PVD薄膜传感器监测金属结构裂纹的基本原理

PVD薄膜传感器监测金属结构疲劳损伤原理如图3.6所示。

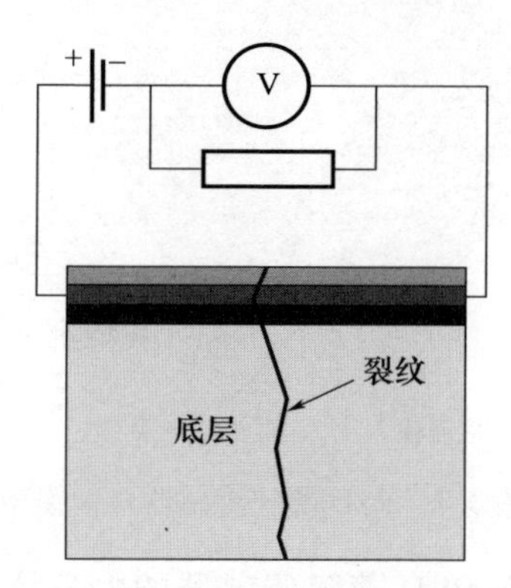

图3.6 PVD薄膜传感器监测金属结构疲劳损伤原理示意图

与传统直流电位法的差别在于,PVD薄膜传感器对金属结构裂纹的监测主要依赖于其自身与基体结构的损伤一致性。即当基体金属结构发生疲劳损伤时,具有随附损伤特性的导电传感层也在相同部位出现裂纹,并随基体裂纹不断扩展,引起损伤区域损伤传感层的电位(电阻)变化,通过监测分析损伤传感层的电位(电阻)信息的变化就能反映出基体结构的损伤情况。由于PVD薄膜传感器的损伤传感层的厚度仅为微米级,且一般采用导电性能较强的Cu、TiN等材料制备,裂纹的萌生与扩展对其电阻将产生更大的影响。

3.3 基于 PVD 薄膜传感器的裂纹监测有限元仿真分析

为了建立 PVD 薄膜传感器输出信号与裂纹的标定关系,对基于电位法原理的 PVD 薄膜传感器输出特性进行有限元仿真分析。

3.3.1 PVD 薄膜传感器有限元模型

为了实现在模拟 PVD 薄膜传感器输出特性的同时验证 PVD 薄膜传感器对裂纹位置的分辨能力,建立 PVD 薄膜传感器几何模型,如图 3.7 所示。图中,恒定电流的大小设为 1*A*,分别从 *A* 点、*B* 点流入,*C* 点流出;*C* 点接地,分别测量 *A*、*C* 两点之间电位差和 *B*、*C* 两点之间电位差。假设 PVD 薄膜传感器材料为各向同性材料,电阻率为 0.085Ω · m。

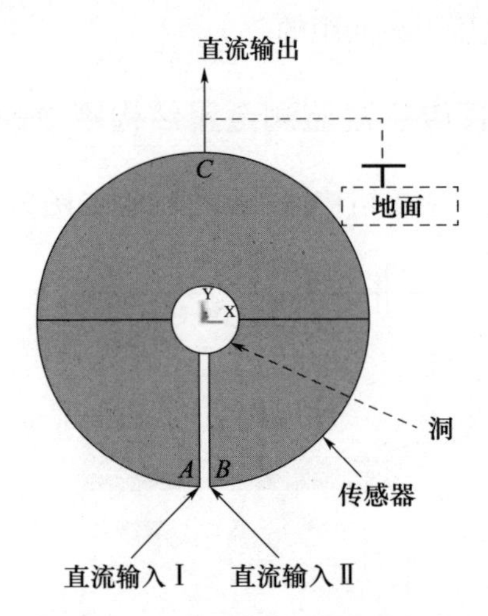

图 3.7 PVD 薄膜传感器几何模型

应用 ANSYS 软件建立 PVD 薄膜传感器的电学仿真模型,该模型选用二维八节点的电学单元 PLANE230,采用映射划分法对模型进行网格划分,由于电场在裂纹尖端可能具有奇异性,对裂纹尖端区域的网格进行细化,如图 3.8 所示。

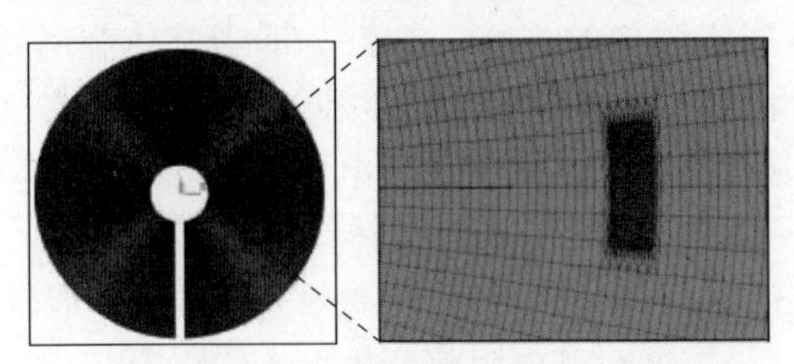

图 3.8 PVD 薄膜传感器有限元模型

3.3.2 PVD薄膜传感器输出特性分析

通过该有限元模型进行PVD薄膜传感器输出特性仿真分析,传感器右侧存在5mm的裂纹时,传感器的电位和电流分布如图3.9所示。

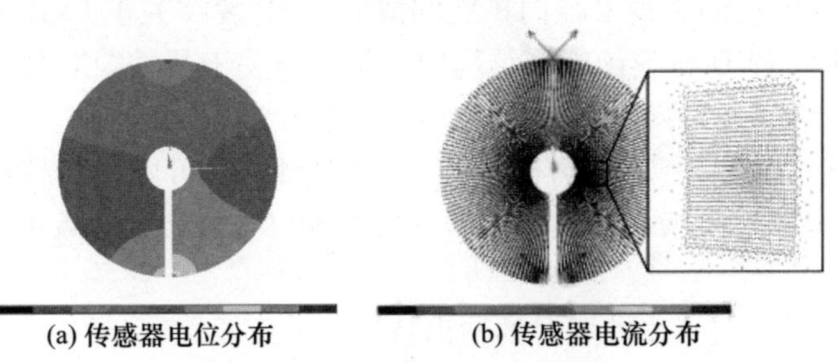
(a) 传感器电位分布　(b) 传感器电流分布

图3.9　仿真分析结果(见彩图)

由图3.9(a)可知,由于传感器右侧存在裂纹,传感器中电位分布出现明显改变,所以图3.7中B点电位值明显高于A点的电位值。右侧的孔边裂纹造成传感器右侧的电阻值增加,进而引起电位值分布的变化。由图3.9(b)可知,传感器中裂纹尖端的电流流动方向发生急剧变化。

应用该模型模拟PVD薄膜传感器对裂纹扩展的响应情况,分别对裂纹单边扩展和双边扩展两种情况进行分析。

(1)裂纹沿径向单边扩展时的输出特性。

PVD薄膜传感器对孔右侧裂纹沿径向扩展的响应情况如图3.10所示。由图3.10可以看出,随着裂纹的扩展,B点的电位值逐渐增加,A点的电位值略微减小。当孔边右侧裂纹从1mm扩展到5mm,A点的电位值只改变了大约1mV,而B点的电位值增加了45mV。据此推断孔边右侧裂纹对AC之间输出的电位差影响很小。

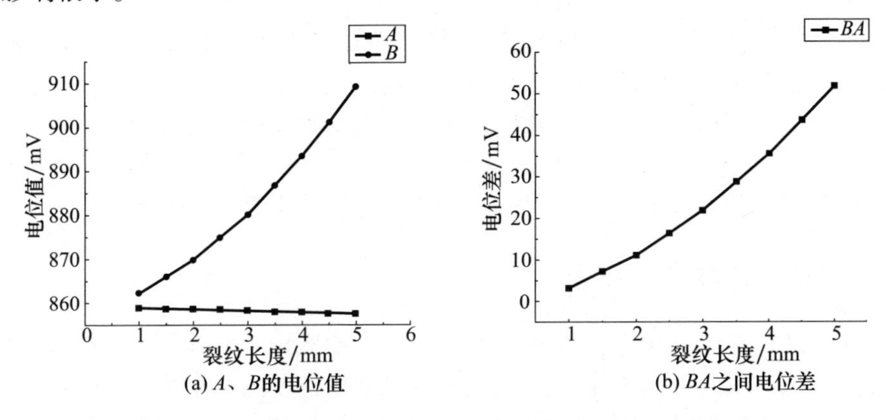

(a) A、B的电位值　(b) BA之间电位差

图3.10　PVD薄膜传感器对孔右侧裂纹沿径向扩展的响应情况

通过拟合,得到裂纹沿右侧径向扩展时裂纹长度 a 与 BA 间电位差的关系为

$$a = 0.16698 + 0.20363U_{BA} - 0.00411U_{BA}^2 + 3.85824 \times 10^{-5}U_{BA}^3 \quad (3.12)$$

式中:a 的单位为 mm;U_{BA}的单位为 mV。

同理,当孔左侧裂纹沿径向扩展时,A 点的电位值增加,B 点的电位值减小。对比两种不同位置的裂纹沿径向扩展的情形可知,裂纹关于 PVD 薄膜传感器轴线对称,从而使 PVD 薄膜传感器结构中电位分布关于其轴线对称,因此,孔左侧裂纹沿径向扩展时,只需将 U_{BA} 替换为 U_{AB},式(3.13)依然成立。

通过分析 PVD 薄膜传感器输出信号的变化情况,可以判断裂纹相对于孔的位置,即 U_{BC}减小、U_{AC}增大时裂纹位于孔的左侧,U_{BC}增大、U_{AC}减小时裂纹位于孔的右侧。

(2)裂纹沿径向双边扩展时的输出特性。

作为原理分析,该处作如下假设:孔两侧裂纹扩展过程中长度保持相等。PVD 薄膜传感器对孔两侧裂纹沿径向扩展的响应情况如图 3.11 所示。

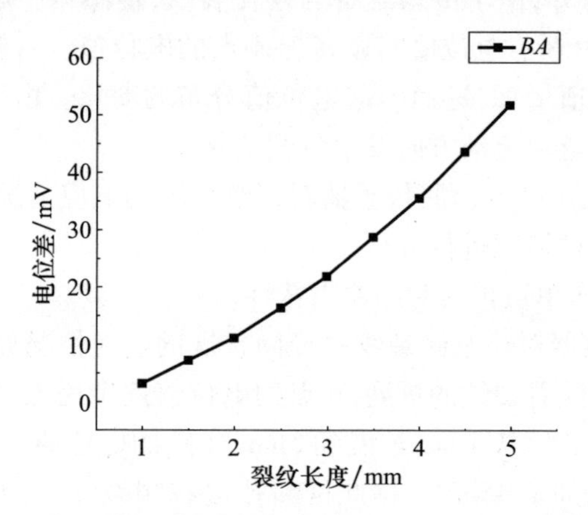

图 3.11　PVD 薄膜传感器对孔两侧裂纹沿径向扩展的响应情况

随着裂纹的扩展,AC 和 BC 之间的电位差逐渐增大。通过拟合,得出裂纹沿径向双边扩展时裂纹长度 a 与 $AC(BC)$间电位差的关系为

$$a = 0.18372 + 0.22916(U_{AC} - 859) - 0.00522(U_{AC} - 859)^2 + 5.34574 \times 10^{-5}(U_{AC} - 859)^3 \quad (3.13)$$

式中:a 的单位为 mm;U_{AC}的单位为 mV;859mV 为 U_{AC}(或 U_{BC})的初始值。

3.3.3　仿真分析结论

本节建立了基于电位法的裂纹监测传感器的有限元模型并进行了仿真分析,得到了裂纹沿径向单边扩展时各监测点之间电位差的变化情况,通过分析电位差的变化情况,得到了确定裂纹扩展方向和裂纹长度的方法;同时还研究了裂

纹沿径向双边等长度扩展时各监测点之间电位差的变化情况,得到了监测点之间电位差随裂纹扩展的变化特征和确定裂纹长度的方法。有限元仿真分析结果表明,应用电位法原理PVD薄膜传感器可以实现对结构裂纹扩展方向以及扩展长度的有效监测。

3.4 基于PVD的金属结构裂纹监测可行性验证

纯铝板材富有延展性、易于塑性变形、加工容易、导电性良好。选择纯铝板材作为验证PVD薄膜传感器的随附损伤性能的基体材料,可以在较大的塑性变形范围内,考察PVD薄膜传感器的与基体结构的结合情况、验证PVD薄膜传感器与基体结构是否具有良好的损伤一致性、以及利用PVD薄膜传感器能否实现对结构疲劳损伤(塑性变形、屈服、裂纹萌生与扩展)的在线、实时监测。

3.4.1 PVD薄膜传感器制备

针对纯铝基体材料,拟采取以下工艺制备出PVD薄膜传感器:首先采用阳极氧化工艺,在纯铝中心孔板试样上制备出与基体结合良好、膜层组织致密的Al_2O_3薄膜作为传感元的绝缘支撑层;然后采用离子镀工艺在疲劳裂纹容易萌生的圆孔周围制备附着力强、组织致密的“损伤传感层”。

1. 绝缘支撑层的制备

为了便于PVD薄膜传感器的制备与现有工艺的结合、方便研究成果的推广应用,选用阳极氧化工艺制备Al_2O_3膜层作为纯铝基PVD薄膜传感器的底层支撑结构。

由于硫酸阳极氧化工艺制备的Al_2O_3膜层较脆,这里采用了铬酸阳极氧化工艺。参考了若干相关文献,针对试样的材质和尺寸的实际,通过工艺优化,得出了制备阳化膜质量很高的铬酸阳极氧化的具体工艺。

(1)铬酸阳极氧化的总体工艺流程。

初步准备和装挂→手工除油或蒸汽除油→碱清洗→热水洗→流动冷水洗→出光→流动冷水洗→检验零件表面水膜连续性→铬酸阳极氧化→流动水洗→封闭→干燥→拆卸。

(2)装挂后脱脂和除油。

将试样用砂纸研磨至800号后,油污不太严重的可采取在溶剂中短时间浸泡;油污严重的应采取用棉纱蘸溶剂揩擦,或用鬃刷刷洗。需要特别说明的是,无论采用何种有机溶剂的清洗方式,晾干工序决不可省略,否则将会失去清洗意义。

(3)碱蚀。

碱蚀是铝制品在添加或不添加其他物质的氢氧化钠溶液中进行表面清洗的过程,通常也称为碱腐蚀或碱洗。其作用是作为制品经某些脱脂方法脱脂后的补充处理,以便进一步清理表面附着的油污脏物;清除制品表面的自然氧化膜及轻微的划擦伤。从而使制品露出纯净的金属基体,利于阳极膜的生成并获得较高质量的膜层。碱蚀的具体工艺参数如表3.1所列。

表3.1　纯铝试样碱蚀的工艺

溶液组成	用量 wt%	温度/℃	时间/min	备注
NaOH	3.5 ~ 9	50 ~ 70	3 ~ 10	腐蚀量 10 ~ 55g/m^2,铝离子含量 > 30 ~ 80g/L

(4)中和、清洗。

碱蚀后的试样采用热水(40 ~ 60℃)、冷水的二重清洗。其后进行中和,工艺过程为试件室温下在 300 ~ 400g/L 硝酸(1.42 × 103kg/m^3)溶液中浸洗 3 ~ 5min。

(5)阳极氧化工艺。

采用表3.2所列的工艺参数对纯铝试样进行阳极氧化。

表3.2　纯铝在铬酸溶液中阳极氧化的工艺

铬酐 CrO_3	时间	电压	阳极电流密度	温度	电压升高方式
40g/L	30 ~ 40min	20 ± 1V	0.5 ~ 0.8A/dm^2	35℃ ± 2℃	3min 内逐渐升高到所需值

备注:铬酸的浓度一般控制在 50 ~ 60g/L 之间,溶液中铬含量超过 70g/L 时就应稀释或更换溶液。电压应逐步递增,在 3min 内由 0 升至 20V,保持规定电压至阳极氧化结束。氧化时间应根据所需膜厚来确定,但不宜超过 60min,否则膜层容易疏松、变脆。阳极氧化结束后应及时水洗,停电后试样留在氧化槽时间过长(超过 2min),将影响封孔质量。

(6)封闭处理。

为提高铬酸氧化膜的抗污染和抗腐蚀性能,这里采用了稀铬酸封闭工艺。溶液要求为可溶性固体总量不超过 100mg/L;$CrO_3 \geqslant 3.0 \times 10^{-5}$;pH 值为 3.2 ~ 4.5;温度 90 ~ 96℃;时间 8 ~ 12min。

通过以上阳极氧化过程,在纯铝基体上制备出厚度约为 10μm 与基体结合良好、致密的 Al_2O_3 绝缘薄层作为 PVD 薄膜传感器的底层支撑结构。

2.“损伤传感层”的制备

将制备绝缘层后的试样,连同图3.12所示的掩模板和底板,经预处理(去油→三氯乙烯超声清洗→氟利昂超声清洗→清水超声清洗→去离子水超声清洗→烘干)后,将试样与掩模板、遮蔽底板装配配置好放入日产 IPB30/30T 空心阴极离子镀膜机中镀制 PVD 薄膜传感器的“损伤传感层”。

图 3.12　空心阴极离子镀镀纯铝基 PVD 薄膜传感器“损伤传感层”用掩模板和遮蔽底板

这里选择镀 Ti/TiN 复合涂层来作为 PVD 薄膜传感器的“损伤传感层”。具体镀膜工艺见表 3.3 所列。采用以上工艺镀制 PVD 薄膜传感器“损伤传感层”后,得到的试样如图 3.13 所示。

表 3.3　离子镀镀 PVD 薄膜传感器“损伤传感层”的主要工艺参数

镀膜温度/℃		200
轰击清洗	轰击电压/V	550～600
	氩气分压/Pa	0.4
	轰击时间/min	5
镀 Ti 底层	束流/A	180～230
	基体偏压/V	200～250
	离子束流/A	2～5
	镀膜时间/min	22
镀 TiN 层	束流/A	360
	基体偏压/V	60～80
	离子束流/A	2～5
	氮气分压/Pa	0.133
	时间/min	3

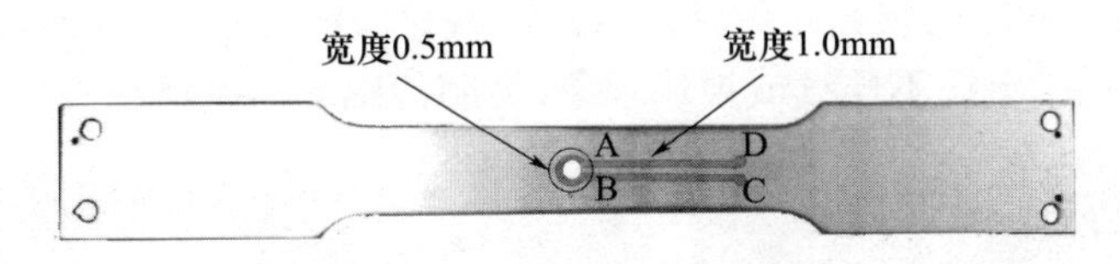

图 3.13　镀 Ti/TiN 复合涂层微细导线结构“损伤传感层”后的试样

由于本节研究工作的主要目的是考验 PVD 薄膜传感器的随附损伤性能,所以,这里未在“损伤传感层”上方制备绝缘封装保护层,而是直接进行 PVD 薄膜传感器的随附损伤性能实验验证。

3.4.2 随附损伤性能验证实验

实验在日本岛津公司 EHF－EA5 型液压伺服疲劳实验机进行，如图 3.14 所示。该机经检查，载荷误差小于 1%。实验在室温、空气环境中进行，加载频率 $f=5\text{Hz}$，应力比 $R=0.04$。裂纹测量值借助于分辨率为 0.1mm 的读数显微镜进行目测获取。实验中 PVD 薄膜传感器的电位信息，通过毫伏计进行测量。共做两组实验，试样一的载荷加载程序为：最大载荷 60min 内由 0 均匀增大至 1.80kN；观察到试样中心孔明显变为椭圆时，最大载荷降至 1.60kN；通过读数显微镜观测发现试样裂纹萌生时，最大载荷降至 1.45kN，持续到试样断裂。试样二的载荷加载程序为：最大载荷 60min 内由 0 均匀增大至 1.70kN；观察到试样中心孔明显变为椭圆时，最大载荷降至 1.60kN；通过读数显微镜观测发现试样裂纹萌生时，最大载荷降至 1.30kN，持续到试样断裂。

图 3.14 纯铝基 PVD 薄膜传感器疲劳响应特征和随附损伤性能实验

随着实验的进行，纯铝试样中心圆孔明显变成椭圆形，如图 3.15 所示。由图 3.15 可见，当中心圆孔变为椭圆形时，PVD 薄膜传感器跟随基体结构发生塑性变形，表现出良好的损伤一致性。通过读数显微镜观察，未发现微细导线结构的"损伤传感层"出现不连续或掉块现象，表明传感元与基体材料结合良好。

(a) 试件发生明显塑性变形

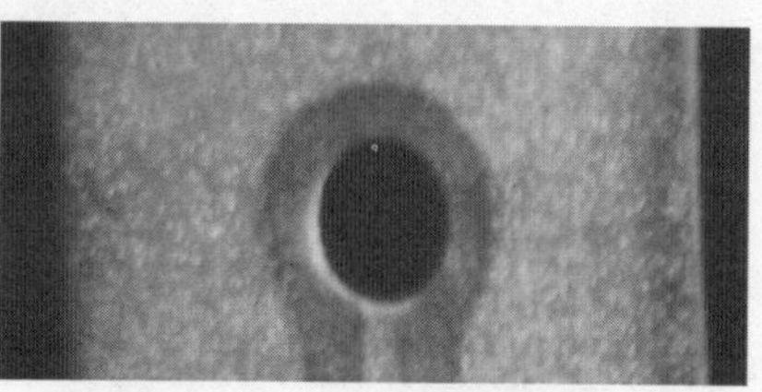

(b) 椭圆形中心孔处的"PVD薄膜传感器"形貌

图 3.15 试件发生明显塑性变形后 PVD 薄膜传感器的形貌

随着实验的继续进行,试样表面的裂纹萌生并逐渐扩展过PVD薄膜传感器的微细导线结构的“损伤传感层”。试样裂纹扩展后PVD薄膜传感器的形貌如图3.16所示。

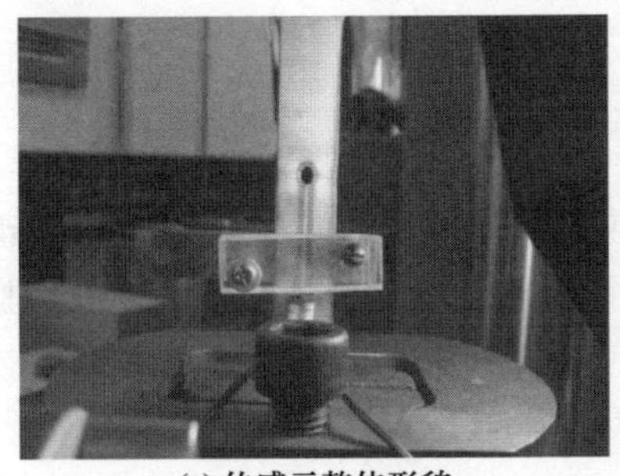

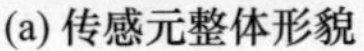

(a) 传感元整体形貌

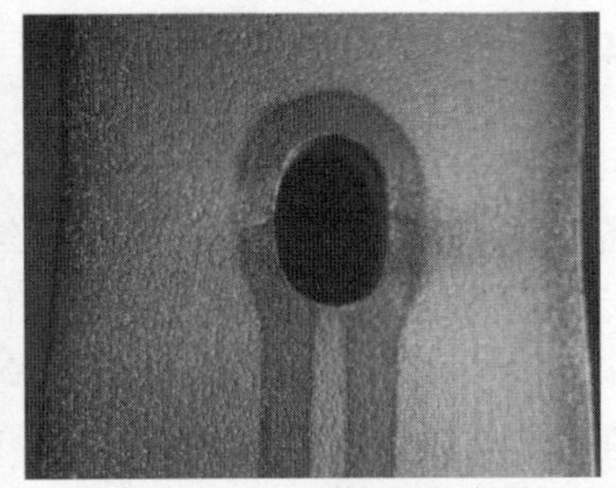

(b) 中心孔处的“PVD薄膜传感器”形貌

图3.16　裂纹扩展后PVD薄膜传感器形貌

由图3.16可见,当试样圆孔边缘的裂纹扩展过PVD薄膜传感器的微细导线结构“损伤传感层”时,“损伤传感层”发生相应的开裂,表现出良好随附损伤特性。同时,通过读数显微镜观察,除裂纹位置外,未发现微细导线涂层出现不连续现象,表明传感元与基体结合良好。

当试样断裂后PVD薄膜传感器的形貌如图3.17所示。由图3.17(a)可见,实验后铜薄片夹持部位摩擦下方的“损伤传感层”的圆头部位仍为金黄色,未发现明显的磨损现象;这证实了本节利用空心阴极离子镀工艺制备的PVD薄膜传感器Ti/TiN微细导线结构“损伤传感层”具有良好的耐磨损性能。由图3.17(b)可见,当试样发生断裂时,传感元微细导线层有爬延现象且基体铝材有塑性延伸。选用胜利VC9802A型数字万用表测量发现,此时PVD薄膜传感器“损伤传感层”与基体结构的铝材发生导通。

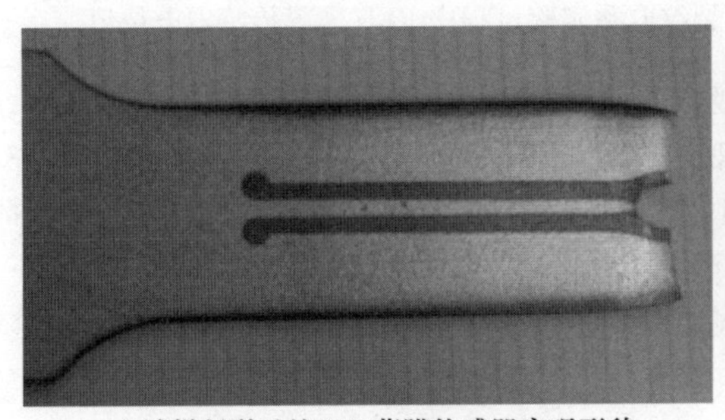

(a) 试样断裂后的PVD薄膜传感器宏观形貌

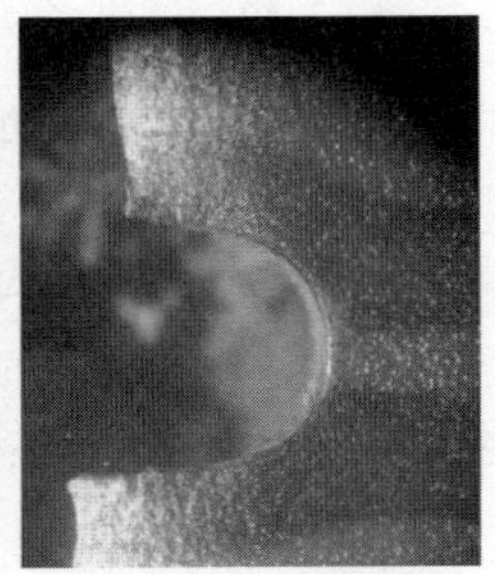

(b) 圆孔附近的局部放大

图3.17　试样断裂后的PVD薄膜传感器形貌

上述实验结果表明:

(1)制备的 PVD 薄膜传感器与基体材料结合力强、耐磨损性能好;

(2)PVD 薄膜传感器跟随基体材料发生塑性变形,并与基体结构一起开裂、扩展,表现出良好的损伤一致性,具有良好的随附损伤特性。

3.4.3 实验结果分析与结论

1. 结果分析

制备有纯铝基 PVD 薄膜传感器的纯铝试样裂纹监测实验加载均为正弦波,频率 $f=5\text{Hz}$,应力比 $R=0.04$。这里采用不同的加载方式进行了两组实验,以对比分析实验结果的可重复性。两组实验中,PVD 薄膜传感器的电位值(电阻)随实验过程的变化情况如图 3.18 和图 3.19 所示。

试样一的加载程序为:最大载荷 60min 内由 0 均匀增大至 1.80kN,对应于图 3.18 中 A 点左边的区域;观察到试样中心孔明显变为椭圆时(对应图 3.18 中 A 点),最大载荷降至 1.60kN;通过读数显微镜观测发现试样裂纹萌生时(对应图 3.18 中 B 点),最大载荷降至 1.45kN,持续到试样断裂。

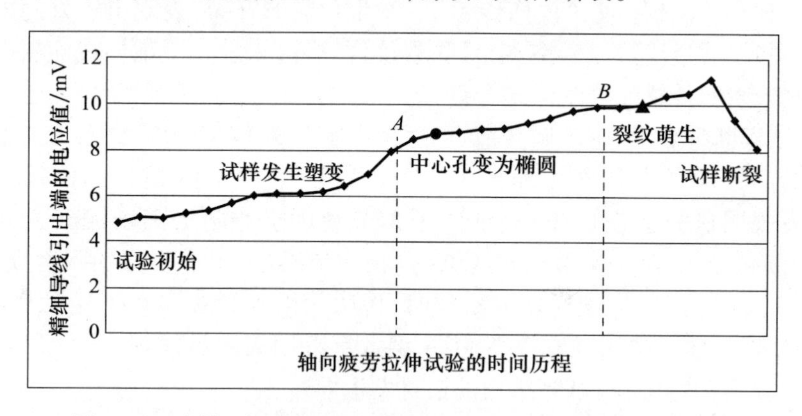

图 3.18 试样一的裂纹监测实验过程中 PVD 薄膜传感器电位值

试样二的加载程序为:最大载荷 60min 内由 0 均匀增大至 1.70kN,对应于图 3.19 中 A'点左边的区域;观察到试样中心孔明显变为椭圆时(对应图3-19中 A'点),最大载荷降至 1.60kN;通过读数显微镜观测发现试样裂纹萌生时(对应图 3.19 中 B'点),最大载荷降至 1.30kN,持续到试样断裂。

由图 3.18、图 3.19 所示的电位监测结果结合图 3.16 所示的纯铝试样的塑性变形可知,当试样发生塑性变形时,PVD 薄膜传感器微细导线结构的"损伤传感层"跟随基体材料一起产生缓慢的塑性变形,从而使得传感元电阻增大,监测电位值缓慢增高,对应于图中的 A 点和 A'点的左侧。在试样产生塑性变形但未观测到裂纹萌生之间的区域时,电位监测值保持上升,其原因可能是应变电阻效应使得 PVD 薄膜传感器电阻值增大。

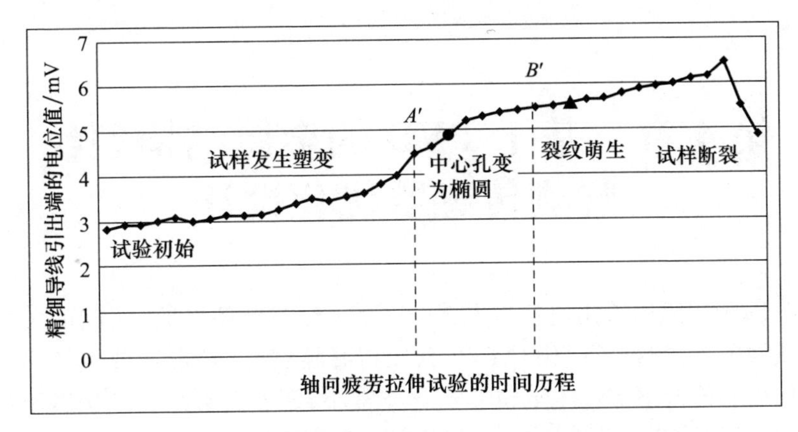

图3.19　试样二的裂纹监测实验过程中PVD薄膜传感器电位值

当裂纹萌生并继续扩展时,由图3.18、图3.19可见,电位值先逐渐升高、后较快降低。分析认为其原因可能是:在裂纹萌生并扩展的初期,传感元“损伤传感层”随裂纹扩展逐步断开,并且此时基体结构的颈缩较弱,传感元微裂纹表现为张开,从而使得传感元两端电阻值增大。随着实验的继续进行,疲劳循环产生的塑性变形使得基体铝材、“损伤传感层”爬延,同时由于基体结构的颈缩趋于严重,传感元裂纹表现为闭合,裂纹的前端发生反复的挤压、磨损,从而使得传感元“损伤传感层”的导电膜层和基体铝材趋于导通,传感元电阻值表现为急剧减小。这样,在裂纹萌生并扩展的初期,使得传感元电阻值增大的因素占主导,监测电位值表现为上升;在裂纹扩展过传感元的后期,“损伤传感层”导线层在中心孔位置趋向于与基体铝材导通,传感元电阻值减小的因素占主导,监测电位值表现为下降。

2. 实验结论

由上述实验中PVD薄膜传感器的电阻(电位值)随试样损伤情况的变化可知,PVD薄膜传感器可以实现对结构屈服、塑性变形、裂纹萌生、扩展等损伤情况的在线、实时监测。

由图3.18、图3.19可知,由不同的加载历程产生的裂纹萌生时,两组PVD薄膜传感器的电位(电阻)均增大为初始值的2倍左右(试样一为2.08倍,试样二为1.95倍);并且,当裂纹扩展过PVD薄膜传感器微细导线结构后,即纯铝基传感元断裂时,PVD薄膜传感器的电阻值均增加到130Ω左右,(疲劳实验前初始电阻值均为78Ω,发生断裂后试样一、二分别为130Ω、134Ω)。两试样上制备的纯铝基PVD薄膜传感器的电阻变化的一致性结果表明,制备的纯铝基PVD薄膜传感器具有良好的工艺可重复性。

第4章 基于PVD的金属结构裂纹监测传感器优化设计

PVD薄膜传感器输出电位差与裂纹长度(疲劳循环次数)之间的关系不是简单的线性关系,裂纹长度相对PVD薄膜传感器宽度(环形区域半径)较小时,裂纹扩展引起的传感器输出电位差变化非常小,而随着裂纹逐渐扩展至传感器边缘区域,与裂纹萌生并扩展进入传感器监测区域的初期相比,相同裂纹长度增量引起的传感器输出电位差变化量大幅增加。如果将传感器设计宽度减小,同样的裂纹长度增量会引起传感器输出电位差更大的变化,一方面可以使传感器监测裂纹的精度提高;另一方面可以降低裂纹闭合可能造成的裂纹长度低估的风险,从而使传感器监测裂纹的准确性提高。笔者在研究时在PVD薄膜传感器的基础上,先后提出了同心环状PVD薄膜传感器阵列和格栅式PVD薄膜传感器,在此以格栅式PVD薄膜传感器为例对其结构组成和工作原理进行论述,并开展基于格栅式PVD薄膜传感器的有限元仿真分析,具体讨论其监测灵敏度和传感器感应通道数量、结构参数以及感应层厚度的相关性。最后,依据所得结果优化改进了格栅式PVD传感器的外形布局。

4.1 基于PVD的金属结构裂纹监测传感器结构设计及其工作原理

4.1.1 PVD薄膜传感器结构设计

为了实现裂纹的定量监测,同时降低裂纹误判的风险,本章首先提出了一个新的传感器形式——同心环状PVD薄膜传感器阵列。同心环状PVD薄膜传感器阵列包含数个同圆心的PVD薄膜传感器,每个传感器的线宽和任意两个PVD薄膜传感器之间的间隔固定。应用同心环状PVD薄膜传感器阵列进行裂纹定量监测可以不对传感器电位差变化与裂纹长度进行标定,直接以裂纹前缘进入或穿越传感器监测区域作为裂纹长度辨识的依据。图4.1所示为同心环状PVD薄膜传感器阵列示意图,PVD薄膜传感器的环状部分为主体监测区域,尾部为引线,两个PVD薄膜传感器的线宽与间隔为1mm。

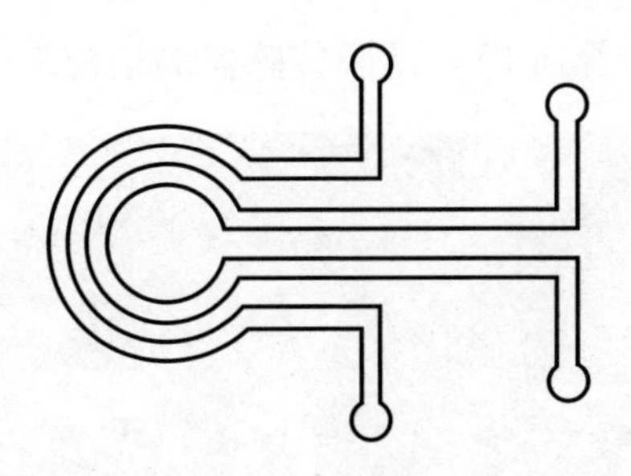

图4.1　同心环状PVD薄膜传感器阵列结构示意图

同心环状PVD薄膜传感器阵列应用于结构裂纹定量监测的原理如下:当裂纹前缘进入传感器监测区域时,传感器输出电位差变化明显,当裂纹尖端扩展出薄膜传感器的监测区域,相应的监测电路失效,传感器输出电位差或电阻值突变,因此,可以通过电位或电阻值的变化判断裂纹进入或者穿越监测区域,而PVD薄膜传感器的线宽与间隔确定,由此即可判断裂纹进入或穿越监测区域时的长度。图4.1所示的同心环状PVD薄膜传感器阵列可以沿径向布设更多薄膜传感器以拓展传感器的监测范围;也可以减小单个薄膜传感器的线宽、增大薄膜传感器分布密度以提高传感器的监测精度。

为在实现定量监测疲劳裂纹的同时,减少PVD薄膜传感器引脚的数量,本章进一步提出了一种新型的PVD薄膜传感器——格栅式PVD薄膜传感器,其典型外形结构示意图如图4.2所示,其中,图4.2(a)为环形格栅式PVD薄膜传感器,是针对孔边裂纹监测而设计的;图4.2(b)为矩形格栅式PVD薄膜传感器,是针对平面或曲面结构的裂纹监测而设计的。

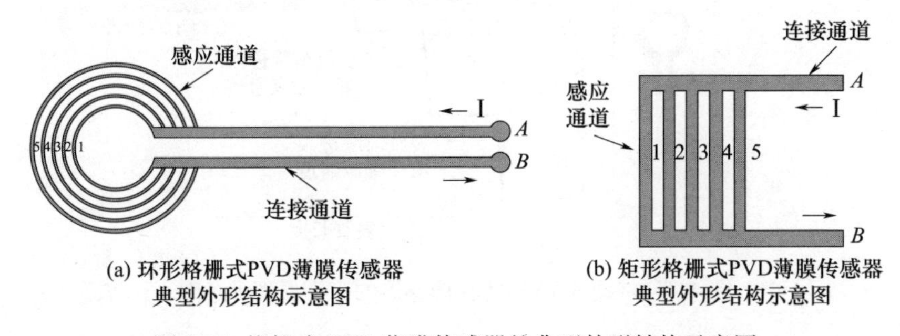

图4.2　格栅式PVD薄膜传感器的典型外形结构示意图

在使用过程中,格栅式PVD薄膜传感器覆盖整个监测区域,传感器由两条连接通道以及若干感应通道构成,感应通道的功能为感应裂纹的萌生与扩展,连接通道的功能为传递和输出信号。从工作原理和设计思路上出发,格栅式PVD薄膜传感器的疲劳裂纹定量监测能力取决于感应通道的分布和间距,感应通道之间的间隔即为格栅式PVD薄膜传感器的监测精度。从图4.3中可以发现,格栅式 PVD 薄膜传感器与普通 PVD 薄膜传感器的结构组成保持一致。

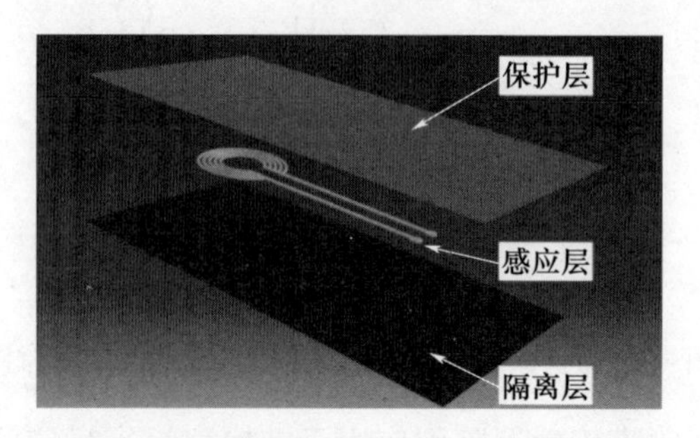

图 4.3 格栅式 PVD 薄膜传感器组成示意图

4.1.2 PVD 薄膜传感器工作原理

PVD 薄膜传感器进行疲劳裂纹监测的原理为：当结构表面萌生裂纹且扩展情况下，其感应通道断裂，从而导致输出信号产生改变，各条感应通道断裂情况下，输出结果都会产生一定改变，对其输出信号进行分析，可以得到裂纹的扩展情况，从而实现裂纹的定量监测。格栅式 PVD 薄膜传感器的工作原理如图 4.4 所示，随着裂纹的扩展，传感器电阻值成阶梯状不断增大，直到裂纹通过最后一个感应通道时，传感器的阻值趋近于无穷大。

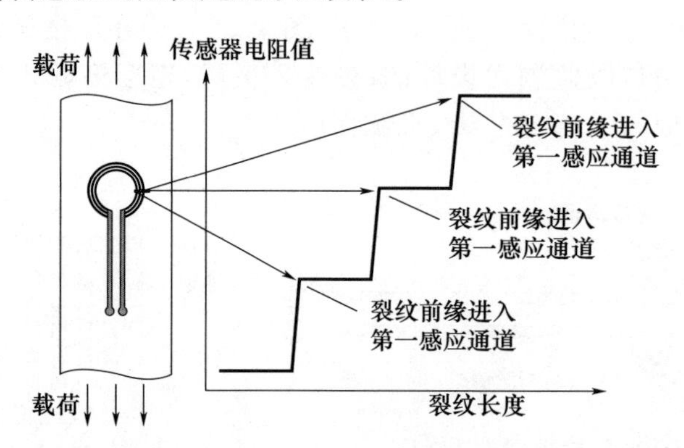

图 4.4 格栅式 PVD 薄膜传感器的工作原理示意图

4.1.3 格栅式 PVD 薄膜传感器裂纹监测的模拟实验验证

4.1.3.1 实验方案

铝箔纸很薄且导电性好，与薄膜传感器的特点一致。同时，由于其成本较低且易于操作，所以首先使用铝箔纸进行矩形格栅式 PVD 薄膜传感器的裂纹监测模拟实验研究。

模拟实验实施步骤如下：

(1)用铝箔纸制备出矩形格栅式薄膜传感器(图4.5)；

(2)在A点输入$I=3\text{A}$的恒定直流电流，并从B点输出；

(3)选择E、F、G点为起点，沿垂直于CD的方向设置相应的穿透裂纹，$CE=1.5\text{cm}$，$CF=2.5\text{cm}$，$CG=3.5\text{cm}$，测量这三种条件下传感器的输出电位差U_{AB}；

(4)对实验结果进行记录，一方面分析输出结果与裂纹位置的相关性，另一方面统计分析数据得到输出电位差U_{AB}与裂纹长度的关系，据此验证格栅式PVD薄膜传感器进行裂纹监测的可行性。

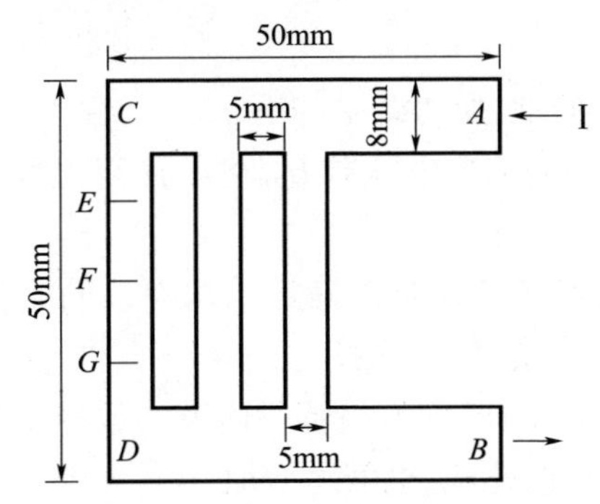

图4.5 格栅式PVD薄膜传感器裂纹监测模拟实验的研究方案

4.1.3.2 实验结果与分析

根据模拟实验得到的数据，得到裂纹起点分别在E、F、G点下矩形薄膜传感器的监测电位差U_{AB}与裂纹长度之间的关系，如图4.6所示。

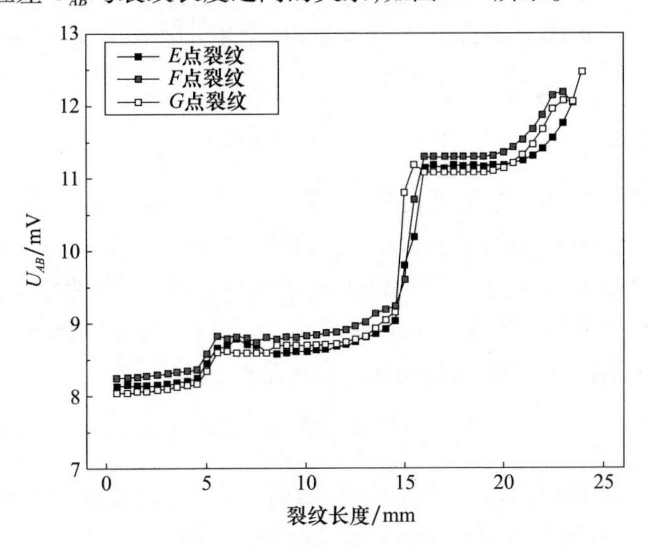

图4.6 监测电位差U_{AB}随裂纹长度变化的情况(见彩图)

从图4.5反映的监测电位差 U_{AB} 数值与裂纹长度之间的关系，可以发现：

(1)在三种裂纹萌生位置不同的情况下，当裂纹通过感应通道时，输出电压 U_{AB} 开始增大，当裂纹完全穿过感应通道时，输出电压 U_{AB} 发生跳跃式增长；

(2)裂纹产生的位置对输出电压值 U_{AB} 的影响不大，三种情况下得到的数据虽然略有不同，但是难以进行区分判断；

(3)随着裂纹扩展，后面断开的感应通道比更早断开的感应通道断开时，输出电压 U_{AB} 的增值更大，变化更明显。

4.1.3.3 实验结论

通过实验数据统计处理，所得结果如下：

(1)通过监测传感器的输出电位差 U_{AB} 可以推断出裂纹长度，传感器的形状和布置方案决定了监测精度；

(2)格栅式PVD薄膜传感器难以确定结构裂纹萌生位置，需考虑对传感器进行优化从而尝试实现裂纹定位监测；

(3)传感器输出电压 U_{AB} 的增量与感应通道的数量密切相关，感应通道断裂数目增加的情况下，输出电压 U_{AB} 也随之增加。

4.1.4 格栅式PVD薄膜传感器的灵敏度分析

根据前文的实验结果可知，格栅式PVD传感器输出电压与裂纹长度密切相关。在进行监测时，可以根据传感器输出电压的变化情况确定裂纹的长度。本节在研究时为更直观地体现传感器输出电压的变化情况，将其输出信号表示如下：

$$V_C = \left| \frac{V - V_0}{V_0} \right| \times 100\% \tag{4.1}$$

式中：V 为传感器的实时输出电压值；V_0 为传感器的初始输出电压值。

灵敏度主要反映出输出量对输入量的敏感性水平，通过分析可知对格栅式PVD薄膜传感器而言，输入量即裂纹扩展穿过感应通道，导致感应通道断裂，输出量即传感器的输出电阻或输出电压。因而，本节在研究时将各感应通道断裂前、后其输出电阻变化率定义为相应感应通道的灵敏度：

$$S_i = \left| \frac{R_i - R_{i-1}}{R_{i-1}} \right| \times 100\% \tag{4.2}$$

式中：S_i 为第 i 条感应通道的灵敏度；R_i 为第 i 条感应通道断裂后传感器的电阻值；R_{i-1} 为第 $i-1$ 条感应通道断裂后传感器的电阻值。

格栅式PVD薄膜传感器的灵敏度为全部感应通道灵敏度中的最小值，相应的表达式如下：

$$S_V = \min(S_1, S_2, S_3, \cdots, S_n) \tag{4.3}$$

从格栅式 PVD 薄膜传感器裂纹监测的模拟实验结果可以看出,各感应通道的断裂中对输出电压变化程度影响最小的为第 1 感应通道的断裂,因而设置传感器的灵敏度为此通道的灵敏度。

4.2 基于格栅式 PVD 薄膜传感器设计有限元仿真分析

4.2.1 有限元分析模型的建立

根据表 4.1 相应参数得到传感器的几何模型,如图 4.7 所示,在研究时设置表面裂纹为矩形裂纹,裂纹位置位于感应通道一侧的中点,宽度为 0.1mm,对裂纹长度进行参数化扫描,裂纹长度从 0 开始,以 0.1mm 的步长递增至 5mm。在传感器一条连接通道的末端 A 边施加 1A 的电流源,另一条连接通道的末端 B 边接地。

表 4.1 格栅式 PVD 薄膜传感器结构参数

参数	数值/mm
感应通道宽度	0.5
感应通道间距	0.5
连接通道长度	20
连接通道宽度	1.5
感应层厚度	3E-3

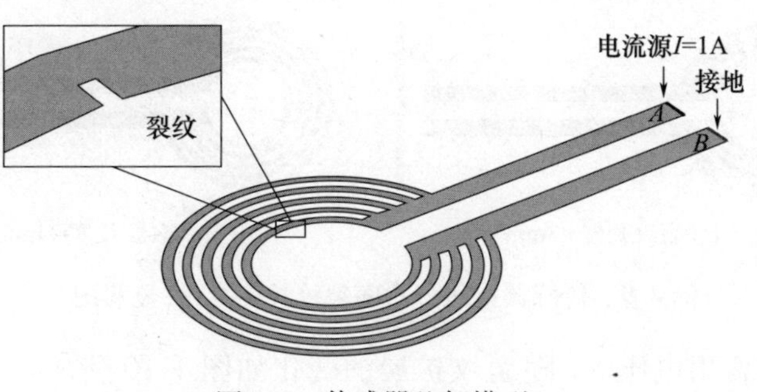

图 4.7 传感器几何模型

本节利用 COMSOL Multiphysics 的 AC/DC 模块建立传感器有限元模型如图 4.8 所示,网格划分方式选择扫掠,源面为传感器上表面,目标面为下表面。在研究时为提高仿真结果的真实可靠水平,并满足一定计算效率相关要求,进行网格设置时,选择了三角形网格,最大尺寸为 0.2mm。图 4.8(a)为设置的网格情况,传感器材料选择 Cu(copper)。通过 COMSOL 软件进行求解而得到相应的电压值。传感器的电压分布如图 4.8(b)所示。

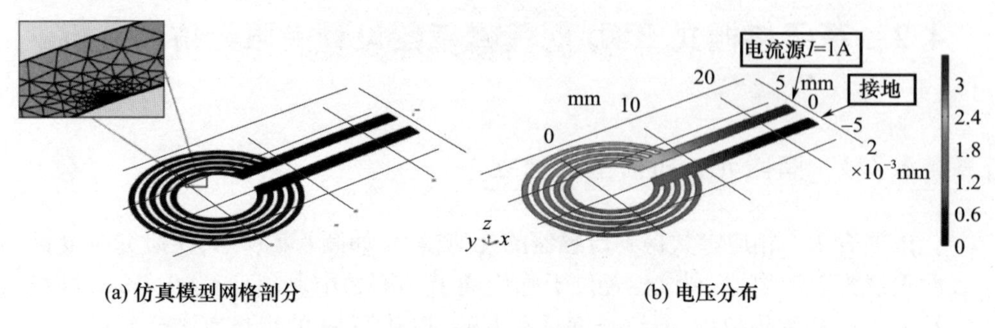

图 4.8　传感器有限元模型(见彩图)

4.2.2　传感器的输出特性

如图 4.9 所示,在裂纹扩展过程中对应的电压分布也产生明显的改变,在裂纹的长度大于 5mm 情况下,相应的感应通道都断裂,输出电压 U_{AB}趋近一个极大值。

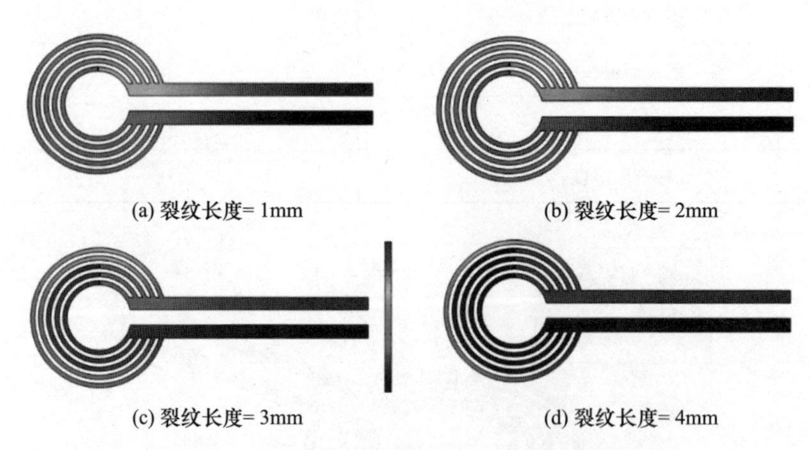

图 4.9　传感器电压分布随裂纹长度变化(见彩图)

传感器的输出电压 U_{AB}随裂纹扩展的变化如图 4.10 所示。从图中可以看出,U_{AB}随着裂纹长度的增加也在不断增加,并表现出阶梯状增长特征。由此可

判断出该传感器可以定量监测疲劳裂纹。

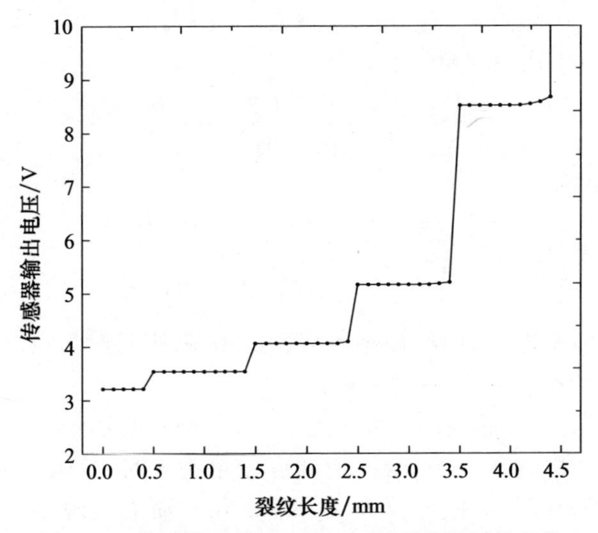

图 4.10　传感器的输出电压 U_{AB} 随裂纹扩展的变化

4.2.3　结构参数对传感器灵敏度的影响

结构参数和格栅式 PVD 薄膜传感器的灵敏度存在密切关系，在进行优化设计时应该对其结构参数进行合理设计，从而更好地满足裂纹监测相关需求。为此，本节以灵敏度为衡量指标，分别对传感器感应通道数目、通道的结构参数和感应层的厚度进行了研究分析。

4.2.3.1　感应通道数量对灵敏度的影响

传感器中的感应通道可感应裂纹损伤，这和传感器功能实现密切相关。设计和安装大型传感器网络，实现多部位、大范围实时监测，是飞机裂纹监测传感器实用化的决定因素。一般情况下感应通道多，则监测疲劳裂纹分辨率越高，相应的监测范围也扩大。然而，根据欧姆定律推导：

$$I = \frac{U}{R} \tag{4.4}$$

格栅式 PVD 薄膜传感器监测时，可通过如下表达式分析确定出感应通道电流值：

$$I_n = \frac{U_n}{R_n}, n = 1, 2, 3 \cdots \tag{4.5}$$

而传感器的总电流为

$$I_{总} = \frac{U_{总}}{R_{总}} \tag{4.6}$$

又因为感应通道之间属于并联关系，因此

$$I_{总} = I_1 + I_2 + I_3 + \cdots + I_n \tag{4.7}$$

根据式(4.6)、式(4.7)可得

$$\frac{U_{总}}{R_{总}} = \frac{U_1}{R_1} + \frac{U_2}{R_2} + \frac{U_3}{R_3} + \cdots + \frac{U_4}{R_n} \tag{4.8}$$

可知并联电路

$$U_{总} = U_1 = U_2 = U_3 = \cdots\cdots = U_n$$

$$\frac{1}{R} = \frac{1}{R_1} + \frac{1}{R_2} + \frac{1}{R_3} + \cdots + \frac{1}{R_n} \tag{4.9}$$

具体分析式(4.9)可发现，传感通道数量越多，则其断裂情况下输出电阻的改变幅度越小，即传感器的灵敏度越低。

如图4.11所示，当感应通道数量为2时，灵敏度高达48.74%；当感应通道数量为5时，灵敏度为9.46%；当感应通道数量为8时，灵敏度为4.70%；而当感应通道数量为10时，灵敏度仅为3.38%。仿真研究发现感应通道数量和传感器灵敏度的关系很密切，具体表现为负相关关系。

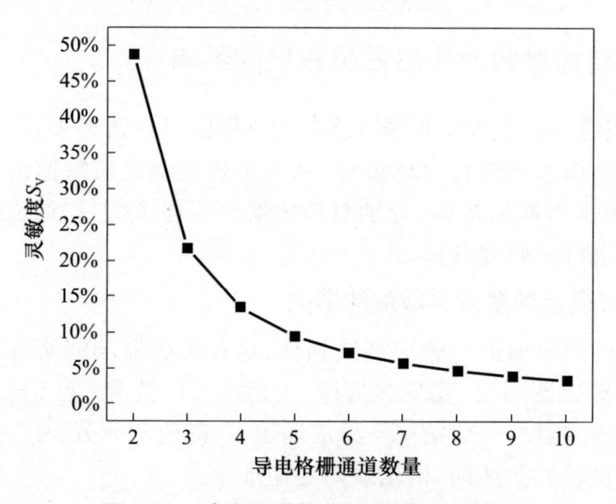

图4.11　感应通道数量对灵敏度的影响

4.2.3.2　传感器通道结构参数变化对灵敏度的影响

在研究时为讨论结构参数和灵敏度相关性而建立了一个模型，其中含有5个感应通道。仿真分析中，控制单一变量，分别研究感应通道间距，感应通道宽度，连接通道长度和连接通道宽度对传感器灵敏度的影响。设置连接通道长度分别为10mm、20mm、30mm、40mm、50mm，宽度分别为0.5mm、1mm、1.5mm、2mm、2.5mm，感应通道的宽度分别为0.1mm、0.2mm、0.3mm、0.4mm、0.5mm、0.6mm、0.7mm、0.8mm、0.9mm，感应通道的间距分别为0.1mm、0.3mm、0.5mm、

0.7mm、0.9mm。在研究某一参数对灵敏度的影响时,其余结构参数保持不变,与表2.5相同。在各种条件下进行模拟分析而确定出其灵敏度结果,具体情况如图4.12所示。分析此图结果可知,灵敏度和感应通道长度存在正相关关系,也正比于连接通道宽度。进行仿真分析可知,为提高这种传感器的灵敏性,可采取的措施主要包括提高感应通道间距,降低其宽度,增大连接通道的宽度,减小其长度。

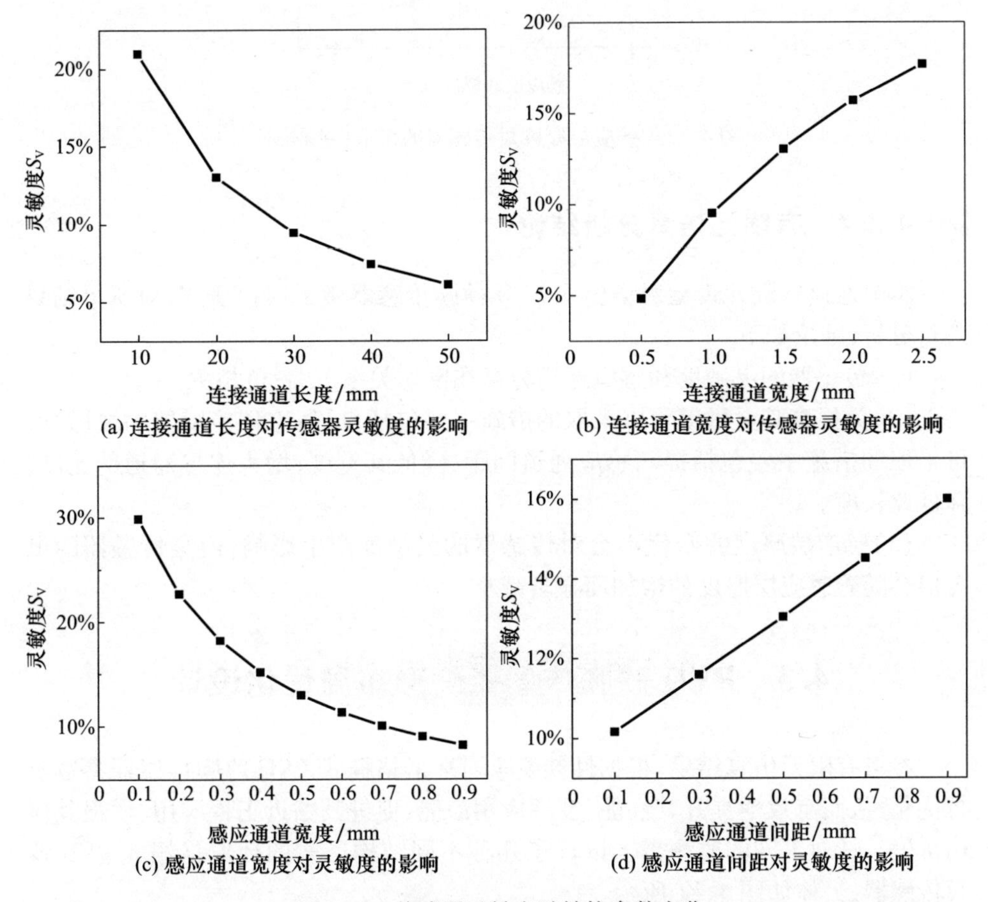

图4.12 传感器灵敏度随结构参数变化

4.2.3.3 感应层厚度对传感器的影响

在研究过程中为分析灵敏度和感应层厚度的相关性而建立5个厚度不同的传感器模型,厚度分别为1μm、2μm、3μm、4μm和5μm。由图4.13所得结果可知,感应层厚度和传感器灵敏度不存在相关性,但和电阻值存在密切的负相关关系。

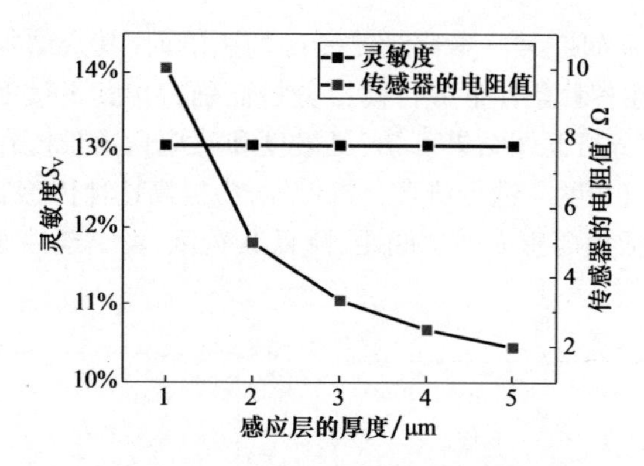

图 4.13　感应层厚度对传感器的影响(见彩图)

4.2.4　有限元仿真分析结论

本节通过有限元模型对格栅式 PVD 薄膜传感器做了模拟研究,对所得结果进行分析,结论如下。

(1)传感器的灵敏度和感应通道数存在密切关系,二者负相关。

(2)为提高其灵敏度可以采取的措施主要包括;提高这种传感器的灵敏性,可采取的措施主要包括提高感应通道间距,降低其宽度,增大连接通道的宽度,降低此长度。

(3)感应层厚度的变化不会对传感器的灵敏度产生影响,但是传感器的电阻值会随着感应层厚度的增加而显著减小。

4.3　PVD 薄膜传感器外形布局优化设计

参考有限元仿真结果,根据性能要求对环形格栅式 PVD 薄膜传感器参数进行优化,从而有效地提升其性能,发挥应用潜能,促进其贴近工程应用,增强其应用价值。针对不同的监测需求设计了几种不同结构形式的环形格栅式 PVD 薄膜传感器,具体如图 4.14 所示。

Ⅰ型传感器的特点在于感应通道之间的不等间距,其设计理念是疲劳裂纹扩展期间,扩展单位长度裂纹所需时间逐渐缩短,这种不等间距的设计在保证传感器灵敏的基础上既可以实现裂纹扩展初期对裂纹的精准监测,又可以对裂纹扩展后期的损伤情况有一个大致掌握。

Ⅱ型传感器的设计理念是根据疲劳实验结果,螺栓连接结构件的疲劳裂纹萌生和扩展范围在孔边弧段中部左右 30°的扇形区域内,这种将连接通道成一定角度的设计可以减少传感器因表面摩擦、冲击等意外因素导致的虚警情况。

Ⅲ型传感器是在Ⅱ型传感器基础上的进一步改进，该传感器阵列既可以在定量监测的同时实现定位监测，也可以初步实现区分疲劳裂纹损伤与其他形式的功能，但该传感器阵列也存在一个最显著的缺点，即连接通道过多，过于复杂，导致使用不够便捷。

Ⅳ型传感器主要的作用在于对相关监测区域进行区分，对孔边两侧的疲劳裂纹分别进行定量监测，记录相关测量结果。

Ⅴ型传感器主要用于测量半圆形孔边裂纹，因而有一定应用局限性。

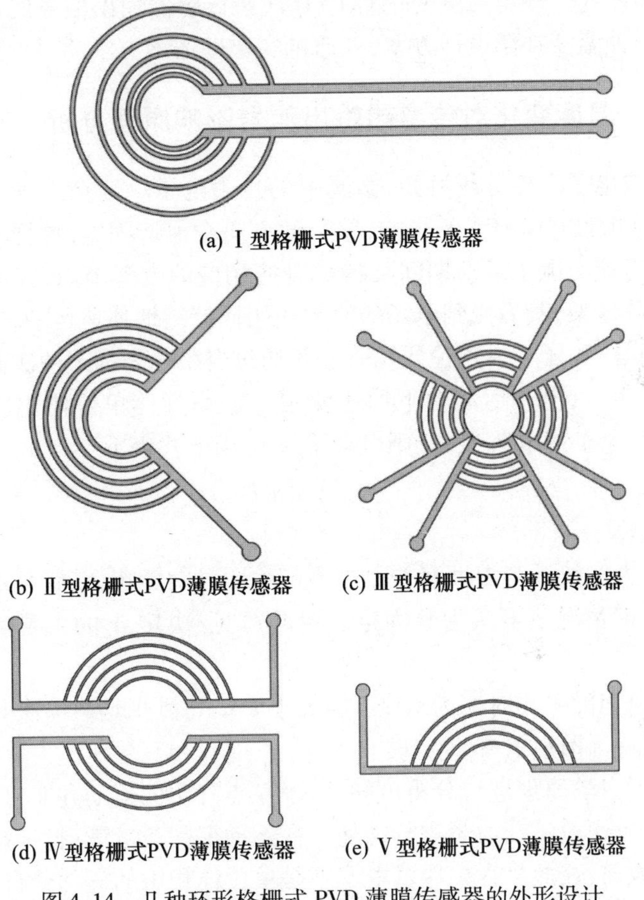

图4.14　几种环形格栅式PVD薄膜传感器的外形设计

4.4　PVD薄膜传感器的温度补偿优化设计

金属结构一般处于较为恶劣的服役环境中，在运行过程中很容易受到温度、盐雾腐蚀相关因素的影响。金属结构服役环境对传感器的监测信号造成较大干扰,致使传感器监测时出现“虚警”或者“漏警”的情况,在金属结构健康监测过程中,这也是应该重点考虑的。解决好服役环境对传感器监测信号干扰的问题是金属结构健康监测技术迈向实际工程应用进程中至关重要的一步。对 PVD 薄膜传感器而言,在应用过程中可得到保护层的保护,从而免受外界腐蚀、冲击等干扰。但是,传感器的感应层材质为导电金属,环境温度变化会导致其电阻值变化,从而导致传感器输出信号的变化,对传感器的监测结果造成显著影响。因此,我们专门研究了环境温度变化对 PVD 薄膜传感器输出信号的影响规律及其原理,提出一种温度补偿设计方案,并通过实验验证该方法的可行性。

4.4.1 温度变化对传感器输出信号影响原理分析

根据经典电子理论分析可知,金属中的自由电子一般在点阵的离子中随机运动,而受到外加电场因素的影响,其运动方向会保持固定,这样在持续流动过程中会产生电流。电子运动期间会持续碰撞相应的点阵节点,在此过程中会传递能量给点阵骨架,其后受到电场的驱动作用而持续地加速运动,在一段时间过后接着碰撞点阵离子。在理论研究时一般通过自由程来描述两次碰撞相应的平均距离,用 l 表示;电子运动的平均速度用 $\bar{v}$ 表示;导体单位体积内自由电子为 n_0,质量为 m;电子的电荷为 e。则电导率 σ 可用下式表示:

$$\sigma = \frac{1}{2}\frac{e^2 n_0 l}{m\bar{v}} \tag{4.10}$$

式中:m 和 e 为常数;$\bar{v}$ 与温度有关不过不产生明显的影响,在研究过程中可不用考虑,因而一般情况下可认为其固定。由此可见,决定 σ 的主要因素应该是 n_0 和 l。

设两次碰撞的平均时间为 t,则 t 应等于 $l/\bar{v}$,每秒平均碰撞次数等于 $1/t$,通常用 p 表示,称为散射概率。

依据量子力学原理进行分析可知,电子在点阵中的运动并非直线形,而类似于光波,因而可通过波动力学进行描述。在运动期间波被散射,一定干涉作用下产生对应的波前;在此过程中导电电子不是单位体积中的一部分自由电子,理论分析可确定出外导体中 N 等于零。按照量子力学的概念将式(4.10)加以修改,可得

$$\sigma = \frac{N_{有效} e^2}{2m}\frac{1}{p} \tag{4.11}$$

从式(4.11)可看出,对特定的金属而言,散射概率和电导率存在一定函数关系。设 x 为离子振幅,此参数越大则对应的运动振动越剧烈,出现散射的可能

性也更大。电子的散射概率正比于$\overline{x^2}$,即

$$\frac{1}{\tau} \propto \overline{x^2} \tag{4.12}$$

由热容理论可知:

$$\overline{x^2} = \frac{KT}{4\pi^2 M\nu^2} \tag{4.13}$$

式中:T 为任意温度下的电阻率;M 为20℃下的电阻率;ν 为常数;K 为玻尔兹曼常数。

由于$\frac{h\nu}{K}=\theta$,故

$$\overline{x^2} = \frac{h^2 T}{4\pi^2 MK\theta^2} \tag{4.14}$$

式中:θ 为特征温度;h 为普朗克系数。

从式(4.14)可以看到

$$\frac{1}{\tau} \propto \frac{T}{M\theta^2} \tag{4.15}$$

这说明,散射量和特征温度成正比。因此,可以设想具有理想阵点(无畸变)的金属在0K下电子波是被散射的,τ 和电导率 σ 应为无限大,所以电阻等于零。而当加热时,随着热振动的增加,τ 减小,电阻增大。

电阻与温度的关系,如前所述,温度升高导致离子振动加剧,使电阻增大。而电阻与温度的关系可以用如下经验公式进行表示,即:根据此表达式可看出,散射量和特征温度存在一定正相关关系,在研究时可假设具有理想阵点的金属在0K下电子波是被散射的,τ 和电导率 σ 应为无限大,所以电阻等于零。而当加热时,随着热振动的增加,τ 减小,电阻增大。

电阻与温度也存在密切关系,在温度提高情况下相应的离子振动更加剧烈,而增加了电阻值。在实际研究中一般可通过如下表达式来描述电阻与温度相关性:

$$\rho_t = \rho_0(1 + \alpha t + \beta t^2 + \gamma t^3 + \cdots) \tag{4.16}$$

式中:ρ_t 为任意温度下的电阻率;ρ_0 为20℃下的电阻率;α、β、γ 为常数。

由于β、γ 都很小,在研究时选择一次项进行描述就可满足精度要求:

$$\rho_t = \rho_0(1 + \bar{\alpha} t) \tag{4.17}$$

式中:$\bar{\alpha}$ 为平均电阻温度系数。

且有

$$\bar{\alpha} = \frac{\rho_t - \rho_0}{\rho_0}\frac{1}{t} \tag{4.18}$$

则某温度下的电阻温度系数用下式表示

$$\alpha_t = \frac{1}{\rho_t}\frac{d\rho}{dt} \tag{4.19}$$

由此可见,温度改变情况下对应的传感器电阻也会出现变化,二者存在一定正相关关系。在温度变化过程中对应薄膜的结构也会持续地改变,一般情况下薄膜的厚度小,则这种变化的幅度更显著。因此,确保传感器正常工作,需要进行相关研究,确定出温度变化和传感器输出信号之间的关系,从而提出相应方法解决温度干扰。

4.4.2 环境温度变化对传感器输出信号影响实验研究

在本研究中,格栅式 PVD 薄膜传感器的感应层材质为铜,铜的温度系数为 $k=4.25\times10^{-3}/℃$。铜的温度特性相关情况如图 4.15 所示,具体分析可看出在温度由 -40℃持续增加到 100℃过程中,对应的铜电阻增幅达到 60%,这说明铜的温度系数处于较大,在温度变化过程中电阻值也会发生显著改变。

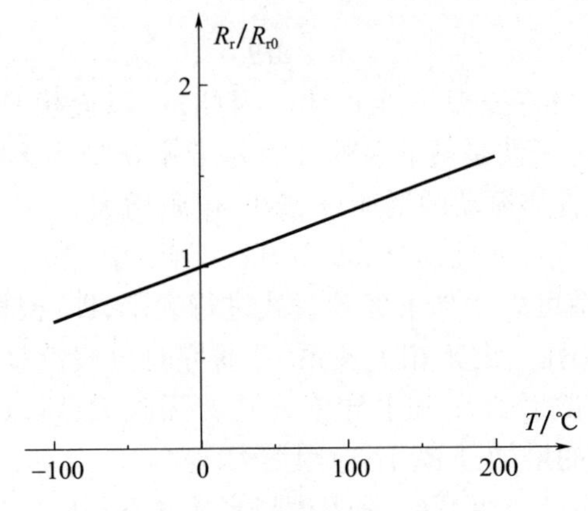

图 4.15 铜电阻的温度特性

为分析传感器输出电阻和温度的相关性,进行了相关实验研究。如图 4.16 所示,实验时在环境实验箱中放置制备有格栅式 PVD 薄膜传感器的试件,环境箱温度从 -40℃上升到 100℃,每升高 10℃,环境箱温度不变保持 10min,10min 后通过万用表检测确定出传感器的输出电阻,并进行记录。实验结果如图 4.17 所示,在室温条件下其电阻值为 6.3Ω, -40℃条件下的电阻值为 5.1Ω,温度为 100℃时的电阻值为 9.6Ω。环境温度从室温升至 100℃,传感器的电阻值增长了 52.38%,而环境温度从 -40℃升至 100℃,传感器的电阻值增长了 88.24%。由此结果可发现,温度对传感器的电阻值的影响十分显著,会导致传感器的输出信号产生明显波动。若不能解决温度干扰问题,在实际工程应用中,格栅式 PVD 薄膜传感器很可能会因温度干扰出现“漏警”“虚警”等问题。

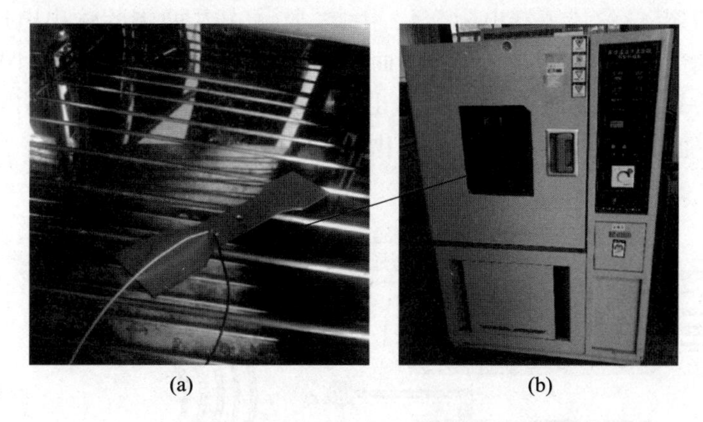
(a) (b)

图4.16 环境温度变化对传感器电阻值的影响研究实验

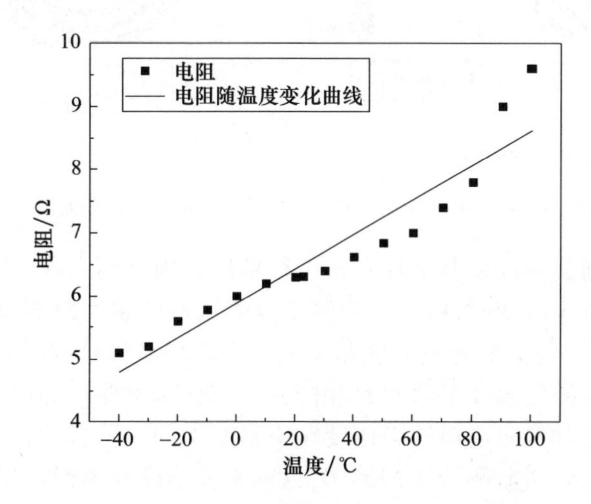

图4.17 传感器电阻值随环境温度变化的情况

4.4.3 温度补偿PVD薄膜传感器设计

本节在研究时为解决温度干扰的问题,制备了一种设置有参考通道的格栅式PVD薄膜传感器。其结构组成相关情况如图4.18所示。对比可知改进前后的传感器监测机理相一致,外形类似,最大的区别就是在于除感应通道和连接通道外,该传感器还具有一个参考通道。在研究时为便于理解将感应通道和连接通道统一称为监测通道。

传感器制备时,感应通道制备在被测结构的应力集中区域,参考通道则制备在结构应力较小区域。根据第二章有限元仿真结果和疲劳实验结果,飞机金属结构疲劳裂纹在应力集中的区域萌生和扩展。裂纹萌生及扩展时,感应通道会随着裂纹断裂,导致传感器电阻变化,因此,监测 A、B 两端的输出电压 U_{AB}变化便可以判断出结构裂纹的扩展情况;而参考通道所在区域是应力较小的区域,不会生成疲劳裂纹,参考通道的电阻值也就不会改变,因此 B、C 两端的输出电压 U_{BC}便不会随疲劳裂纹扩展而发生变化。

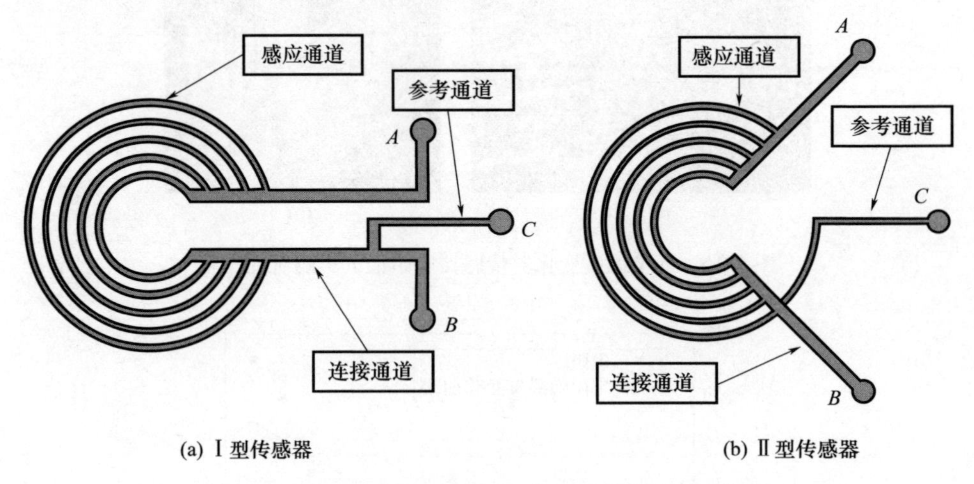

图 4.18　具有参考通道的格栅式 PVD 薄膜传感器外形

使用参考通道消除温度干扰具备可行性的原因有两点:一是当被测结构所处的环境温度发生改变时,可以认为整个监测区域的温度改变量的大小是相等的;二是参考通道与监测通道的镀膜工艺和镀膜材料都是相同的,因此,参考通道与监测通道电阻的温度系数也是相同的。综合以上两点原因,环境温度的变化使得监测通道和参考通道的阻值变化率是基本同步一致的,对比分析二者的变化率而消除温度对监测结果的影响,这就是其消除环境温度干扰的机理。为此,本节将该传感器的输出信号 S_C 定义为

$$S_C = \frac{R_J R_C^0}{R_J^0 R_C} \times 100\% \tag{4.20}$$

式中:R_J、R_C 分别为监测通道和参考通道随温度变化的实时阻值;R_J^0、R_C^0 分别为基准温度(一般为初始室温)下监测通道和参考通道的阻值。

4.4.4　温度补偿方法的可行性验证

4.4.4.1　具有参考通道的格栅式 PVD 薄膜传感器的制备

如图 4.19 所示,具有参考通道的格栅式 PVD 薄膜传感器的制备方法与流程和普通格栅式 PVD 薄膜传感器基本相同。图 4.20 为表面制备有具有参考通道的格栅式 PVD 薄膜传感器的试件,其结构参数见表 4.2 所列。

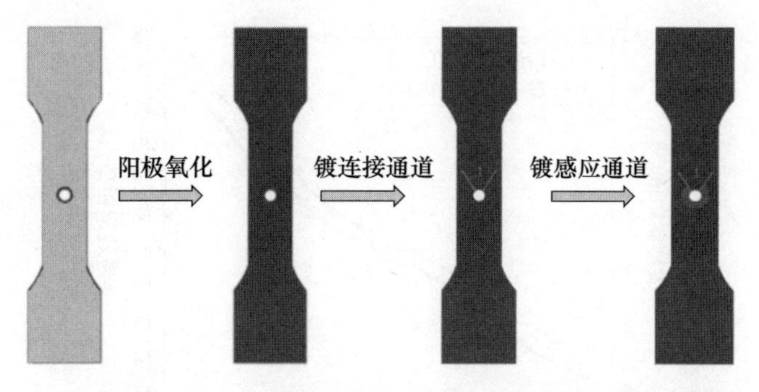

图4.19 具有参考通道的格栅式PVD薄膜传感器的制备步骤

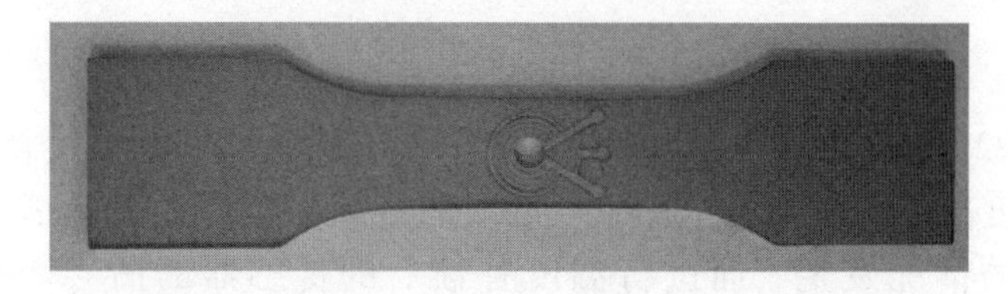

图4.20 具有参考通道的格栅式PVD薄膜传感器

表4.2 具有参考通道的格栅式PVD薄膜传感器的结构参数

参数	数值
感应通道宽度	0.5mm
感应通道间距	1mm
连接通道长度	15mm
连接通道宽度	1.5mm
参考通道长度	5mm
参考通道宽度	1.5mm
连接通道之间的角度	60°

4.4.4.2 温度补偿方法环境箱测试

将具有参考通道的传感器设置在环境箱内，对温度参数进行持续的调节，从而测量各温度条件下的电阻值，对应的结果如图4.21所示。由图结果可看出，在温度提高过程中，对应的传感器和参考通道的电阻都有一定幅度增加的趋势，同时对比可知二者的增长速率差异很小。

在研究时基于式(4.20)处理二者的电阻值，从而确定出传感器的输出信号S_C，处理后的结果如图4.22所示，图中纵横坐标分别对应于电阻值和环境温度、右侧的纵坐标则为相应的输出信号S_C，该图分别表示了传感器的电阻值和输出信号S_C随着环境温度的变化情况。

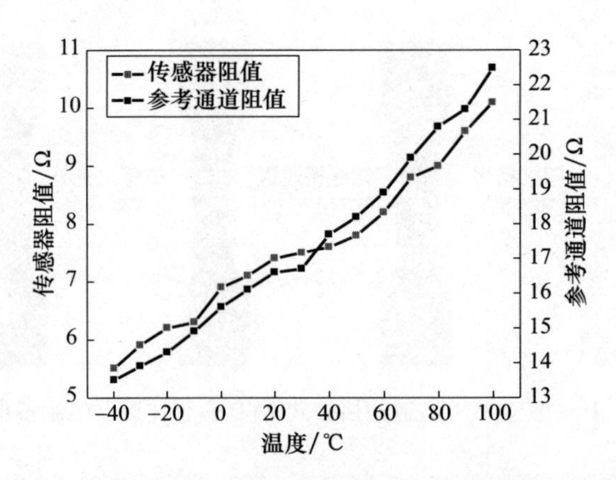

图 4.21　传感器和参考通道的电阻随温度变化情况(见彩图)

由图 4.22 可见,当环境温度从 -40℃升至 100℃,未进行温度补偿的传感器信号变化幅度高达 101.81%,这将严重影响传感器裂纹监测的能力,导致"虚警""漏警"的情况发生。而进行温度补偿后的传感器的信号变化幅度仅为 6.26%,这说明设置参考通道选取新的输出信号 S_C,可以显著降低温度变化的干扰,对传感器正常监测裂纹可起到一定促进作用。

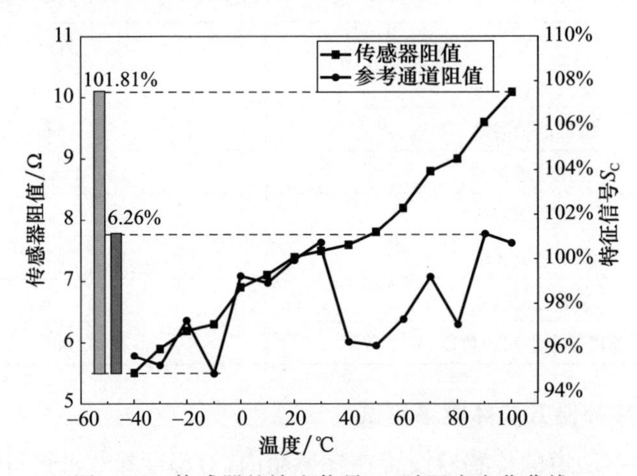

图 4.22　传感器的输出信号 S_C 随温度变化曲线

在温度补偿时,也可以考虑选择参考应变片的温度补偿方案,也就是引入相应惠更斯电桥而优化输出电路。如图 4.23 所示,实验结束后观察传感器的表面形貌可以发现,未进行封装保护的传感器表面在短时间内发生了氧化,明显高于常温下的氧化速率。通过理论分析可知,感应层材质为铜,温度增加情况下其表面原子内能提高,对应的氧化激活能降低,而铜离子在氧化膜上的扩散速率增加,使其氧化速率加快。因而在实际应用领域,传感器在高温场所进行监测时,需封装保护传感器，以降低传感器的氧化速率，避免传感器因氧化导致阻值改变，从而减少“虚警”“漏警”情况的发生。

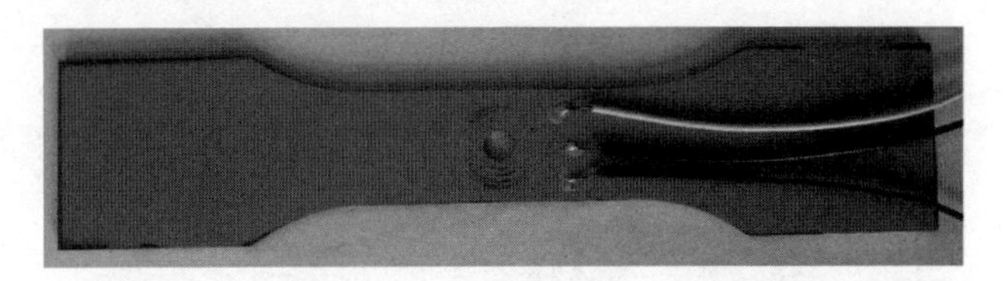

图4.23　环境温度实验后的格栅式PVD薄膜传感器

4.4.4.3　环境温度变化下的疲劳裂纹监测实验

前面研究了被监测金属结构件未受载、未产生裂纹时，环境温度变化对传感器输出信号的影响，并验证了温度补偿方法的效果。在此，在开展疲劳裂纹在线监测实验的同时施加环境温度干扰，研究飞机典型金属结构模拟件在承受疲劳载荷、萌生裂纹时，环境温度对传感器输出信号造成的影响，进一步验证本节所提环境温度补偿方法在实际裂纹监测中的应用价值。

实验所用的试件表面集成带温度补偿的格栅式PVD薄膜传感器，并使用705硅橡胶对其进行封装保护，传感器的连接通道与信号采集系统通过导线连接，连接处使用导电漆固定。实验在室温大气环境下开展，载荷形式为正弦波，实验载荷控制模式为力控制，实验最大载荷 $F_{max}=5kN$，应力比 $R=0.05$，实验频率 $f=10Hz$。材料实验系统的夹头和实验件均在MTS651环境箱内部，通过计算机便可控制和获取环境箱内部的温度，实验现场如图4.24所示。

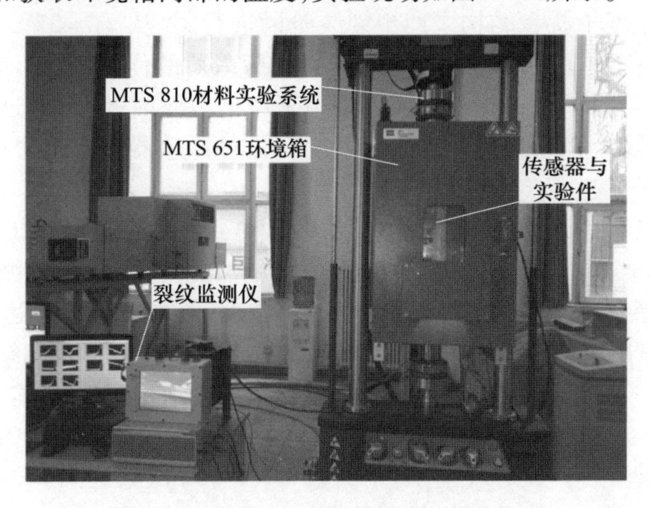

图4.24　温度干扰下的疲劳裂纹监测实验

经过81193个循环后停止实验，实验结果如图4.25所示，图中纵横坐标分别对应于载荷循环数、输出信号 S_C，分析此图可看出，在温度改变情况下传感器的输出信号 S_C 随着载荷循环数的变化情况。

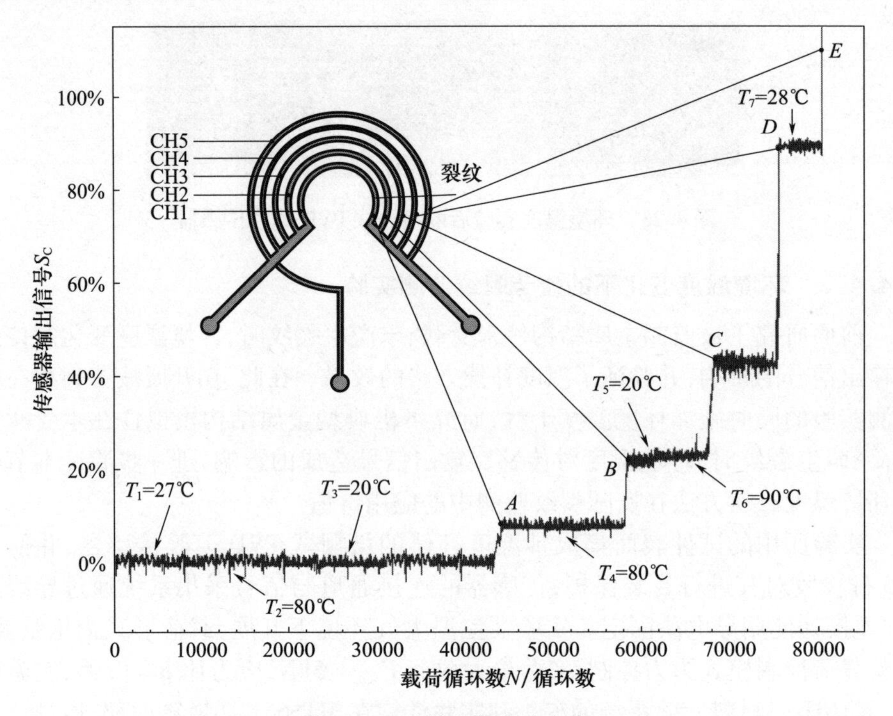

图 4.25 试件疲劳实验寿命

第一次温度干扰在结构未产生裂纹阶段进行，先从 $T_1=27$℃（室温）升至 $T_2=80$℃，再降至 $T_3=20$℃。此时结构在疲劳载荷的作用下没有裂纹萌生，传感器的输出信号保持稳定。这说明，结构未产生裂纹时，本节通过增加参考通道、定义新的输出信号可以有效消除温度变化对传感器输出信号的影响，避免“虚警”问题的发生。

第二次温度变化是在结构裂纹扩展阶段施加的，先从 $T_5=20$℃升至 $T_6=90$℃，最后降至 $T_7=28$℃（室温）。在第二次施加温度干扰前，当循环次数达到43962时，传感器输出信号在 A 点发生跳跃式增长，输出信号 V_C 达到7%，这说明裂纹已通过感应通道1，裂纹长度达到0.5mm，这与显微镜观测结果一致。当温度从 $T_5=21$℃增长至 $T_6=90$℃期间，循环次数达到58569时，输出信号 V_C 在 B 点达到22%，这说明裂纹前缘已通过感应通道2，裂纹长度达到2mm。在温度从 $T_6=90$℃降至 $T_7=28$℃（室温）的过程中，当循环次数达到68319，输出信号 V_C 在 C 点达到42%，由此可判断出对应的裂纹前缘已通过感应通道3，裂纹长度达到3.5mm。当循环次数达到75426，输出信号 V_C 在 D 点达到89%，这说明裂纹前缘已通过感应通道4，裂纹长度为3.5mm。当循环次数达到80343，输出

信号 V_C 趋近一个极大值，这说明裂纹前缘已通过感应通道5，全部感应通道已全部断裂，裂纹长度达到4.5mm。

由实验结果可知，进行温度补偿后，环境温度变化时，传感器输出信号会产生一定幅度的波动，不过其监测能力不会受到影响。在结构未产生裂纹时，环境温度的变化并未使得传感器的输出信号发生明显的变化；在结构裂纹扩展期间，传感器的输出信号呈阶梯状增大，环境温度的变化没有对输出信号产生显著影响。由此可判断出本章提出的具有参考通道的格栅式PVD薄膜传感器与补偿方案可满足应用要求，使得温度干扰被有效地消除，该传感器可以在变化的环境温度下用于金属结构的裂纹定量监测。

第5章　PVD薄膜与金属材料基体间的界面力学行为分析

应用PVD薄膜传感器进行飞机金属结构疲劳损伤监测的前提和基础是PVD薄膜传感器与金属材料基体具有良好的结合性能和损伤一致性，而PVD薄膜传感器与金属材料基体的结合性能和损伤一致性取决于PVD薄膜与基体间的界面力学行为。本章首先对薄膜/基体结合残余应力进行了介绍，主要包括残余应力的概念和分类；其次，进行了PVD薄膜与基体的力学交互作用分析，主要讨论了薄膜/基体界面的应力集中，以及残余应力可能引起的薄膜脱层和薄膜断裂；然后，介绍了残余应力缓和方法；最后，采用有限元方法分析了PVD薄膜厚度和薄膜材料弹性模量对界面应力的影响规律，从而为PVD薄膜传感器的优化设计、制备提供理论指导。

5.1　薄膜/基体结合残余应力简介

残余应力是指当系统没有外部因素作用时，材料系统中保持平衡的内应力分布。薄膜与基体结合将不可避免地在其厚度尺度范围内承受残余应力，残余应力实质上对结合材料系统起约束作用。

薄膜应力一般可以分为两类：生长应力和外禀应力。生长应力是薄膜在基体表面生长而出现的应力分布。生长应力状态受薄膜/基体材料、基体温度等因素的综合影响。薄膜形成过程中，应力水平会发生一系列变化，但是对于给定的薄膜沉积过程，生长应力通常是可重复的，而且应力值可以在室温下保持较长时间。外禀应力表示薄膜形成之后物理环境变化引起的应力状态。

薄膜材料沉积过程中应力的产生机制主要包括：

（1）表面和界面应力；

（2）团簇合并；

（3）晶粒长大；

（4）空位湮灭；

（5）晶界弛豫；

（6）晶界空洞收缩；

(7)杂质合并；
(8)相转变和沉淀；
(9)水蒸气吸附或解吸附；
(10)高能粒子轰击损伤。
外禀应力可能来自以下物理效应：
(1)温度变化；
(2)压电效应或电致伸缩效应；
(3)静电力或磁性力；
(4)重力或惯性力；
(5)体扩散引起的成分分离；
(6)电迁移；
(7)化学效应；
(8)应力诱导相变；
(9)塑性或蠕变变形。
薄膜生长过程中引入的应力也可能来自以上物理效应，生长应力与诱导应力之间的差别并不明显。

5.2 PVD薄膜与基体的力学交互作用

由于薄膜边缘的几何形状发生突然变化，其附近区域会存在应力集中。本节将讨论与基体结合的薄膜边缘的应力集中，以及残余应力可能引起的薄膜脱层和薄膜断裂。

5.2.1 薄膜边缘附近的应力集中

将薄膜理想化为弹性薄层，分析薄膜边缘的界面应力问题。图5.1所示为具有自由边缘的薄膜示意图，该薄膜沉积在一个表面与图中xy平面重合的无应力基体，对处于$x=0$平面的薄膜边缘施加均匀拉伸或压缩法向力σ_m，整个薄膜中将产生均匀的等双轴应力，然后松弛作用在薄膜边缘的作用力，薄膜边缘将变成自由表面，薄膜/基体系统将具有图示特征。处于$x=0$平面的薄膜边缘没有作用力，而远离薄膜边缘的区域，应力未松弛，随着x/t_f增大，应力状态逐渐接近等双轴应力幅σ_m，则远离$x=0$平面的任意薄膜截面y方向上单位距离的力为$\sigma_m t_f$，且这个作用力在x方向上。因此，为了满足整体平衡条件，基体作用在y方向单位距离薄膜上的合力为$-\sigma_m t_f$，并且作用在x方向上。

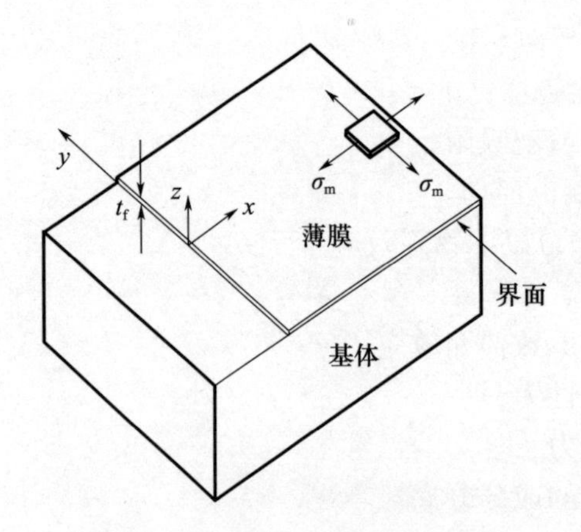

图 5.1　与基体结合的薄膜示意图

假定自由边缘薄膜和基体间的界面力为剪切力。图 5.2 为薄膜/基体相互作用示意图。

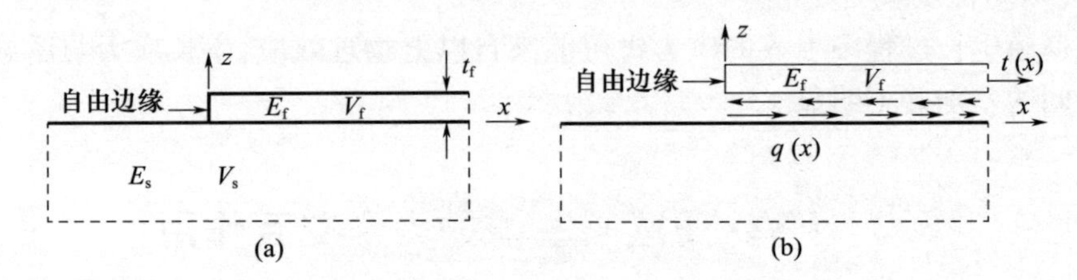

图 5.2　薄膜/基体相互作用示意图

图 5.2(a)表示具有自由边缘的薄膜与基体结合,(b)表示将薄膜和基体分开来描述相互作用的剪切力分布以及薄膜中的内拉伸力,$q(x)$为薄膜和基体相互作用产生的非均匀界面剪切力,$t(x)$为在距离自由边缘 x 处薄膜单位宽度上作用的拉伸力。

根据弹性断裂力学的 J 积分,可以建立式(5.1)。当 $x/t_f \to 0^+$ 时,$q(x)$逐渐变化。

$$q(x) \sim \sigma_m \sqrt{\frac{kt_f}{2\pi x}} \tag{5.1}$$

式中:k 为基体材料的平面应变弹性模量与薄膜材料的平面应变弹性模量之比,即

$$k = \frac{\overline{E}_s}{\overline{E}_f} = \frac{E_s}{1-\nu_s^2} \frac{1-\nu_f^2}{E_f} \tag{5.2}$$

图 5.3 所示为无量纲形式的 $q(x)/k\sigma_m$ 与 kx/t_f 之间的关系。由图 5.3 可知,薄膜和基体之间的相互作用被约束在薄膜边缘附近长度为几倍 t_f/k 的区域

内;当基体与薄膜的平面应变弹性模量比 $k<1$ 时,界面剪切应力作用区域较大;当基体与薄膜的平面应变弹性模量比 $k>1$ 时,界面剪切应力作用区域较小。

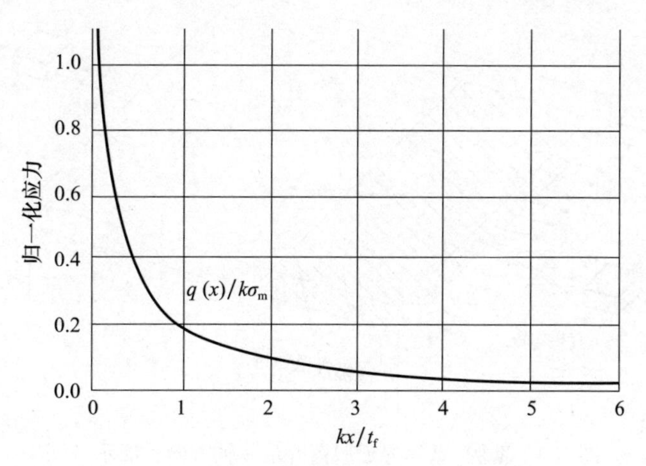

图5.3 剪切力随距离薄膜边缘的变化

5.2.2 残余应力引起的薄膜脱层

薄膜在不受外界载荷作用时,残余应力也可能使薄膜自发从基体表面脱开,该现象可以视为薄膜弹性储能的释放过程。

假定薄膜沿薄膜/基体界面脱落,相应的薄膜/基体系统示意图如图5.4所示。假设薄膜与基体材料均为线弹性材料,薄膜与基体结合时会因为两者材料性能差异而在薄膜中产生等双轴弹性应变 ε_m 以及对应的双轴应力 σ_m;假设薄膜脱落向 x 轴正方向扩展,薄膜中弹性应变部分松弛。图5.4中显示了远离脱落膜层前缘的未脱落区的应力状态和脱落膜层后缘的应力状态,其中,脱落膜层应力沿 x 方向作用的分量 σ_{xx} 减小为 σ_a。

对于平面应变薄膜,有如下关系式成立:

$$\begin{cases}\varepsilon_x=\dfrac{1}{E_f}(\sigma_{xx}-\nu_f\sigma_{yy})\\[2ex]\varepsilon_y=\dfrac{1}{E_f}(\sigma_{yy}-\nu_f\sigma_{xx})\end{cases}\tag{5.3}$$

由于平行于脱落膜层前缘,即 y 方向的应变不受薄膜脱落的影响,式(5.3)中 ε_y 可由下式表示:

$$\varepsilon_y=\frac{1}{E_f}(\sigma_m-\nu_f\sigma_m)\tag{5.4}$$

已知 $\sigma_{xx}=\sigma_a$,结合式(5.4)和式(5.3)得到薄膜 y 方向的应力分量,即

$$\sigma_{yy} = \nu_{\mathrm{f}}\sigma_{\mathrm{a}} + (1-\nu_{\mathrm{f}})\sigma_{\mathrm{m}} \tag{5.5}$$

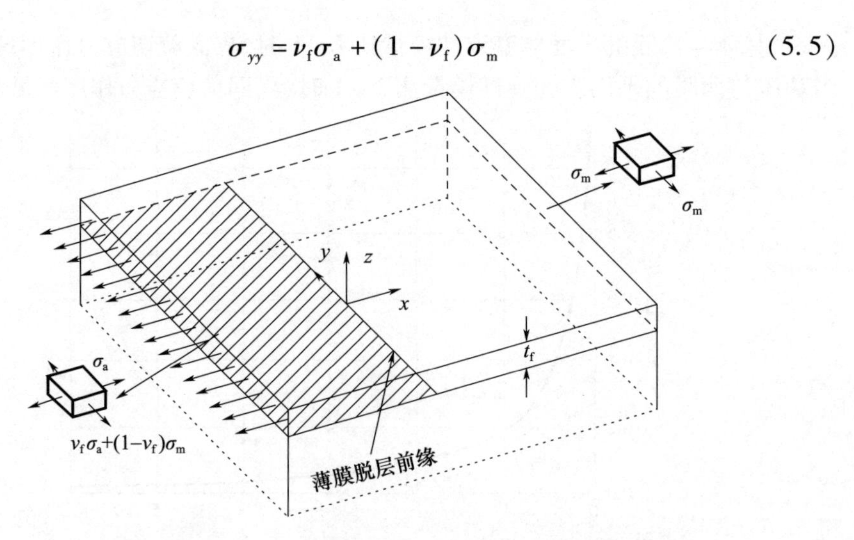

图 5.4　薄膜/基体界面脱落并沿 x 轴方向扩展示意图

在距离脱落膜层前缘远大于 t_{f} 的区域与在脱落膜层边缘附近区域的薄膜处于不同的应力状态。如图 5.5(a)所示为图 5.4 中薄膜/基体系统的二维示意图。在距离薄膜脱落前缘远大于 t_{f} 的区域，x 方向上均匀作用的应力分量 $\sigma_{xx}=\sigma_{\mathrm{m}}$，在脱落膜层边缘附近区域，$x$ 方向上均匀作用的应力分量 $\sigma_{xx}=\sigma_{\mathrm{a}}$。由 $\sigma_{\mathrm{a}}\neq\sigma_{\mathrm{m}}$ 可知，必定存在作用力跨过 $x>0$ 的界面传递。图 5.5(b)所示为平衡条件下，整个薄膜内存在均匀应力 $\sigma_{xx}=-\sigma_{\mathrm{a}}$，$\sigma_{yy}=-\nu_{\mathrm{f}}\sigma_{\mathrm{a}}-(1-\nu_{\mathrm{f}})\sigma_{\mathrm{m}}$，薄膜在 y 方向的应变处为 $-\varepsilon_{\mathrm{m}}$，不存在力跨过界面传递。图 5.5(c)为图 5.5(a)和图 5.5(b)相互叠加的结果。脱落膜层后缘区域的应力状态为 $\sigma_{xx}=0$，$\sigma_{yy}=0$，而远离脱落膜层前缘的未脱落区的应力状态为 $\sigma_{xx}=\sigma_{\mathrm{m}}-\sigma_{\mathrm{a}}$，$\sigma_{yy}=\nu_{\mathrm{f}}(\sigma_{\mathrm{m}}-\sigma_{\mathrm{a}})$，薄膜在 y 轴方向的应变处处为零。因此，$x>0$ 处的界面作用力与应力 $\sigma_{\mathrm{m}}-\sigma_{\mathrm{a}}$ 保持平衡。图 5.5(c)中的界面作用力分布与 5.2.1 小节中的情况相似，图 5.5(a)亦然。

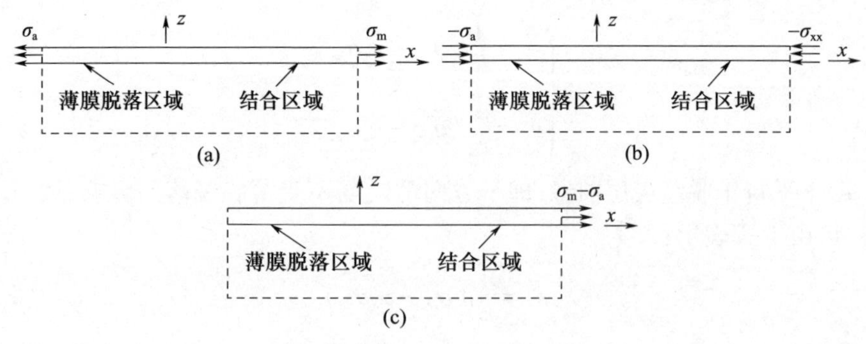

图 5.5　薄膜中应力叠加示意图

双轴应力状态下薄膜中的弹性应变能密度为

$$U=\frac{1}{2E_{\mathrm{f}}}[\sigma_{xx}^{2}+\sigma_{yy}^{2}-2\nu_{\mathrm{f}}\sigma_{xx}\sigma_{yy}] \tag{5.6}$$

薄膜脱落引起的系统势能下降为薄膜脱落过程提供驱动力。对于图5.5(a)所示的应力状态,脱落膜层前缘前后单位面积的弹性应变能之差,加上脱落膜层前缘前进单位距离时应力 σ_{a} 所做的功即为能量释放率 G,即

$$G=(U-U^{*})t_{\mathrm{f}}+W \tag{5.7}$$

式中:脱落膜层前缘前后薄膜中的弹性应变能密度 U、U^{*} 可由式(5.6)计算得到,应力 σ_{a} 所做的功由式(5.8)表示。

$$W=-\sigma_{\mathrm{a}}(\varepsilon_{x}-\varepsilon_{x}^{*}) \tag{5.8}$$

远离脱落膜层前缘的未脱落区薄膜中 x 轴方向的应变 ε_{x} 和膜层脱落后沿 x 轴方向未松弛的弹性应变 ε_{x}^{*} 可由式(5.3)计算得到。综合以上分析,能量释放率最终可由下式表示:

$$G=\frac{1-\nu_{\mathrm{f}}^{2}}{2E_{\mathrm{f}}}(\sigma_{\mathrm{m}}-\sigma_{\mathrm{a}})^{2}t_{\mathrm{f}} \tag{5.9}$$

对于图5.5(c)所示的应力状态,不涉及应力做功,能量释放率可以直接由单位面积薄膜中的弹性应变能变化确定,得到的结果与图5.5(a)的结果相同。由式(5.9)可知,能量释放率与基体性质无关。

依据 Griffith 判据,脱落膜层能否向前扩展取决于能量释放率 G 与分离能 Γ 之间的关系,其中,Γ 用于表征界面分离阻力。如果脱落膜层前缘是一条直线且薄膜边缘自由,即 $\sigma_{\mathrm{a}}=0$,根据式(5.9)可以确定能量释放率,令 $G=\Gamma$,则有

$$\frac{1-\nu_{\mathrm{f}}^{2}}{2E_{\mathrm{f}}}\sigma_{\mathrm{m}}{}^{2}t_{\mathrm{f}}=\frac{(1+\nu_{\mathrm{f}})E_{\mathrm{f}}}{2(1-\nu_{\mathrm{f}})}\varepsilon_{\mathrm{m}}^{2}t_{\mathrm{f}}=\Gamma \tag{5.10}$$

对于给定的薄膜/基体材料系统,薄膜可以从基体自发脱落的最小厚度称为临界厚度,即

$$(t_{\mathrm{f}})_{\mathrm{cr}}=\frac{2\bar{E}_{\mathrm{f}}\Gamma}{\sigma_{\mathrm{m}}{}^{2}}=\frac{2(1-\nu_{\mathrm{f}})\Gamma}{(1+\nu_{\mathrm{f}})E_{\mathrm{f}}\varepsilon_{\mathrm{m}}^{2}} \tag{5.11}$$

由式(5.11)可知,薄膜临界厚度由分离能、薄膜自身性能和应力(应变)水平共同决定,因此,基体性能可以通过影响分离能 Γ 来影响薄膜临界厚度。

5.2.3 残余应力引起的薄膜开裂

薄膜/基体材料系统存在弹性错配时,薄膜会受到残余应力的作用,而通过薄膜裂纹形成,残余应力得到部分释放。本小节将分析与基体结合的薄膜中孤立贯穿裂纹的行为。

图5.6所示为上述薄膜开裂行为。初始状态薄膜承受等双轴拉应力σ_m的作用,该应力状态下薄膜中的弹性应变能为薄膜开裂提供了驱动力,而该应力在薄膜开裂过程中得到部分释放。假设裂纹已沿x方向在薄膜中扩展了一定长度且该长度远大于t_f,裂纹平面为xz平面,法向矢量为$\pm y$轴,两裂纹平面均不受外力作用。在上述条件下,裂纹两侧将没有明显的互相作用,裂纹扩展过程可以被视为一个稳态过程。

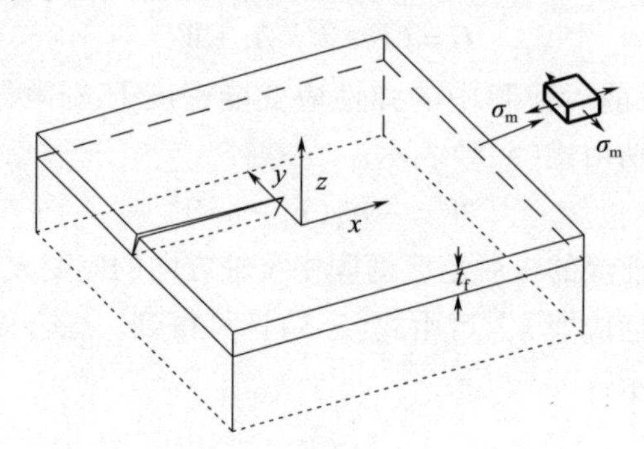

图5.6　薄膜中贯穿裂纹沿x方向稳定扩展

假设材料为弹性各向同性材料,薄膜和基体具有相同的弹性性能($E_f = E_s$,$\nu_f = \nu_s$),分别用Γ_f和Γ_s表示均匀薄膜和基体的分离能。如果在裂纹扩展过程中薄膜/基体系统释放的弹性能等于或大于薄膜和基体的断裂面分离能,则裂纹扩展。

假设裂纹稳态穿透深度为a_c,则为了克服材料阻力稳定扩展,裂纹沿x方向上扩展单位长度需要的能量为

$$W_c = t_f \Gamma_f \begin{cases} a_c/t_f, & a_c \leqslant t_f \\ 1 + (a_c/t_f - 1)\Gamma_s/\Gamma_f, & a_c > t_f \end{cases} \tag{5.12}$$

由于薄膜断裂过程是自发行为,该能量只能由弹性场提供。

裂纹从薄膜表面向薄膜内部扩展的过程中,将完全释放$0 < \eta < a_c$范围内裂纹面上的法向应力σ_m,但是对于裂纹穿入基体的情况,不存在附加作用力释放。假设裂纹在薄膜/基体材料中扩展时的能量释放率为$G(\eta)$,如图5.6所示的稳态裂纹沿x方向扩展单位长度,弹性场中释放的能量为

$$W_m = \int_0^{a_c} G(\eta)\,\mathrm{d}\eta \tag{5.13}$$

由式(5.13)可知,确定裂纹扩展过程中的能量释放率$G(\eta)$即可计算得到W_m。

根据弹性断裂力学,$G(\eta)$可近似由式(5.14)表示:

$$G(\eta) = \frac{t_f \sigma_m^2}{E_f} \begin{cases} \pi c_e^2 \dfrac{\eta}{t_f}, & 0 < \eta < t_f \\ \dfrac{4}{\pi}\dfrac{\eta}{t_f}\left(1.69 - 0.47\dfrac{t_f}{\eta} + 0.032\dfrac{{t_f}^2}{\eta}\right)\arcsin^2\dfrac{t_f}{\eta}, & t_f < \eta \end{cases} \tag{5.14}$$

式中：c_e 为确定的常数，用于描述裂纹尖端奇异性。

由式5.14可知，当裂纹深度由零逐渐增加到 t_f 时，能量释放率也从零开始逐渐增加，能量释放率与裂纹深度呈线性关系。当裂纹的深度大于 t_f，即裂纹进入基体时，由于基体区域不存在错配应力，能量释放率随着裂纹深度增加而减小。

根据关系式 $W'_m(a_c)=G(a_c)$，可以推测 W_m 与 a_c 之间的关系。当裂纹深度从 $a_c=0$ 增加到 $a_c=t_f$ 时，W_m 值随裂纹深度的增加呈抛物线趋势；当 $a_c>t_f$ 时，W_m 值继续增加，但增加速率下降。

弹性场中释放的能量 W_m 与断裂所需能量 W_c 的相对大小决定了穿透裂纹能否在薄膜中形成。根据Griffith条件，如果 $W_m<W_c$，任何深度的裂纹都不能扩展。薄膜中的裂纹最容易达到的深度 a_c 等于薄膜厚度 t_f。这是由于当 a_c/t_f 增大时 W_m 呈二次方形式增长，而 W_c 则呈线性形式增长。若对于某一小于薄膜厚度 t_f 的裂纹深度 a_c，存在 $W_m=W_c$ 成立，则对于大于 a_c 而小于 t_f 范围内的任何裂纹深度 η，都有 $W_m>W_c$ 成立，即，总是存在剩余的驱动力使裂纹深入扩展。薄膜中最先满足 $W_m=W_c$ 条件并且没有剩余驱动力的裂纹深度 a_c 等于薄膜厚度 t_f。对于给定的错配水平 σ_m 下满足 $W_m=W_c$ 条件的薄膜开裂临界厚度为

$$(t_f)_{cr}=\frac{2}{\pi c_e^2}\frac{\Gamma_f\overline{E}_f}{\sigma_m^2} \tag{5.15}$$

根据前文假设可知，该结果仅适用于薄膜和基体弹性模量相同的情况，对于薄膜和基体材料的弹性性能有较大差别的情况，裂纹的行为将有所改变。假设薄膜与基体材料弹性模量具有显著差异，其他材料性能均相同。如果基体刚度大于薄膜刚度，裂纹从薄膜内部接近薄膜与基体界面时，基体对薄膜释放弹性能的约束强于薄膜和基体具有相同刚度情况下的约束。因此，在这种情况下，薄膜中裂纹形成更加困难。同理，如果基体材料刚度小于薄膜材料刚度，薄膜中相对较大区域内将发生残余应力松弛，从而更多的弹性储能将被释放。所以，在基体刚度相对较小的情况下，裂纹在薄膜中形成要比薄膜和基体具有相同刚度情况下更加容易。

5.3 薄膜/基体结合残余应力缓和方法

薄膜/基体结合残余应力缓和方法主要分为两类。

(1)减弱界面上的约束。

减弱界面约束的方法主要有：采用梯度材料作为过渡层，采用与薄膜和基体材料膨胀系数差异较小的材料作为过渡层，采用刚度较小的材料以及弹塑性材料作为过渡层，采用膨胀系数相近的薄膜和基体材料，减小制造温度与使用温度的差异等。

对于由膨胀系数差异引起的内应力增大能够得以减弱。

(2)减弱界面端应力集中。

减弱界面端应力集中的方法主要有:合理选择界面端形状或界面配置形式,合理控制薄膜层厚度,合理设计结构形式使残余应力与外界施加应力方向相反等。

5.4 PVD 薄膜/基体有限元建模分析

PVD 薄膜与基体采用的材料不同,力学参量各异,在外加载荷的作用下会在界面产生应力集中。为了保证 PVD 薄膜传感器正常工作,首要问题是防止 PVD 薄膜剥落,薄膜/基体界面应力状态是引发薄膜/基体结合材料破坏的主要原因之一。因此,研究 PVD 薄膜厚度、PVD 薄膜与基体材料弹性模量差异对 PVD 薄膜/基体界面应力的影响,用于指导 PVD 薄膜制备、降低界面应力是非常必要的。

PVD 薄膜/基体体系中,垂直于界面方向上 PVD 薄膜的厚度与基体厚度存在巨大差别,PVD 薄膜厚度相对非常小,仅为微米量级,PVD 薄膜通过界面应力的作用跟随基体发生变形。针对 PVD 薄膜/基体体系的特点,本节建立了 PVD 薄膜/基体体系有限元模型,对 PVD 薄膜/基体界面应力进行了仿真分析。

 5.4.1 PVD 薄膜/基体有限元模型建立

PVD 薄膜/基体体系的几何模型如图 5.7 所示。建立线弹性有限元模型对 PVD 薄膜/基体体系的界面应力进行模拟分析。

首先,在有限元软件 ANSYS 中建立 PVD 薄膜/基体体系的全尺寸模型,其中,基体模型长度 L 为 70mm,宽度为 30mm,厚度为 2mm,PVD 薄膜内径 3mm,外径 4mm,厚度 10μm。

然后,采用 SOLID 285 单元模拟铝合金基体,采用 SOLID 95 单元模拟 PVD 薄膜。

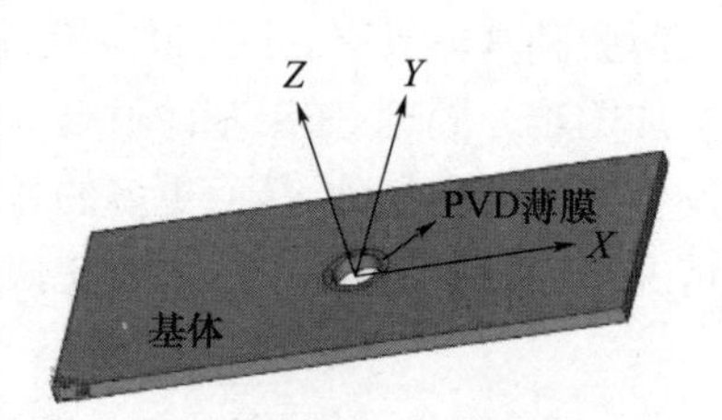

图 5.7　PVD 薄膜/基体体系几何模型示意图

SOLID 285 是 SOLID187 的低阶单元,其为三维 4 节点实体结构单元,具有线性位移模式和净水压力模式,适用于模型不规则网格划分和包括不可压缩材料在内的大部分材料。SOLID 285 单元的节点有 4 个自由度,即静水压力以及 3 个平移自由度。

SOLID 95 是 SOLID45 的高阶单元,其为三维 20 节点结构实体单元,对不规则形状具有较好的精度,可很好地适应曲线边界。SOLID 95 单元的节点有 3 个

平移自由度。

采用map法对PVD薄膜模型进行网格划分,将PVD薄膜周线按100等份分割,PVD薄膜径线按10等份分割,PVD薄膜模型网格划分如图5.8所示。采用ANSYS提供的自动网格划分工具Smartsize对基体模型进行自由网格划分。为了准确得到PVD薄膜/基体界面处的应力分布,对界面附近的网格进行局部细化。具体操作方式为:采用体交叠操作产生新体,该新体包含薄膜/基体界面区域以及界面附近的基体区域,对该新体区域的网格进行局部细化,如图5.9所示。PVD薄膜/基体体系模型网格划分的整体图如图5.10所示。PVD薄膜/基体体系模型中心孔附近区域网格划分局部放大图如图5.11所示。

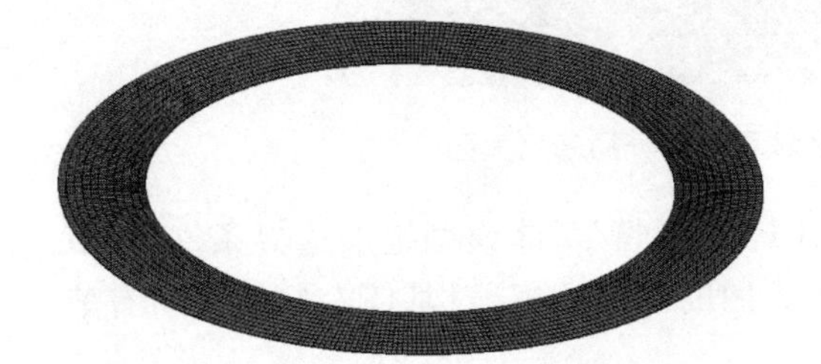

图5.8　PVD薄膜模型网格划分

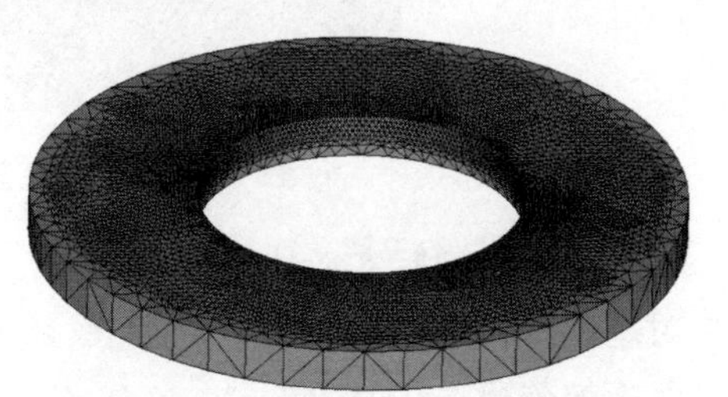

图5.9　新体区域网格划分

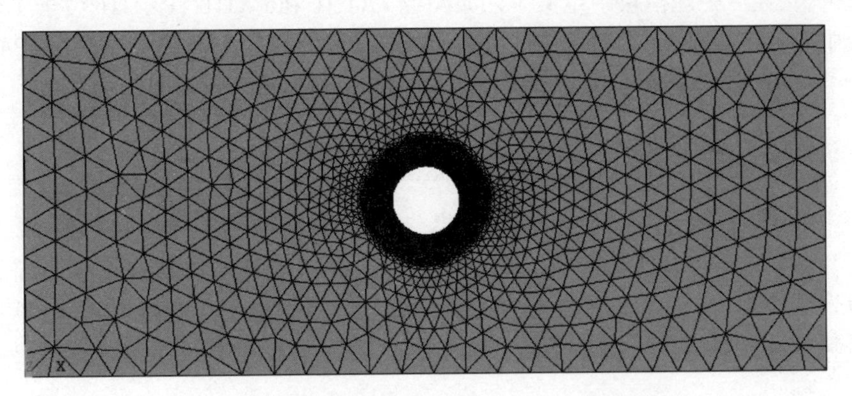

图5.10　PVD薄膜/基体体系模型整体网格划分

为了合理模拟薄膜和基体之间高度非线性的接触行为,将基体表面作为目标面、薄膜的表面作为接触面,采用ANSYS中面-面接触单元TARGET170和CONTA174来定义接触对,设置一系列接触参数和单元实常数。假设薄膜与基体在加载过程中始终结合良好,即薄膜/基体间的界面无开裂、滑移行为。因此,对于薄膜/基体有限元模型的接触面行为,本节选择绑定接触模式,即目标面和接触面一旦接触,随后就在所有方向上绑定。假设施加作用力前,PVD薄膜/基体体系处于无应力状态。

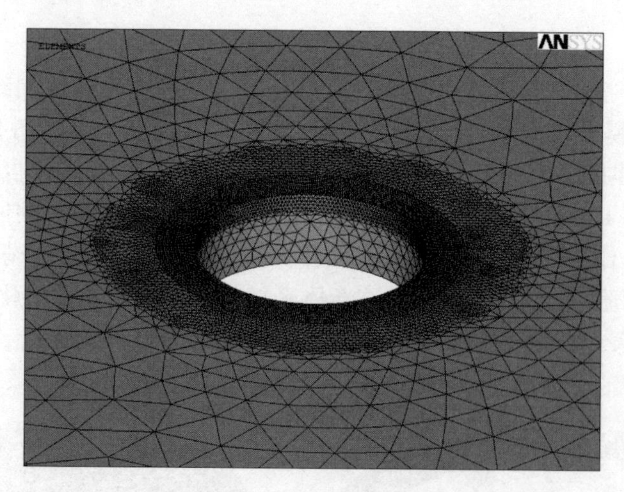

图 5.11　中心孔区域网格划分局部放大图

为模拟实际实验中加载的效果，对 PVD 薄膜/基体模型施加边界条件，本节对基体左侧端面所有节点施加 X、Y、Z 方向的位移约束，对基体右侧端面所有节点施加载荷 -100MPa。

为了便于对 PVD 薄膜/基体模型中心孔边缘应力集中处的界面应力分布情况进行分析，在后处理模块中定义了两条路径 PATH1 和 PATH2，PATH1 位于 Y 轴方向上中心孔的边缘，沿 Z 轴方向，由基体一定深度经界面至薄膜一定深度，PATH2 位于 PVD 薄膜/基体界面，垂直于加载方向，由中心孔边缘点至薄膜边缘点。

5.4.2　PVD 薄膜/基体体系界面应力分析

本节中，采用铝合金作为 PVD 薄膜/基体体系模型的基体材料，分别采用黄铜、银和铜作为 PVD 薄膜材料，对比 PVD 薄膜材料与基体材料弹性模量差异对 PVD 薄膜/基体界面应力的影响；保持基体厚度、基体材料弹性模量以及 PVD 薄膜材料弹性模量等各项参数不变，对比 PVD 薄膜厚度对 PVD 薄膜/基体界面应力的影响。

5.4.2.1　PVD 薄膜厚度对界面应力的影响

首先，在基体厚度、基体材料弹性模量以及 PVD 薄膜材料弹性模量等各项参数不变的情况下，研究了 PVD 薄膜厚度对 PVD 薄膜/基体界面应力的影响，设置的 PVD 薄膜厚度分别为 10μm、5μm 和 20μm。假设模型的基体材料为铝合金，相应设置基体材料的弹性模量为 70GPa，泊松比 0.33；假设模型的 PVD 薄膜材料为黄铜，相应设置 PVD 薄膜材料的弹性模量 90GPa，泊松比 0.36。

图 5.12、图 5.13 和图 5.14 所示为 PVD 薄膜厚度分别为 5μm、10μm 和 20μm 时，拉伸作用下 PVD 薄膜/基体体系模型的应力云图。

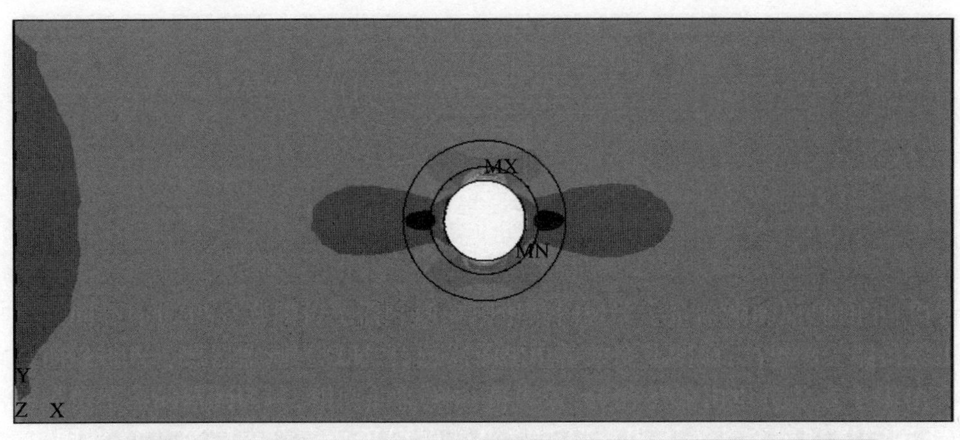

(a) 整体应力云图

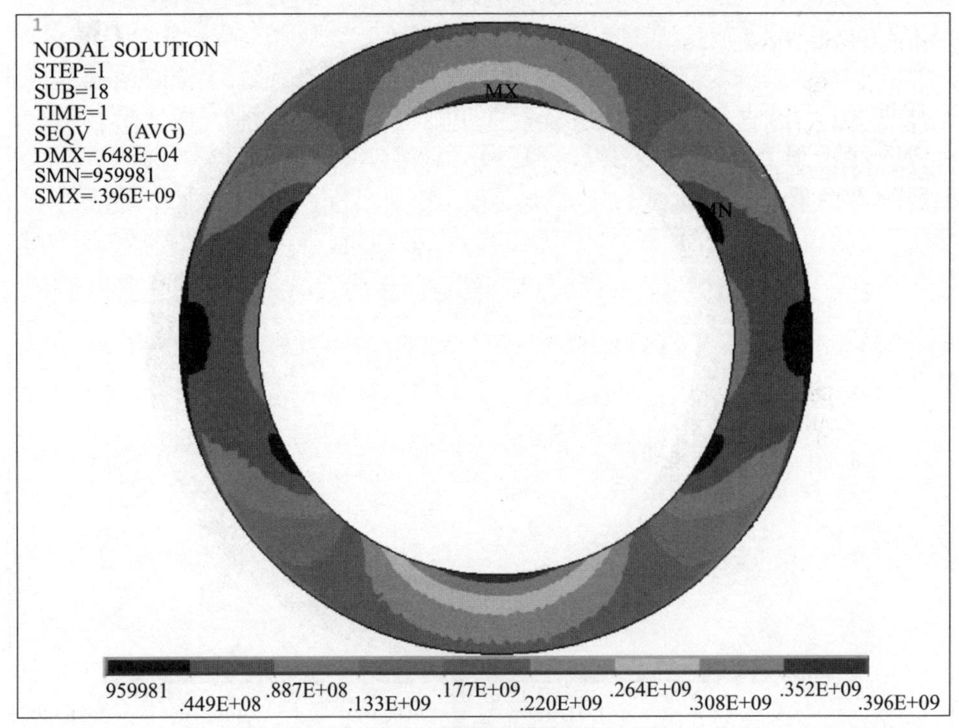

(b) 薄膜应力云图

图 5.12　PVD 薄膜厚度为 5μm 时模型的应力云图(见彩图)

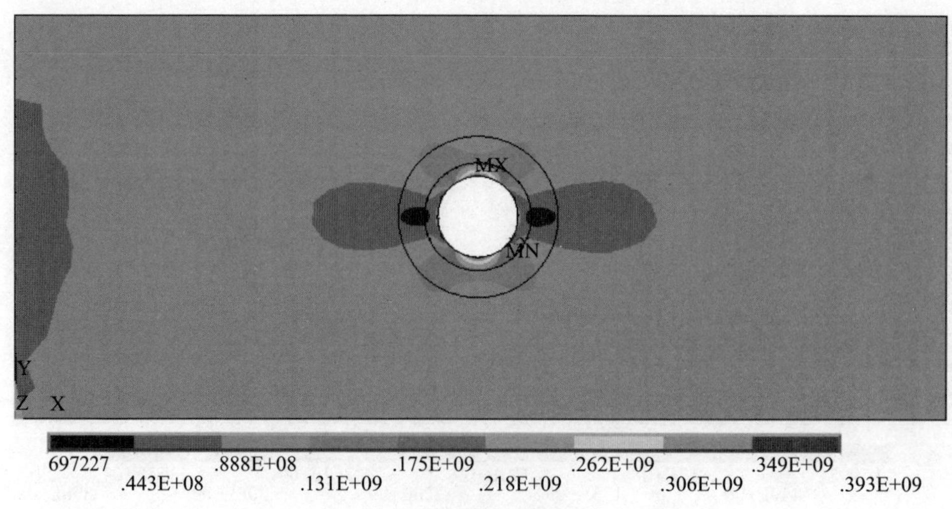

(a) 整体应力云图

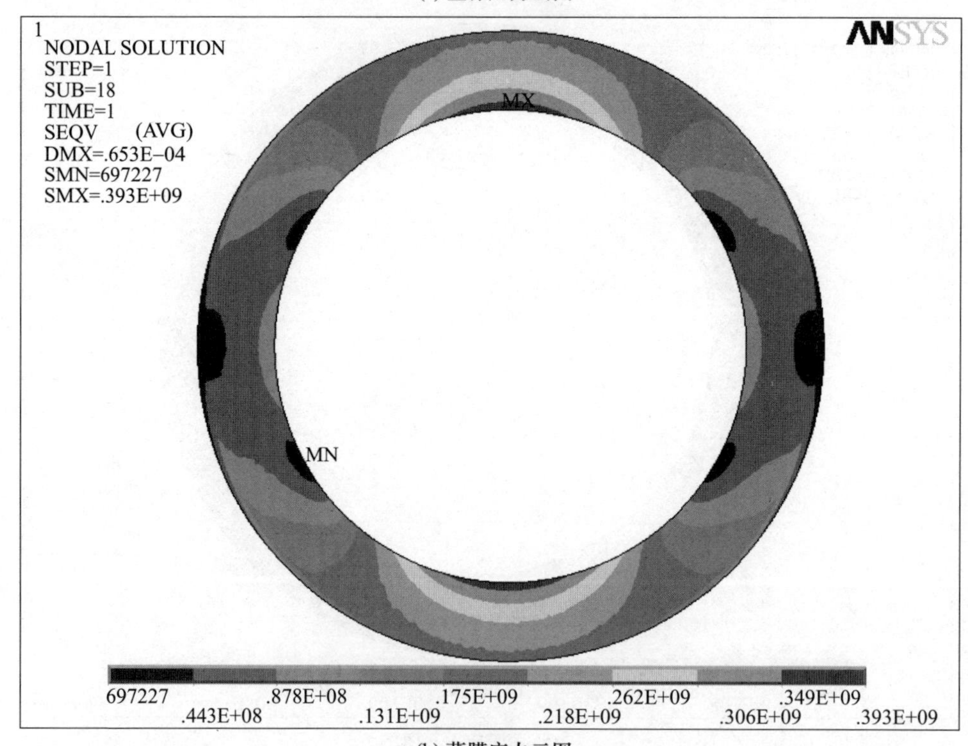

(b) 薄膜应力云图

图 5.13　PVD 薄膜厚度为 10μm 时模型的应力云图(见彩图)

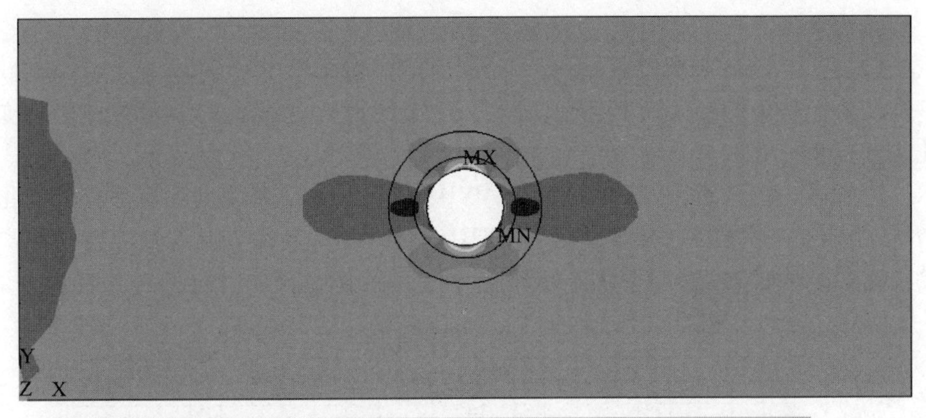

(a) 整体应力云图

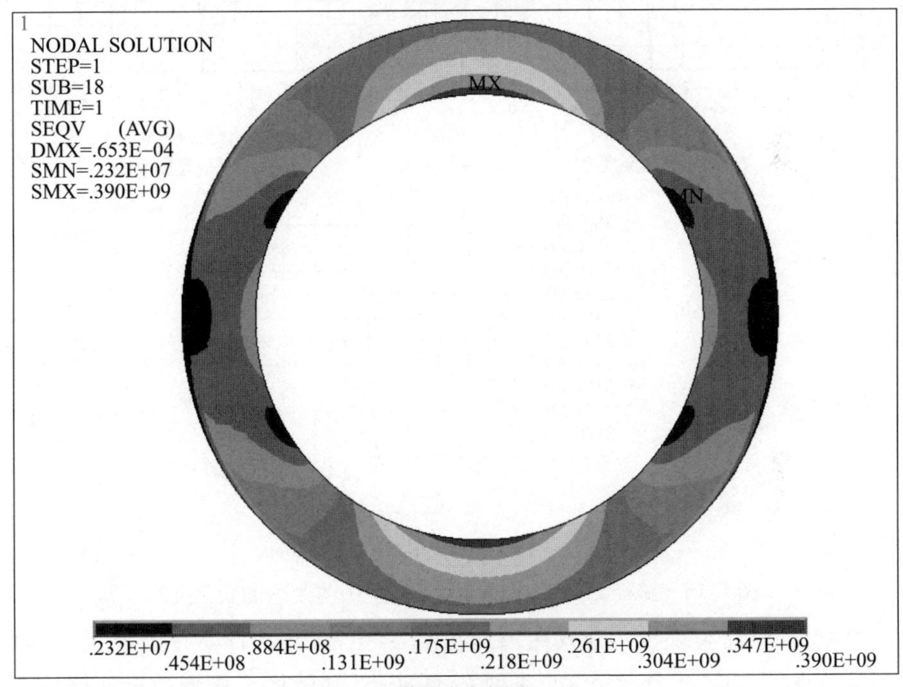

(b) 薄膜应力云图

图 5.14　PVD 薄膜厚度为 20μm 时模型的应力云图(见彩图)

由图 5.12、图 5.13 和图 5.14 得到以下结论。

(1)不同 PVD 薄膜厚度下,PVD 薄膜/基体体系模型的应力分布较为相似:基体应力水平整体较低,薄膜应力水平明显较高,在 PVD 薄膜/基体界面处存在急剧的应力突变现象,其中,薄膜中应力水平最高的部分位于垂直于加载方向、中心孔边缘处。

(2)随着 PVD 薄膜厚度的增大、PVD 薄膜/基体厚度比的减小,PVD 薄膜/基体体系模型中的最大应力值相应减小,但是最大应力值随 PVD 薄膜厚度的变化幅度较小。

为了进一步分析不同薄膜厚度下 PVD 薄膜/基体体系模型的界面应力变化情况,绘制了三种体系模型中路径 PATH1 和 PATH2 上各节点等效应力与距离的变化关系曲线如图 5.15 和图 5.16 所示。

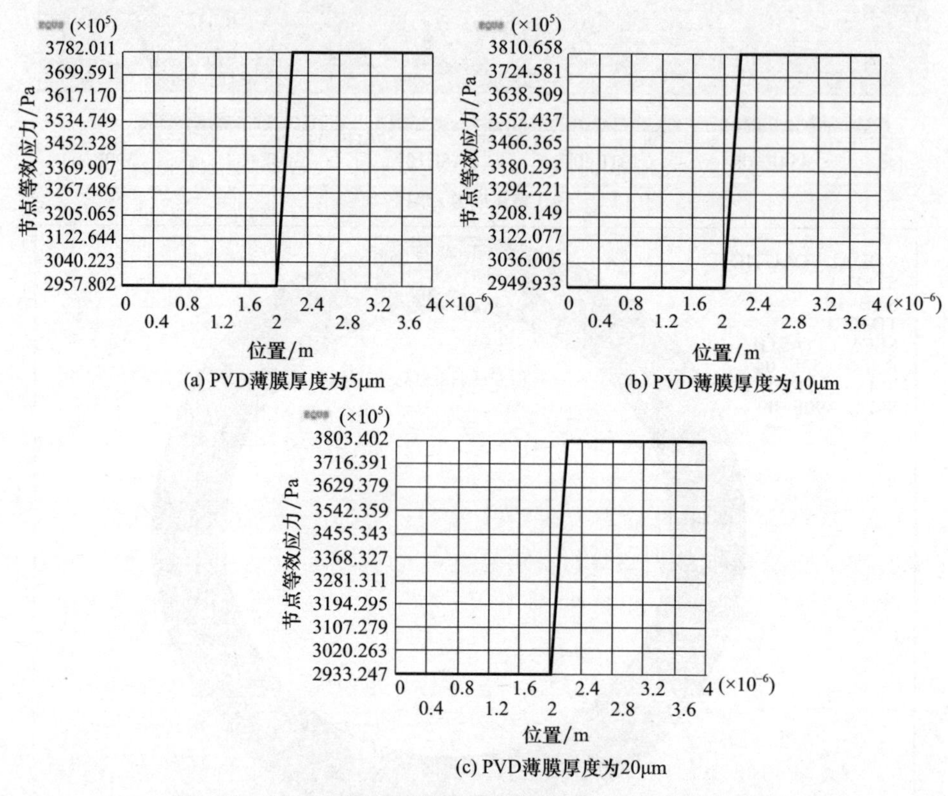

(a) PVD薄膜厚度为5μm

(b) PVD薄膜厚度为10μm

(c) PVD薄膜厚度为20μm

图 5.15 路径 PATH1 上各节点等效应力与距离的变化关系

图 5.15 中横坐标表示从基体内部 2μm 经界面至 PVD 薄膜内部 2μm,纵坐标表示节点等效应力,由图可知,三种 PVD 薄膜/基体体系模型中界面层均存在应力突变现象,而且沿 PATH1 的设置路径方向,等效应力值在界面层均明显增加,这说明在 PVD 薄膜/基体体系模型中,对基体施加的作用力有效地经界面层传递至 PVD 薄膜。三种体系模型中,界面层等效应力最大值分别为 378.2MPa、381MPa 和 380MPa,等效应力值在界面层分别增大 82.4MPa、86.1MPa 和 87MPa。因此,PVD 薄膜越厚,界面层等效应力最大值和等效应力值增加量越大,PVD 薄膜越容易失效破坏;但是随着 PVD 薄膜厚度增加,两者增大趋势均

放缓。

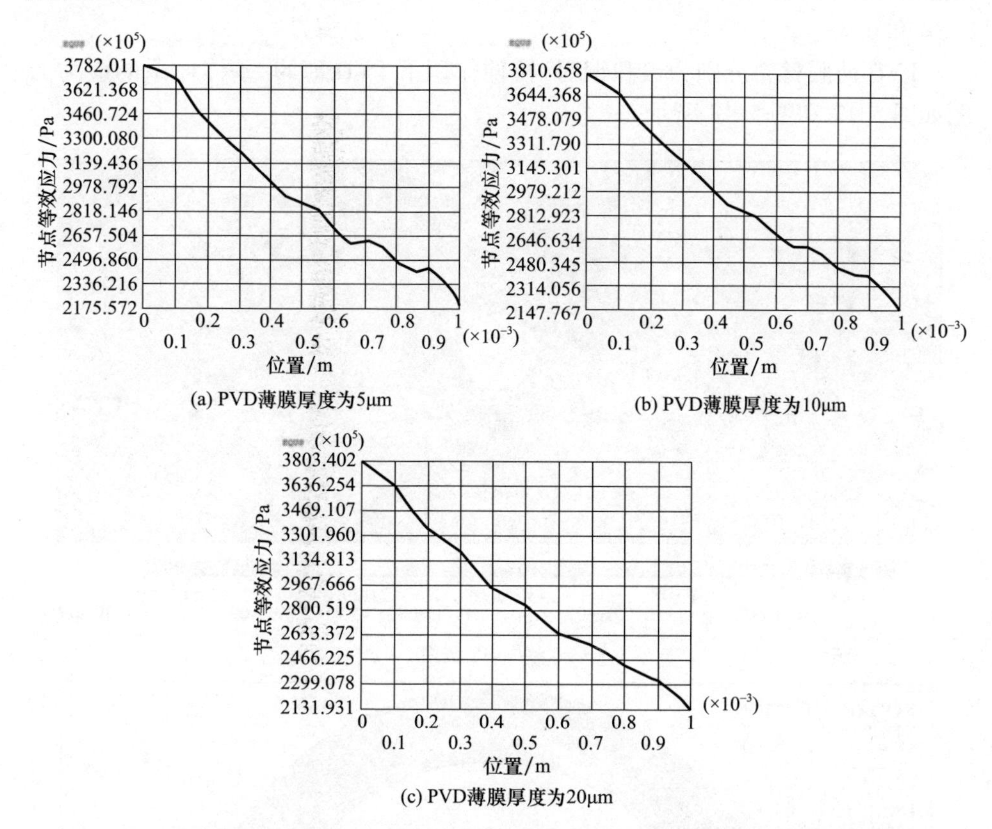

(a) PVD薄膜厚度为5μm

(b) PVD薄膜厚度为10μm

(c) PVD薄膜厚度为20μm

图5.16　路径PATH2上各节点等效应力与距离的变化关系

图5.16中横坐标表示PVD薄膜/基体界面上，垂直于加载方向，由中心孔边缘点至模型边缘点；纵坐标表示节点等效应力，由图可知，三种体系模型中界面应力分布非常相似，最大值均出现在中心孔边缘，沿PATH2的设置路径方向，界面等效应力值逐渐减小；随着PVD薄膜厚度的增大，界面等效应力最大值增大，但增大趋势逐渐放缓与图5.15所示的结果一致。

由以上分析得到如下结论：PVD薄膜厚度对界面应力的影响比较明显，而且PVD薄膜越厚，界面层应力集中现象越明显；相同加载条件下较厚的PVD薄膜更易失效破坏。

5.4.2.2　PVD薄膜材料弹性模量对界面应力的影响

在基体厚度、基体材料弹性模量以及PVD薄膜厚度等各项参数不变的情况下，研究了PVD薄膜材料弹性模量对PVD薄膜/基体界面应力的影响，设置的PVD薄膜厚度为10μm。假设模型的基体材料为铝合金，相应设置基体材料的弹性模量为70GPa，泊松比为0.33；假设模型的PVD薄膜材料分别为银和铜，相应设置 PVD 薄膜材料的弹性模量分别为 73. 2GPa 和 123Gpa，泊松比分别为 0. 38 和 0. 35。

PVD 薄膜材料分别为银和铜时，拉伸作用下 PVD 薄膜/基体体系的应力云图如图 5. 17 和图 5. 18 所示。

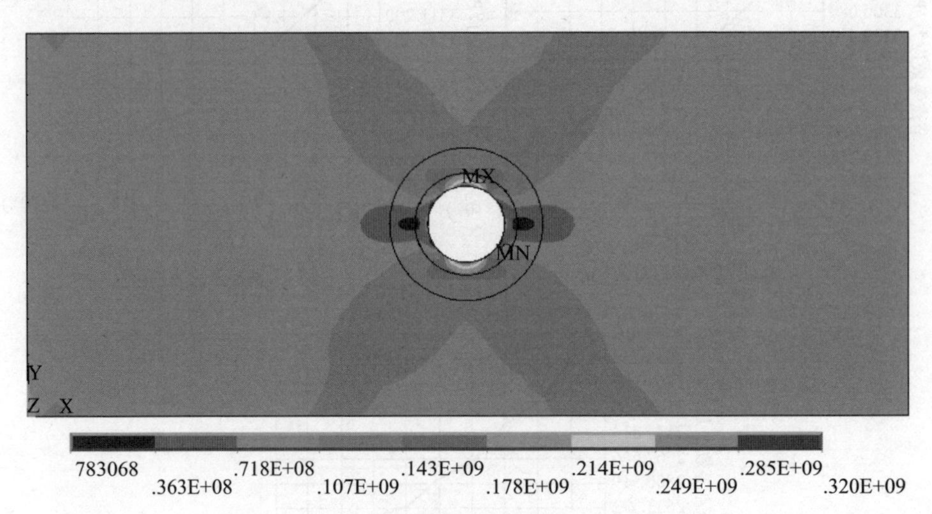

(a) 整体应力云图

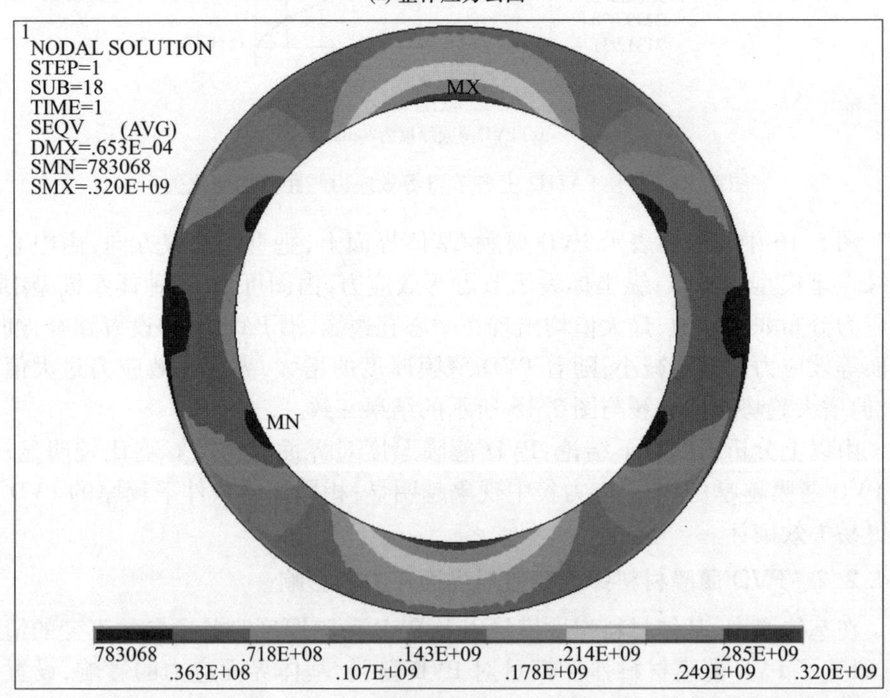

(b) 薄膜应力云图

图 5. 17　PVD 薄膜材料弹性模量为 73. 2GPa 时模型的应力云图(见彩图)

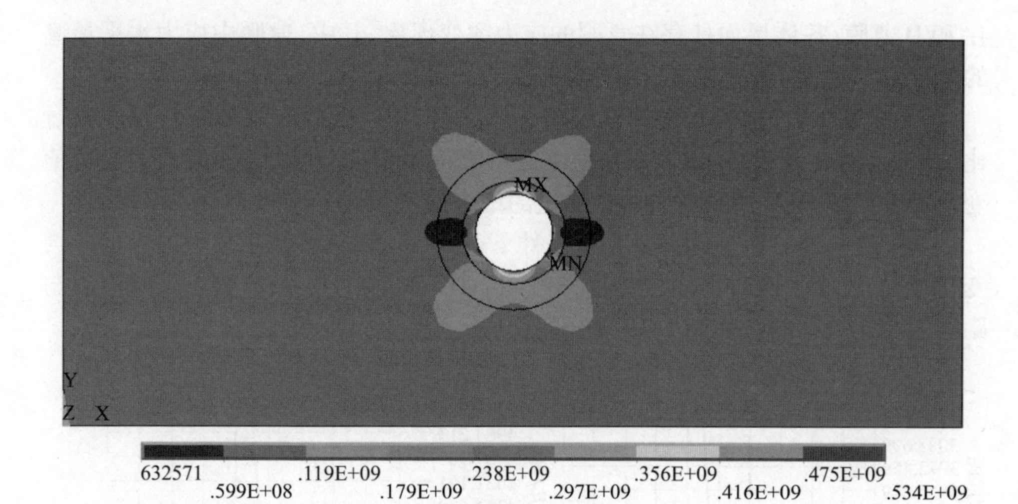

(a) 整体应力云图

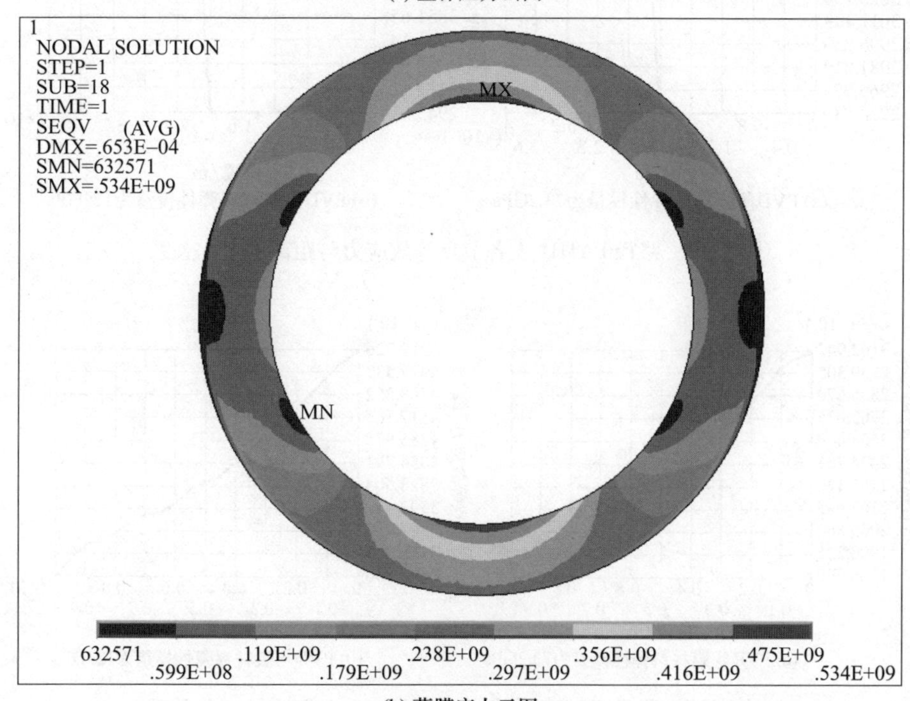

(b) 薄膜应力云图

图 5. 18　PVD 薄膜材料弹性模量为 123GPa 时模型的应力云图(见彩图)

由图 5. 17 和图 5. 18 结合图 5. 13 得到以下结论。

(1)PVD 薄膜材料弹性模量不同而其他参数保持不变时,PVD 薄膜/基体体系模型的应力分布较为相似:基体应力水平整体较低,薄膜应力水平明显较高,在 PVD 薄膜/基体界面处存在急剧的应力突变现象,其中,薄膜中应力水平最高的部分位于垂直于加载方向、中心孔边缘处。

(2)随着 PVD 薄膜材料弹性模量的增大,即 PVD 薄膜/基体材料弹性模量比的增大,PVD 薄膜/基体体系模型中的最大应力值明显增大,而且最大应力值变化程度也随 PVD 薄膜材料弹性模量的增大而增大。

为了进一步分析不同弹性模量条件下 PVD 薄膜/基体体系模型的界面应力变化情况,绘制了两种体系模型中路径 PATH1 和 PATH2 上各节点等效应力与距离的变化关系曲线如图 5.19 和图 5.20 所示。

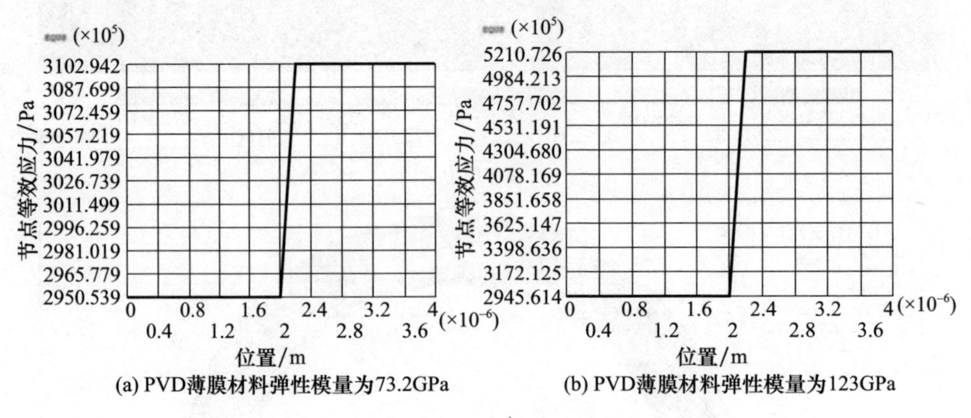

(a) PVD薄膜材料弹性模量为73.2GPa　(b) PVD薄膜材料弹性模量为123GPa

图 5.19　路径 PATH1 上各节点等效应力与距离的变化关系

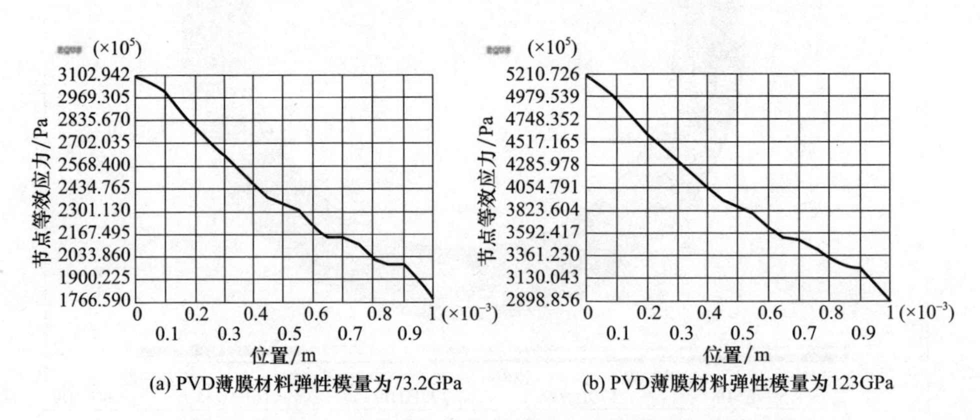

(a) PVD薄膜材料弹性模量为73.2GPa　(b) PVD薄膜材料弹性模量为123GPa

图 5.20　路径 PATH2 上各节点等效应力与距离的变化关系

图 5.19 中横纵坐标表示的意义与图 5.15 中相同,横坐标表示从基体内部 2μm 经界面至 PVD 薄膜内部 2μm,纵坐标表示节点等效应力。由图 5.19 结合图 5.15(b)可知,三种 PVD 薄膜/基体体系模型中界面层均存在应力突变现象,但界面层等效应力值增大程度具有明显差异,PVD 薄膜材料弹性模量分别为

73.2GPa、90Gpa、123Gpa时，等效应力值在界面层分别增大15.2MPa、86.1MPa、226.5MPa。当PVD薄膜的材料弹性模量与基体材料弹性模量大致相当时，如图5.19(a)所示，界面层等效应力值变化较小，界面具有良好的力传递作用。随着PVD薄膜材料弹性模量增大，即PVD薄膜与基体材料弹性模量比的增大，界面层发生越来越明显的应力集中。三种体系模型中，界面层等效应力最大值分别为310.3MPa、381.1MPa和521.1MPa。因此，PVD薄膜与基体材料弹性模量比越大，界面层等效应力最大值和等效应力值增加量越大，PVD薄膜越容易失效破坏；而且随着弹性模量比增加，两者增大程度越来越大。

图5.20中横纵坐标表示的意义与图5.16中相同，横坐标表示PVD薄膜/基体界面上，垂直于加载方向，由中心孔边缘点至模型边缘点；纵坐标表示节点等效应力。由图5.20结合图5.16(b)可知，三种体系模型中界面应力分布非常相似，最大值均出现在中心孔边缘，沿PATH2的设置路径方向，界面等效应力值逐渐减小；随着PVD薄膜与基体材料弹性模量比的增大，界面等效应力最大值增大，而且增大程度越来越大，与图5.19所示的结果一致。

5.4.3 分析结论

由以上分析得到如下结论：PVD薄膜的弹性模量对界面应力影响非常明显，而且PVD薄膜材料与基体材料弹性模量的差异越大，界面应力集中现象越明显；相同加载条件下，PVD薄膜弹性模量大于基体材料弹性模量时，PVD薄膜/基体材料弹性模量比越大，PVD薄膜越容易失效破坏。

第6章 PVD 薄膜传感器对金属结构基体力学性能的影响

基于结构一体化 PVD 薄膜传感器的飞机金属结构疲劳损伤监测技术在实际工程中应用的前提是 PVD 薄膜传感器与基体的结构一体化集成不能对基体自身的力学性能造成不良影响。结构损伤实时监测不能以降低结构力学性能为代价,否则该监测方法将失去工程应用价值。为了考察 PVD 薄膜传感器制备是否会引起金属材料基体力学性能改变,本章分别从基体硬度变化、强度变化和疲劳性能变化的角度考察了 PVD 薄膜传感器制备对基体力学性能的影响,并进一步研究了 PVD 传感器制备对强化结构疲劳性能的影响。

6.1 PVD 薄膜传感器制备对基体硬度的影响

硬度是材料机械性能的重要指标之一。为了考察 PVD 薄膜传感器制备对基体材料硬度的影响,应用洛氏硬度实验分别对五种不同表面状态的铝合金材料制备 PVD 薄膜前后的硬度进行对比测试。

洛氏硬度实验以规定的载荷将坚硬的钢球或金刚石锥垂直压入被测金属材料表面,以压入深度确定材料的硬度。为适应不同材料的硬度测试,采用不同的压头与载荷组合成几种不同的洛氏硬度标尺,常用的标尺有 HRA(压头为 120°金刚石圆锥,载荷为 588.4N)、HRB(压头为 1.588mm 的淬火钢球,载荷为 980.7N)、HRC(压头为 120°金刚石圆锥,载荷为 1471N)。对于铝合金材料选择 HRB 标尺。

本章的硬度实验在 HR-150DT 型电动洛氏硬度计上进行,如图 6.1 所示,具体操作步骤如下。

首先,施加初始载荷 98.07N,使压头缓慢无冲击地与试样表面接触,处于图 6-2 所示的 1-1 位置;然后,施加主载荷,此时压头位置变为 2-2,压入试样的深度为 h_1;最后,卸除主载荷,试样中弹性变形部分发生恢复使压头回升到 3-3 位置。将主载荷作用下压头实际压入深度 h 代入式(6.1),得到洛氏硬度值

$$HR = \frac{K-h}{0.002} \tag{6.1}$$

式中;常数 K 为0.26mm。

图6.1 HR-150DT型电动洛氏硬度计

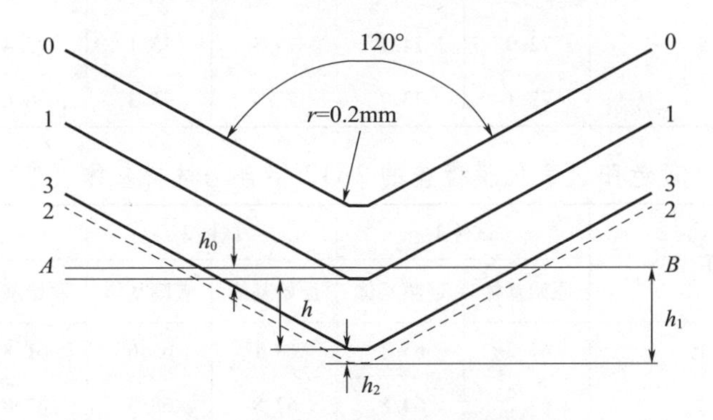

图6.2 洛氏硬度实验原理图

最终测得五种不同表面状态(原始状态、两种阳极氧化工艺处理状态和两种表面强化工艺处理状态)的2A12铝合金材料基体制备PVD薄膜前后的硬度值见表6.1~表6.5所列。

由测试结果可知,五种不同表面状态的基体制备PVD薄膜前后的硬度值无明显差异,沉积PVD薄膜传感器对基体材料的硬度无显著影响。

表6.1 原始状态2A12铝合金材料基体硬度测试值

硬度值	试件1		试件2		试件3	
	原始基体	镀膜基体	原始基体	镀膜基体	原始基体	镀膜基体
测试点1	72.8	73	72.5	73.1	74.5	76.9
测试点2	73.1	72.8	73.1	73.9	76.9	76.8
测试点3	74.5	72.9	72.8	74.5	75.4	77
测试点4	74.2	73.3	73.9	74.5	77.1	76.9
测试点5	73.6	73.6	74	75	77.7	76.5
均值	73.6	73.1	73.3	74.2	76.3	76.8

表6.2 白色阳极氧化膜覆盖的2A12铝合金材料基体硬度测试值

硬度值	试件1		试件2		试件3	
	原始基体	镀膜基体	原始基体	镀膜基体	原始基体	镀膜基体
测试点1	73	73	75.2	74.9	76.6	76.8
测试点2	72	74	76.2	75.4	76.9	75.9
测试点3	73.8	73.4	75.3	74.8	76.8	75.9
测试点4	73.8	74.2	75	76.1	77.2	76.9
测试点5	72.9	74.1	75.5	75.1	75.4	76.1
均值	73.1	73.7	75.4	75.3	76.6	76.3

表6.3 黄色阳极氧化膜覆盖的2A12铝合金材料基体硬度测试值

硬度值	试件1		试件2		试件3	
	原始基体	镀膜基体	原始基体	镀膜基体	原始基体	镀膜基体
测试点1	67.2	65.1	68.1	67.6	61.8	63.5
测试点2	67.2	64.8	67.8	68.5	67.8	67.6
测试点3	67.4	65.4	66.3	69.3	65.5	62.9
测试点4	68.1	65.1	67.6	67.1	68.1	65.5
测试点5	68.2	67.1	67.2	68.2	64.2	69.1
均值	67.6	65.5	67.4	68.1	65.5	65.7

表 6.4　Ⅰ型强化状态 2A12 铝合金材料基体硬度测试值

硬度值	试件 1		试件 2		试件 3	
	原始基体	镀膜基体	原始基体	镀膜基体	原始基体	镀膜基体
测试点 1	79.4	80.1	82.9	82.8	80.1	81.5
测试点 2	81.9	79.4	82.5	82.1	79.5	79.7
测试点 3	80.1	79.9	82.1	82.9	81.9	79.6
测试点 4	79.9	80.4	82.3	82.2	81.4	79.9
测试点 5	81.3	81.4	84.9	82.9	79.1	81.9
均值	80.5	80.2	82.9	83	80.4	80.5

表 6.5　Ⅱ型强化状态 2A12 铝合金材料基体硬度测试值

硬度值	试件 1		试件 2		试件 3	
	原始基体	镀膜基体	原始基体	镀膜基体	原始基体	镀膜基体
测试点 1	69.8	71.4	70.9	72.5	68.2	66.2
测试点 2	71	70.9	72.9	72.3	68.9	68.2
测试点 3	69.2	70.9	72.9	73.1	68.3	69.8
测试点 4	69.3	70.1	71.2	73.1	69	68.9
测试点 5	70.6	70.4	72.8	72.6	69.1	68.4
均值	70	70.7	72.1	72.7	68.7	68.3

6.2　PVD 薄膜传感器制备对基体强度的影响

为了考察 PVD 薄膜传感器制备对基体材料强度的影响，采用抗拉强度作为衡量 PVD 薄膜传感器制备前后试样承载能力变化的指标。本节将测试未沉积 PVD 薄膜传感器的 2A12 – T4 铝合金中心孔试样能承受的最大拉力，并与原始试样的结果进行对比。

为了降低测试误差和材料分散性对实验结果的影响，选取了五件未制备有 PVD 薄膜传感器的 2A12 – T4 铝合金中心孔试样进行实验，实验结果见表 6.6 所列。

表 6.6 试样破坏载荷

沉积 PVD 薄膜传感器的试样		原始试样	
试样编号	破坏载荷	试样编号	破坏载荷
No. 1	13.7kN	No. 1	14.4kN
No. 2	14.2kN	No. 2	13.6kN
No. 3	13.8kN	No. 3	13.8kN
No. 4	13.5kN	No. 4	13.9kN
No. 5	14.5kN	No. 5	14.5kN
均值	13.94kN	均值	14.04kN

由表 6.6 可知,沉积 PVD 薄膜传感器的试样和原始试样两类试样的破坏载荷均值分别为 13.94kN 和 14.04kN,两者并无明显差异,由此可知沉积 PVD 薄膜传感器对基体强度无显著影响。

6.3 PVD 薄膜传感器制备对基体疲劳性能的影响

将 2A12 铝合金试样分组进行不同工艺类型的表面处理,得到不同表面处理状态的三类试样,即原始试样、经过阳极氧化工艺处理的试样以及阳极氧化工艺处理后沉积了 PVD 薄膜的试样。

阳极氧化处理工艺采用现役飞机常用的硫酸阳极氧化工艺,具体工艺条件如下:温度 18℃,时间 30min,电压 18V,180 ~ 200g/L 的硫酸溶液,氯离子小于 0.2g/L,铝离子小于 20g/L。为了提高阳极氧化膜的绝缘性能和抗腐蚀性能,采用重铬酸钾溶液封孔,其中,K2Cr2O7 溶液的 pH 值为 5 ~ 6、浓度为 49 ~ 55g/L,封孔温度为 93℃,封孔时间为 15min。

PVD 薄膜沉积工艺采用脉冲偏压电弧离子镀工艺,镀膜时真空室温度控制在 200℃以下,镀膜时间大于 30min。

经过阳极氧化工艺处理、PVD 薄膜沉积后的试样如图 6.3 所示。

图 6.3 阳极氧化工艺处理后 PVD 薄膜沉积试样

在两种应力水平下分别开展不同表面状态的 2A12 铝合金试样疲劳性能对比实验。疲劳实验在 MTS - 8100 型液压伺服疲劳实验机上进行,采用等幅循环

加载,两组实验参数如下:

(1)最大应力 $\sigma_{max}=150\text{MPa}$,循环比 $R=0.05$,频率 $f=15\text{Hz}$;

(2)最大应力 $\sigma_{max}=180\text{MPa}$,循环比 $R=0.05$,频率 $f=15\text{Hz}$。

2A12 铝合金试样的疲劳性能测试实验现场如图 6.4 所示,实验测得的试样疲劳循环次数见表 6.7 所列。

(a) 原始试样

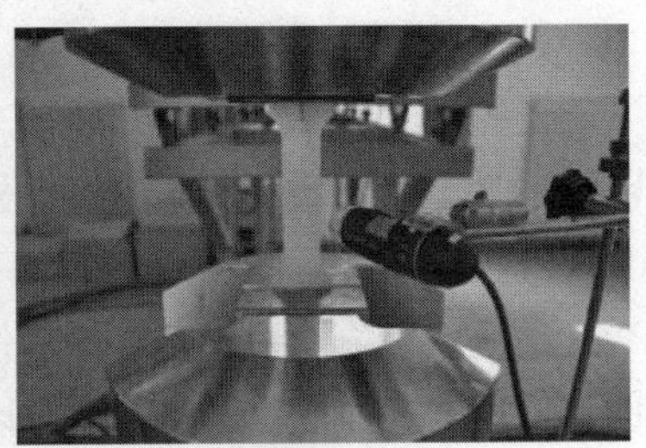

(b) 阳极氧化试样

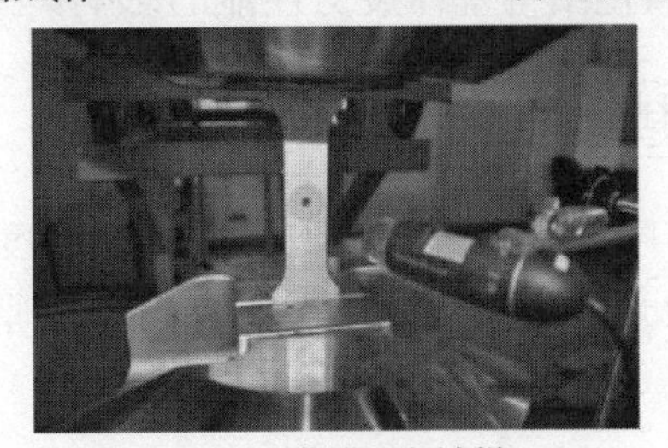

(c) PVD薄膜沉积试样

图 6.4　2A12 铝合金试样疲劳性能测试实验现场

表 6.7　2A12 铝合金试样疲劳循环次数

实验条件 $\sigma_{min}/\sigma_{max}$	试样编号	原始试样循环加载次数 N	阳极氧化处理试样循环加载次数 N	阳极氧化处理后 PVD 薄膜沉积试样循环加载次数 N
7.5/150 MPa	1	64198	73295	68765
	2	65034	71396	71351
	3	61007	60473	66539
	4	77987	61203	64659
	平均值	67057	66592	67829
9/180MPa	1	53441	53256	52760
	2	41466	50438	50006
	3	51481	40753	45988
	4	45526	46330	41245
	平均值	47979	47694	47500

表6.7所示的实验结果表明：两种加载条件下，原始试样、经过阳极氧化工艺处理的试样以及阳极氧化工艺处理后沉积了PVD薄膜的试样三者的疲劳寿命没有明显差异，即硫酸阳极氧化工艺处理和脉冲偏压电弧离子镀工艺沉积PVD薄膜不会造成2A12铝合金材料基体疲劳性能明显下降。

6.4 PVD薄膜传感器制备对强化结构的影响

现代飞机广泛采用飞机结构强化技术（Aircraft Structure Strengthening Technology，ASST）进行局部强化处理来提高飞机结构的抗疲劳性能。为了进一步研究制备PVD薄膜传感器对强化结构基体疲劳性能的影响，本节选用2A12－T4铝合金孔挤压强化试样、喷丸强化试样以及激光冲击强化试样三组试样，考察制备PVD薄膜传感器对强化结构基体疲劳性能的影响。

6.4.1 实验件制备

孔挤压强化试样与喷丸强化试样均取自同一块厚度为4mm的2A12－T4板材，沿轧制方向切取；激光冲击强化试样均取自同一块厚度为2mm的2A12－T4板材，沿轧制方向切取。

6.4.1.1 孔挤压强化试样制备

孔挤压强化，是指利用比被挤材料硬度高的挤压工具，对孔壁、孔角，沉头窝及孔周端面等表面施加压力，使被挤压部位的表面层金属发生塑性变形，形成残余压应力层，以达到提高疲劳寿命的目的。

本小节采用的孔挤压强化工艺流程如下：切取试样，制ϕ5mm粗孔，将试样孔径扩钻、铰至ϕ5.794mm，用工作环直径为5.664mm的挤压芯棒，厚度为0.152mm的开缝衬套分别对试样进行挤压强化，最后铰孔至ϕ6±0.02mm。

将孔挤压强化试样分组进行不同工艺类型的表面处理，得到不同表面状态的三类试样，即原始孔挤压强化试样、经过阳极氧化工艺处理的孔挤压强化试样以及阳极氧化处理后沉积了PVD薄膜的孔挤压强化试样。

阳极氧化工艺与PVD薄膜沉积工艺条件与上文相同。经过阳极氧化工艺处理和PVD薄膜沉积后的孔挤压强化试样如图6.5所示。

图6.5 阳极氧化处理后沉积了PVD薄膜的孔挤压强化试样

6.4.1.2 喷丸强化试样制备

喷丸强化过程是使材料表面层发生循环塑性变形的过程,依金属材料的力学性能和喷丸工艺条件的不同,喷丸后材料表层会发生以下变化:

(1)组织结构变化(如亚晶粒尺寸、位错密度及组态、相转变等);

(2)表层内形成残余压应力场;

(3)表面粗糙度变化。

这些变化对材料的力学性能(疲劳性能和应力腐蚀开裂性能)产生两种不同的影响:一种为强化因素,使喷丸后的力学性能改善;另一种为弱化因素,使喷丸后的性能下降。在一定的条件下,塑变层内的微细亚晶粒、高密度位错、不锈钢中的相变马氏体以及残余压应力等,都表现为强化因素;另外,当喷丸后表面粗糙度增高(即增高了应力集中效应),或喷丸强度过高导致表面微裂纹的出现,这些为弱化因素。强化因素又可分为:组织结构强化(简称组织强化)和残余应力强化(简称应力强化)。

对切取、铰孔的原始试样进行全表面喷丸处理。喷丸工艺条件如下:选用ASH660喷丸,喷丸球直径3.175mm,喷丸距离300mm,最大凹坑直径0.65mm,温度98℃,喷丸时间3~5min。

将喷丸强化试样分组进行不同工艺类型的表面处理,得到不同表面处理状态的三类试样,即原始喷丸强化试样、经过阳极氧化工艺处理的喷丸强化试样以及经过阳极氧化工艺处理后沉积了PVD薄膜的喷丸强化试样。

阳极氧化工艺与PVD薄膜沉积工艺条件与上文相同。经过阳极氧化工艺处理和PVD薄膜沉积后的喷丸强化试样如图6.6所示。

图6.6 阳极氧化处理后沉积了PVD薄膜的喷丸强化试样

6.4.1.3 激光冲击强化试样制备

激光冲击强化技术(Laser Shock Peening,LSP)是一种新型表面处理技术,采用短脉冲(约秒级)、高峰值功率密度(GW/cm^{2}级)的激光辐照金属表面,使金属表面涂覆的吸收保护层吸收激光能量并发生爆炸性气化蒸发,产生高压的等离子冲击波,利用冲击波的力学效应使表层材料微观组织发生变化,在较深的厚度上残留压应力,从而提高金属材料抗疲劳、抗磨损和抗腐蚀性能。

对切取、铰孔的原始试样进行激光冲击强化处理。针对2A12-T4铝合金中心孔试样进行强化处理时，采用双面冲击方式，并制定了三种试探性强化方案，其中冲击路径和光斑布置如图6.7所示，首先对中间区域进行蛇形处理，为防止中心孔处冲击时发生吸收保护层破裂，用橡皮或橡皮泥填充中心孔，然后进行压边处理，光斑走向为试件纵向。

三种强化方案分别是低能量处理方案Ⅰ，高能量处理方案Ⅱ和低能量多次处理方案Ⅲ，对应的激光冲击参数如下。

（1）方案Ⅱ：光斑直径2.4mm，脉宽20ns，光斑能量2J，冲击次数1次；

（2）方案Ⅱ：光斑直径2.4mm，脉宽20ns，光斑能量3J，冲击次数1次；

（3）方案Ⅲ：光斑直径2.4mm，脉宽20ns，光斑能量2J，冲击次数2次。

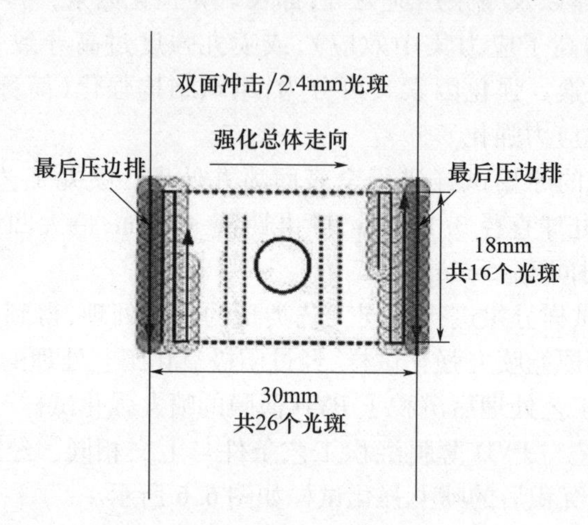

图6.7　蛇形强化方案

实际对2A12-T4铝合金中心孔试样进行激光冲击强化时，以上三种方案均出现了吸收保护层破裂致使无法继续强化处理的情况。因此，制定了区域性强化方案，具体步骤如下。

首先，将拟强化区域划分为如图6.8所示的0、1、2、3、4五个区域。

然后，暂且搁置中心孔边区域（即0区域，该区域大小为8.4mm×8.4mm），对1、2、3、4四个区域进行一般蛇形处理。具体光斑设置如下：对于区域1和2，横向设置10个光斑，纵向设置16个光斑；对于区域3和4，横向、纵向均设置6个光斑。

最后，对中心0区域进行三圈环形处理。其中，内圈在中心孔边上（压边）设置16个光斑，每隔22.5°布置一个光斑；中圈设置24个光斑，每隔15°布置一个光斑；最外圈设置30个光斑，每隔12°布置一个光斑。三圈光斑的处理区域为直径为13.2mm的圆形区域。

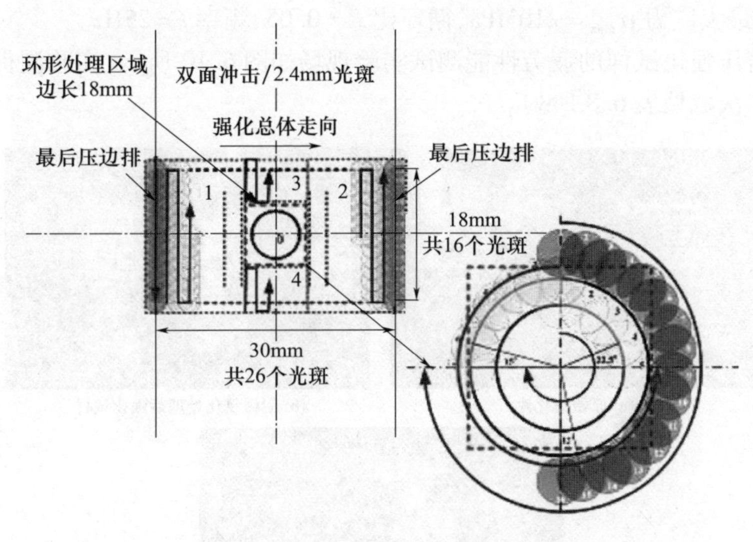

图 6.8　区域强化方案

将激光冲击强化试样分组进行阳极氧化工艺处理和 PVD 薄膜沉积处理,得到阳极氧化工艺处理后的激光冲击强化试样和阳极氧化处理后沉积了 PVD 薄膜的激光冲击强化试样。

阳极氧化工艺与 PVD 薄膜沉积工艺条件与上文相同。经过阳极氧化工艺处理和 PVD 薄膜沉积后的激光冲击强化试样如图 6.9 所示。

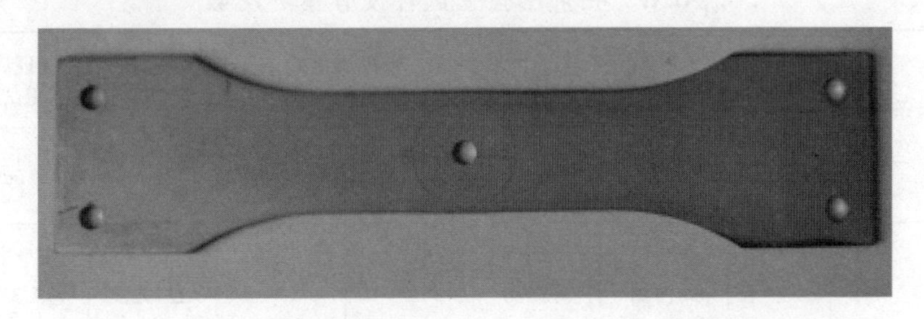

图 6.9　阳极氧化处理后沉积了 PVD 薄膜的激光冲击强化试样

6.4.2　实验件疲劳性能测试

6.4.2.1　孔挤压强化试样疲劳性能测试

在两种应力水平下分别开展了不同表面状态的孔挤压强化试样疲劳性能对比实验。疲劳实验在 MTS－8100 型液压伺服疲劳实验机上进行,采用等幅循环加载,两组实验参数如下:

(1)最大应力 $\sigma_{max}=180$MPa,循环比 $R=0.05$,频率 $f=25$Hz;

(2)最大应力 $\sigma_{max}=210\text{MPa}$,循环比 $R=0.05$,频率 $f=25\text{Hz}$。

孔挤压强化试样的疲劳性能测试实验现场如图 6.10 所示,实验测得的试样疲劳循环次数见表 6.8 所列。

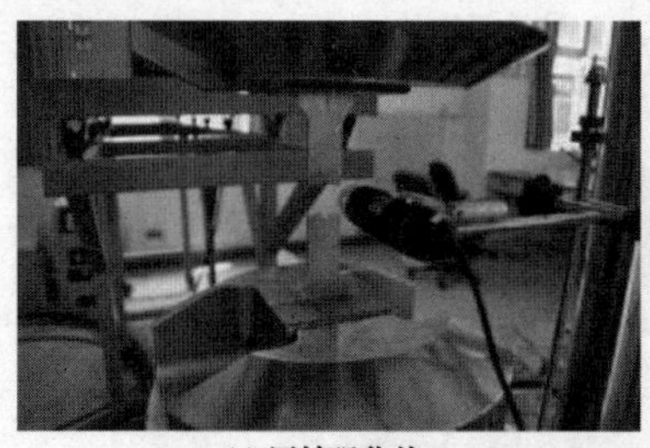

(a) 原始强化件

(b) 阳极氧化处理后强化试样

(c) 阳极氧化处理后沉积了PVD薄膜的强化试样

图 6.10 孔挤压强化试样疲劳性能测试实验现场

表 6.8 孔挤压强化试样疲劳循环次数

实验条件 $\sigma_{min}/\sigma_{max}$	试样编号	原始强化试样		阳极氧化处理强化试样		阳极氧化处理后PVD 薄膜沉积试样	
		载荷循环次数 N	$\lg N$	载荷循环次数 N	$\lg N$	载荷循环次数 N	$\lg N$
9/180MPa	1	203041	5.3076	—	—	174696	5.2423
	2	381918	5.5820	—	—	227922	5.3578
	3	353321	5.5482	—	—	249099	5.3964
	4	191660	5.2825	—	—	260937	5.4165
	平均值	282485	5.4301	—	—	228164	5.3532
10.5/210 MPa	5	—	—	100292	5.0013	70557	4.8485
	6	—	—	72195	4.8585	89213	4.9504
	7	—	—	66566	4.8233	73908	4.8687
	8	—	—	65494	4.8162	—	—
	平均值	—	—	76137	4.8748	77893	4.8892

6.4.2.2 喷丸强化试样疲劳性能测试

在三种应力水平下分别开展了不同表面状态的喷丸强化试样疲劳性能对比实验。疲劳实验在MTS-8100型液压伺服疲劳实验机上进行,采用等幅循环加载,三组实验参数如下:

(1)最大应力 $\sigma_{max}=150MPa$,循环比 $R=0.05$,频率 $f=25Hz$;

(2)最大应力 $\sigma_{max}=165MPa$,循环比 $R=0.05$,频率 $f=25Hz$;

(3)最大应力 $\sigma_{max}=180MPa$,循环比 $R=0.05$,频率 $f=25Hz$。

喷丸强化试样的疲劳性能测试实验现场如图6.11所示,实验测得的试样疲劳循环次数见表6.9所列。

(a) 阳极氧化处理后喷丸强化试样

(b) 阳极氧化处理后沉积了PVD薄膜的喷丸强化试样

图6.11 喷丸强化试样疲劳性能测试实验现场

表6.9 喷丸强化试样疲劳循环次数

实验条件 $\sigma_{min}/\sigma_{max}$	试样编号	阳极氧化处理试样		阳极氧化后PVD薄膜沉积试样	
		载荷循环次数 N	$\lg N$	载荷循环次数 N	$\lg N$
7.5/150MPa	1	151508	5.1804	318014	5.5024
	2	483601	5.6845	203856	5.3093
	3	253617	5.4042	181402	5.2586
	4	339240	5.5305	254804	5.4062
	5	174253	5.2412	—	—
	平均值	280443.8	5.4082	239519	5.3692
8.25/165MPa	6	140393	5.1473	92478	4.9660
	7	152591	5.1835	90219	4.9553
	8	118890	5.0751	163450	5.2134
	9	114338	5.0582	101502	5.0065
	平均值	131553	5.1161	111912	5.0353

续表

实验条件 $\sigma_{min}/\sigma_{max}$	试样编号	阳极氧化处理试样		阳极氧化后 PVD 薄膜沉积试样	
		载荷循环次数 N	$\lg N$	载荷循环次数 N	$\lg N$
9/180MPa	10	96276	4.9835	89096	4.9499
	11	85408	4.9315	86703	4.9380
	12	69455	4.8417	69788	4.8438
	13	64651	4.8106	88623	4.9475
	平均值	78947	4.8918	83552	4.9198

6.4.2.3 激光冲击强化试样疲劳性能测试

本小节开展了不同表面状态的激光冲击强化试样疲劳性能对比实验。疲劳实验在 MTS－8100 型液压伺服疲劳实验机上进行，采用等幅循环加载，实验参数如下：最大应力 $\sigma_{max}=150\text{MPa}$，循环比 $R=0.05$，频率 $f=25\text{Hz}$。

激光冲击强化试样的疲劳性能测试实验现场如图 6.12 所示，实验测得的试样疲劳循环次数见表 6.10 所列。

图 6.12　激光冲击强化试样疲劳性能测试实验现场

表 6.10　激光冲击强化试样疲劳循环次数

试样类型、编号	阳极氧化处理试样		阳极氧化后 PVD 薄膜沉积试样	
	载荷循环次数 N	$\lg N$	载荷循环次数 N	$\lg N$
1	224681	5.3516	300274	5.4775
2	377641	5.5771	225366	5.3529
3	433616	5.6371	490962	5.6910
4	365884	5.5633	302270	5.4804
5	353533	5.5484	260014	5.4150
平均值	351071	5.5355	315777	5.4834

6.4.3 数据处理与分析结论

6.4.3.1 显著性分析数学模型描述

为了研究PVD薄膜沉积对强化结构模拟件的疲劳性能是否有显著影响，本小节中将试样表面处理方式作为因素，分为不同水平(水平一:原始状态，无表面处理;水平二:阳极氧化工艺处理;水平三:阳极氧化处理后PVD薄膜沉积)，考察不同水平(表面处理方式)对强化模拟件疲劳寿命有无显著影响。考虑到结构疲劳寿命服从对数正态分布，每种实验模拟件的对数疲劳循环次数构成一个正态母体。在各母体中分别取一子样，检验不同水平试样的对数疲劳循环次数是否有显著差异，即检验母体平均数是否相等。该问题抽象出以下数学模型。

设有 r 个正态母体 $X_i, i=1,2,\cdots,r, X_i$ 的分布为 $N(\mu_i,\sigma^2)$，假定 r 个母体方差相等。在 r 个母体上作假设 $H_0:\mu_1=\mu_2=\cdots=\mu_r$，独立地从各母体中取出一个子样，采用离差分解法检验上述假设 H_0 是否成立。

(1)离差分解。

将每个子样作为一个组，则组内平均表示为

$$\overline{X_i} = \frac{1}{n_i}\sum_{j=1}^{n_i} X_{ij}, i = 1,2,\cdots,r \tag{6.2}$$

总平均表示为

$$\overline{X} = \frac{1}{n_i}\sum_{i=1}^{r}\sum_{j=1}^{n_i} X_{ij} \tag{6.3}$$

式中: $n = \sum_{i=1}^{r} n_i$。

总离差平方和为

$$\begin{aligned}
Q_T &= \sum_{i=1}^{r}\sum_{j=1}^{n_i}(X_{ij}-\overline{X})^2 \\
&= \sum_{i=1}^{r}\sum_{j=1}^{n_i}[(X_{ij}-\overline{X_i})+(\overline{X_i}-\overline{X})]^2 \\
&= \sum_{i=1}^{r}\sum_{j=1}^{n_i}(X_{ij}-\overline{X_i})^2+\sum_{i=1}^{r}\sum_{j=1}^{n_i}(\overline{X_i}-\overline{X})^2+2\sum_{i=1}^{r}\sum_{j=1}^{n_i}(X_{ij}-\overline{X_i})(\overline{X_i}-\overline{X}) \\
&= \sum_{i=1}^{r}\sum_{j=1}^{n_i}(X_{ij}-\overline{X_i})^2+\sum_{i=1}^{r}n_i(\overline{X_i}-\overline{X})^2
\end{aligned} \tag{6.4}$$

令

$$Q_{\mathrm{E}} = \sum_{i=1}^{r} \sum_{j=1}^{n_i} (X_{ij} - \overline{X_i})^2 \tag{6.5}$$

$$Q_{\mathrm{A}} = \sum_{i=1}^{r} n_i (\overline{X_i} - \overline{X})^2 \tag{6.6}$$

从而有

$$Q_{\mathrm{T}} = Q_{\mathrm{E}} + Q_{\mathrm{A}} \tag{6.7}$$

式中：Q_{E} 为组内离差平方和，反应各组内部 X_{ij} 由 σ^2 引起的抽样误差；Q_{A} 为组间离差平方和，反映组间各母体平均数不同引起的误差加上抽样误差；Q_{T} 表示总离差平方和。

(2) Q_{E}、Q_{A} 的统计特性。

通过比较 Q_{E} 和 Q_{A} 的数值来检验假设 H_0。先计算 EQ_{E} 和 EQ_{A}。

X_{ij}表示为

$$X_{ij} = \mu_i + \varepsilon_{ij}, j = 1,2,\cdots,n_i, i = 1,2,\cdots,r \tag{6.8}$$

式中：ε_{ij}服从正态分布 $N(0,\sigma^2)$，所有 ε_{ij}相互独立。

令

$$\mu = \frac{1}{n} \sum_{i=1}^{r} n_i \mu_i \tag{6.9}$$

其中

$$n = \sum_{i=1}^{r} n_i \tag{6.10}$$

又由于

$$\delta_i = \mu_i - \mu, i = 1,2,\cdots,r \tag{6.11}$$

由式(6.11)可知

$$\mu_i = \mu + \delta_i, i = 1,2,\cdots,r \tag{6.12}$$

而

$$\sum_{i=1}^{r} n_i \delta_i = 0 \tag{6.13}$$

进而，X_{ij}可表示为

$$X_{ij} = \mu + \delta_i + \varepsilon_{ij}, j = 1,2,\cdots,n_i, i = 1,2,\cdots,r \tag{6.14}$$

令

$$\bar{\varepsilon}_i = \frac{1}{n_i} \sum_{j=1}^{n_i} \varepsilon_{ij} \tag{6.15}$$

$$\bar{\varepsilon} = \frac{1}{n} \sum_{i=1}^{r} \sum_{j=1}^{n_i} \varepsilon_{ij} \tag{6.16}$$

Q_{E} 和 Q_{A} 可表示为

$$Q_E = \sum_{i=1}^{r}\sum_{j=1}^{n_i}(\mu + \delta_i + \varepsilon_{ij} - \mu - \delta_i - \overline{\varepsilon_i})^2$$

$$= \sum_{i=1}^{r}\sum_{j=1}^{n_i}(\varepsilon_{ij} - \overline{\varepsilon_i})^2 \tag{6.17}$$

$$Q_A = \sum_{i=1}^{r} n_i(\mu + \delta_i + \overline{\varepsilon_i} - \mu - \bar{\varepsilon})^2$$

$$= \sum_{i=1}^{r} n_i(\delta_i + \overline{\varepsilon_i} - \bar{\varepsilon})^2$$

$$= \sum_{i=1}^{r} n_i\delta_i^2 + \sum_{i=1}^{r} n_i(\overline{\varepsilon_i} - \bar{\varepsilon})^2 + 2\sum_{i=1}^{r} n_i\delta_i(\overline{\varepsilon_i} - \bar{\varepsilon}) \tag{6.18}$$

因而

$$EQ_E = \sum_{i=1}^{r}(n_i - 1)\sigma^2 = (n - r)\sigma^2 \tag{6.19}$$

$$EQ_A = \sum_{i=1}^{r} n_i\delta_i^2 + (r - 1)\sigma^2 \tag{6.20}$$

由式(6.19)和式(6.20)可得

$$E\frac{Q_E}{n-r} = \sigma^2 \tag{6.21}$$

$$E\frac{Q_A}{r-1} = \sigma^2 + \frac{1}{r-1}\sum_{i=1}^{r} n_i\delta_i^2 \tag{6.22}$$

显然有

$$E\frac{Q_A}{r-1} \geqslant E\frac{Q_E}{n-r} \tag{6.23}$$

设 $X_1, X_2, \cdots, X_n$ 是 n 个相互独立的标准正态变量，而 $Q = X_1^2 + X_2^2 + \cdots + X_n^2$ 是自由度为 n 的 χ^2 变量。若 Q 可表示成

$$Q = Q_1 + Q_2 + \cdots + Q_k \tag{6.24}$$

式中：Q_i 为 $X_1, X_2, \cdots, X_n$ 的线性组合的平方和，若自由度为 f_i，则 $Q_i(i = 1, 2, \cdots, k)$ 相互独立且为自由度等于 f_i 的 χ^2 变量的充要条件是 $\sum_{i=1}^{k} f_i = n$。

在 H_0 成立时，即 $\delta_1 = \delta_2 = \cdots = \delta_r = 0$，则式(6.14)可写为

$$X_{ij} = \mu + \varepsilon_{ij} \tag{6.25}$$

从而式(6.7)可写为

$$\sum_{i=1}^{r}\sum_{j=1}^{n_i}(\varepsilon_{ij} - \bar{\varepsilon})^2 = \sum_{i=1}^{r}\sum_{j=1}^{n_i}(\varepsilon_{ij} - \bar{\varepsilon}_i)^2 + \sum_{i=1}^{r} n_i(\bar{\varepsilon}_i - \bar{\varepsilon})^2 \tag{6.26}$$

又由于

$$\sum_{i=1}^{r}\sum_{j=1}^{n_i}\varepsilon_{ij}^{2}=\sum_{i=1}^{r}\sum_{j=1}^{n_i}(\varepsilon_{ij}-\bar{\varepsilon}+\bar{\varepsilon})^2=\sum_{i=1}^{r}\sum_{j=1}^{n_i}(\varepsilon_{ij}-\bar{\varepsilon})^2+n\bar{\varepsilon}^2 \tag{6.27}$$

结合式(6.26)和式(6.27)得到式(6.28)：

$$\sum_{i=1}^{r}\sum_{j=1}^{n_i}\varepsilon_{ij}^{2}=\sum_{i=1}^{r}\sum_{j=1}^{n_i}(\varepsilon_{ij}-\bar{\varepsilon}_i)^2+\sum_{i=1}^{r}\left[\sqrt{n_i}(\bar{\varepsilon}_i-\bar{\varepsilon})\right]^2+(\sqrt{n}\bar{\varepsilon})^2 \tag{6.28}$$

式(6.28)两边除以 σ^2，则左侧为

$$\frac{1}{\sigma^2}\sum_{i=1}^{r}\sum_{j=1}^{n_i}\varepsilon_{ij}^{2}\sim\chi^2(n)$$

右侧三项分别为

$\frac{1}{\sigma^2}Q_E=\frac{1}{\sigma^2}\sum_{i=1}^{r}\sum_{j=1}^{n_i}(\varepsilon_{ij}-\bar{\varepsilon}_i)^2$ 有 r 个约束条件 $\sum_{j=1}^{n_i}(\varepsilon_{ij}-\bar{\varepsilon}_i)=0, i=1,2,\cdots,r$，故自由度为 $n-r$；

$\frac{Q_A}{\sigma^2}=\frac{1}{\sigma^2}\sum_{i=1}^{r}\left[\sqrt{n_i}(\bar{\varepsilon}_i-\bar{\varepsilon})\right]^2$，有1个约束条件 $\sum_{i=1}^{r}n_i(\bar{\varepsilon}_i-\bar{\varepsilon})=0$，故自由度为 $r-1$；

$\frac{1}{\sigma^2}(\sqrt{n}\bar{\varepsilon})^2$ 自由度为1。

右侧三项自由度之和 $(n-r)+(r-1)+1=n$，则由分解定理的充分性可得：$\frac{1}{\sigma^2}Q_E\sim\chi^2(n-r)$，$\frac{1}{\sigma^2}Q_A\sim\chi^2(r-1)$，且两者相互独立。

(3)假设检验的拒绝域。

令

$$F=\frac{\dfrac{\frac{Q_A}{\sigma^2}}{r-1}}{\dfrac{\frac{Q_E}{\sigma^2}}{n-r}}=\frac{Q_A/r-1}{Q_E/n-r} \tag{6.29}$$

由 F 分布的定义可知 F 服从自由度为 $(r-1,n-r)$ 的 F 分布。令

$$S_E^2=\frac{Q_E}{n-r}\text{——组内均方离差} \tag{6.30}$$

$$S_A^2=\frac{Q_A}{r-1}\text{——组间均方离差} \tag{6.31}$$

则由式(6.29)、式(6.30)和式(6.31)可知

$$\frac{S_A^2}{S_E^2} \sim F(r-1,n-r)$$

给定显著性水平 α,可得 H_0 的拒绝域为

$$F \geqslant F_{\alpha}(r-1,n-r)$$

该模型检验的直观解释是:当组间差异对于组内差异来说比较大时就拒绝原假设。

若抽样所得数据经检验拒绝 H_0,则认为表面处理方式对实验结果(实验模拟件的对数疲劳循环次数)有显著影响;若接受 H_0,则认为表面处理方式对实验结果没有显著影响。

6.4.3.2 表面处理状态对结构件疲劳性能影响的显著性分析

(1)孔挤压强化试样。

①最大应力 $\sigma_{max}=180\text{MPa}$ 水平下,$r=2,n_1=4,n_2=4,n=8$,经计算可得两种水平的孔挤压强化试样对数疲劳寿命的方差分析表(表 6.11)。

表 6.11 方差分析表(一)

来源	离差平方和	自由度	均方离差	F 值
组间	0.011804	1	0.011804	
组内	0.092006	6	0.015334	0.769784
总和	0.103810	7		

给定显著水平 $\alpha=10\%$,$F_{0.10}(1,6)=3.78$,因为 $F<F_{0.10}(1,6)$,故接受 H_0,即可认为阳极氧化处理与 PVD 薄膜沉积对孔挤压强化试样对数疲劳寿命无显著影响。

②最大应力 $\sigma_{max}=210\text{MPa}$ 水平下,$r=2,n_1=4,n_2=3,n=7$,经计算可得两种水平的孔挤压强化试样对数疲劳寿命的方差分析表(表 6.12)。

表 6.12 方差分析表(二)

来源	离差平方和	自由度	均方离差	F 值
组间	0.000356	1	0.000356	
组内	0.028173	5	0.005706	0.062411
总和	0.028529	6		

给定显著水平 $\alpha=10\%$,$F_{0.10}(1,5)=4.06$,因为 $F<F_{0.10}(1,5)$,故接受 H_0,即可认为 PVD 薄膜沉积对孔挤压强化试样对数疲劳寿命无显著影响。

(2)喷丸强化试样。

①最大应力 $\sigma_{max}=150\text{MPa}$ 水平下,$r=2,n_1=5,n_2=4,n=9$,经计算可得两种水平的喷丸强化试样对数疲劳寿命的方差分析表(表 6.13)。

表 6.13　方差分析表(三)

来源	离差平方和	自由度	均方离差	F值
组间	0.003381	1	0.003381	
组内	0.206014	7	0.029431	0.114879
总和	0.209395	8		

给定显著水平 $\alpha = 10\%$，$F_{0.10}(1,7) = 3.59$，因为 $F < F_{0.10}(1,7)$，故接受 H_0，即可认为 PVD 薄膜沉积对喷丸强化试样对数疲劳寿命无显著影响。

②最大应力 $\sigma_{\max} = 165\text{MPa}$ 水平下，$r = 2$，$n_1 = 4$，$n_2 = 4$，$n = 8$，经计算可得两种水平的喷丸强化试样对数疲劳寿命的方差分析表(表 6.14)。

表 6.14　方差分析表(四)

来源	离差平方和	自由度	均方离差	F值
组间	0.013042	1	0.013042	
组内	0.054296	6	0.0090495	1.441185
总和	0.067338	7		

给定显著水平 $\alpha = 10\%$，$F_{0.10}(1,6) = 3.78$，因为 $F < F_{0.10}(1,6)$，故接受 H_0，即可认为 PVD 薄膜沉积对喷丸强化试样对数疲劳寿命无显著影响。

③最大应力 $\sigma_{\max} = 180\text{MPa}$ 水平下，$r = 2$，$n_1 = 4$，$n_2 = 4$，$n = 8$，经计算可得两种水平喷丸强化试样对数疲劳寿命的方差分析表(表 6.15)。

表 6.15　方差分析表(五)

来源	离差平方和	自由度	均方离差	F值
组间	0.001566	1	0.001566	
组内	0.026880	6	0.004480	0.349550
总和	0.028446	7		

给定显著水平 $\alpha = 10\%$，$F_{0.10}(1,6) = 3.78$，因为 $F < F_{0.10}(1,6)$，故接受 H_0，即可认为 PVD 薄膜沉积对喷丸强化试样对数疲劳寿命无显著影响。

(3)激光冲击强化试样。

$r = 2$，$n_1 = 5$，$n_2 = 5$，$n = 10$，经计算可得两种水平的激光冲击强化试样对数疲劳寿命的方差分析表(表 6.16)。

表 6.16　方差分析表(六)

来源	离差平方和	自由度	均方离差	F值
组间	0.00679532	1	0.00679532	
组内	0.11170004	8	0.013962505	0.486683429
总和	0.11849536	9		

给定显著水平 $\alpha=10\%$，$F_{0.10}(1,8)=3.46$，因为 $F<F_{0.10}(1,8)$，故接受 H_0，即可认为 PVD 薄膜沉积对激光冲击强化试样对数疲劳寿命无显著影响。

综上所述，PVD 薄膜传感器制备对强化结构基体的疲劳性能没有显著影响，采用的 PVD 薄膜传感器制备技术是可行的。

第7章　PVD薄膜传感器制备系统研制

前面对PVD薄膜传感器的作用机理以及界面力学行为进行了分析,验证了PVD薄膜传感器具有良好的随附损伤特性,实现了对结构疲劳损伤(包括塑性变形及裂纹萌生、扩展等)的在线、实时监测。但是,现有的离子镀膜设备并不能适用于大型金属结构件的处理,存在的主要问题是,实际金属结构件几何尺寸难以与离子镀膜机真空室的尺寸相匹配。而且PVD薄膜传感器外形尺寸是有严格规定的,属局部镀膜,现有工艺难以实现。此外,现有的离子镀制膜设备体积庞大、操作复杂,镀膜工艺过程中基体温升相对较高,可能会对某些结构材料(如LY12-CZ铝合金)的力学性能和疲劳性能造成一定的影响。

因此,有必要根据现代PVD技术的基本工作原理,结合实际飞机结构件的具体外形尺寸,研究开发一套便携式的、可以实现结构表面局部镀膜处理的PVD薄膜传感器制备系统。

7.1　PVD弧光放电离子镀设备的发展简介

根据2.4节"PVD薄膜传感器制备工艺的确定"中对各种现代表面处理工艺进行的对比分析,最终选定的PVD薄膜传感器制备工艺是离子镀技术,具体地说是弧光放电离子镀技术。弧光放电离子镀技术(Arc Ion Plating,AIP)是20世纪80年代才发展起来的一种新型的离子镀膜技术。

AIP技术的工作原理主要基于冷阴极真空放电理论。按照这种理论,电量的迁移主要借助于场电子发射和正离子电流,这两种机制同时存在,而且相互制约。放电过程中,阴极材料大量蒸发,这些蒸汽原子在靠近阴极表面处被弧斑所发射的电子所碰撞离化,形成正离子区,从而与阴极产生很强的电场。在这样的强电场作用下,电子足以能直接从金属的费米能级逸出到真空,产生所谓的"场电子发射"。弧光放电离子镀使用的就是从阴极弧光辉点放出的阴极物质的离子。因此,弧光辉点是该工艺区别于其他工艺的核心。

阴极弧光辉点是存在于极小空间的高电流密度、高速变化的现象。阴极辉斑具有以下物理特征:阴极辉点极小(直径1~100μm),持续时间很短(约为几到几千微妙),电流密度很高(106~1012Am^2),运动速度很快(可达几百米每秒），运动速度受靶材质、气压、气体种类影响，并受磁场控制。从弧光辉点放出的物质有电子、离子、微粒及中性原子，但中性原子仅占1%～2%，因此，沉积的物质几乎全是离子和颗粒。

阴极辉斑的这些物理特征决定了弧光放电离子镀具有以下特点。

（1）从阴极直接产生等离子体，不用熔池，真空弧光蒸发源可以竖放也可以横放。

（2）入射粒子能量高，膜致密度高，强度和耐久性好；基体和膜界面发生原子扩散，所以膜的附着强度好。

（3）离化率高，易于反应离子镀，沉积速率高。

（4）沉积温度低，可用离子对基体轰击加热，而不需外加热源；蒸发源结构简单，低电压下操作安全。

（5）在很宽的工艺条件下沉积高品质膜，如在宽范围反应气压和蒸发速率下，可得到固定化学成分的优质膜。

（6）可蒸发其他PVD方法难以蒸发的高熔点金属，如Cr、Mo等。

为了更好地完成PVD薄膜传感器制备系统的研制工作，这里首先对PVD弧光放电离子镀设备的发展过程进行简要介绍。

7.1.1 早期弧光放电离子镀设备简介

20世纪70年代中期，苏联人发明了弧光离子镀设备。该设备采用了中心圆柱靶结构，镀膜工位环绕中心靶单层均布，镀膜室冷却水管贴内壁上下往复穿行，其优点是镀层组织致密、结合强度高，同时也存在镀膜工位少、单炉装量低、靶材浪费大、沉积温度高、涂层内应力大、未采用直流偏压、镀膜室冷却系统不合理等缺点，还不具备进行工业化批量生产的能力，这是弧光放电离子镀设备发展的初期阶段。

20世纪80年代初，美国引进了苏联的技术，并对镀膜设备进行了大幅改进，最关键的改动是，将中心圆柱靶改成了在镀膜室内壁表面上，并且在镀膜工艺中加上了直流偏压。这些改动克服了苏联原有设备的缺点，最终发展成了可进行耐磨涂层持续工业化批量生产的镀膜机设备。

电弧蒸发源是弧光放电离子镀技术的核心，因此，国内外针对弧光放电离子镀技术的改进大部分是针对电弧蒸发源进行的。电弧蒸发源一般作为阴极被安放在真空室内，并与室壁相绝缘。真空室壁本身作为阳极，放电由机械或电气引弧机构产生。由于电弧燃烧时要放出大量的热，因此弧靶的冷却非常重要。最早的设备一般将阴极靶分为自然冷却和强制冷却两种。图7.1～图7.3列出了三种形式的电弧蒸发源结构示意图。

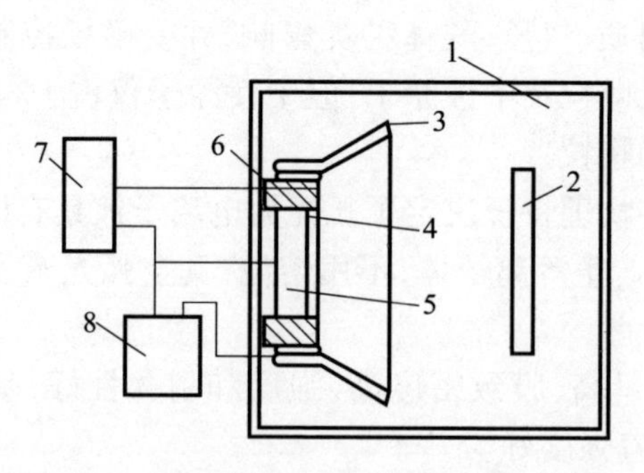

图 7.1　阴极自然冷却电弧蒸发源示意图

1—真空室;2—基板;3—阳极;4—火花间隙;5—阴极;6—绝缘;7—弧电源;8—DC 电源。

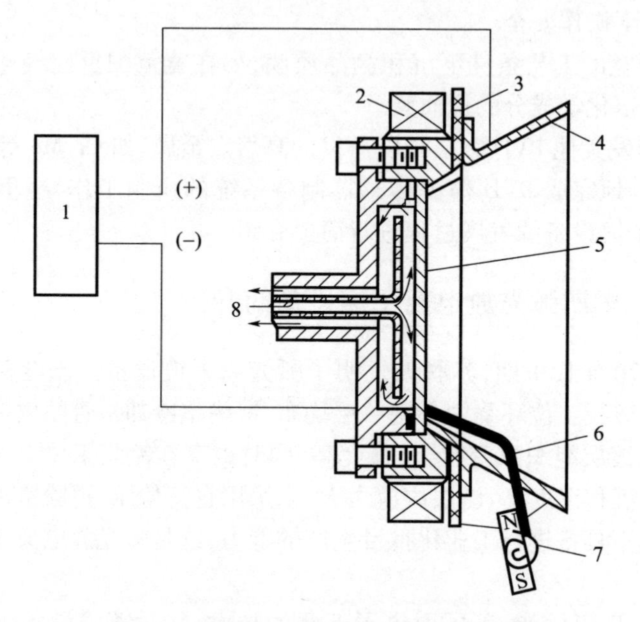

图 7.2　阴极强制冷却电弧蒸发源示意图

1—DC 电源;2—磁场线圈;3—绝缘体;4—阳极;5—阴极;
6—引弧电极;7—复位弹簧;8—冷却水。

图 7.1 为阴极自然冷却,用电启动器进行引弧的电弧蒸发源示意图。弧光蒸发源由圆锥状阳极、圆板状阴极组成。采用 200A,30V 的直流电源。引弧电极设在阴极附近,通过绝缘材料,利用与阴极间的火花进行引弧。图 7.2 为阴极强制冷却的电弧蒸发源。圆板状阴极从背后用水等强制冷却,绝缘材料将圆锥状阳极与阴极隔开。在弧光蒸发源周围放置磁场线圈,引弧电极安装在有回转轴的永久磁铁上。磁场线圈中无电流时,引弧电极被线圈弹簧压向阴极;磁场线圈中有电流时,由于作用于永久磁铁的磁力使轴回转,引弧电极从阴极离开。通

过此电极与阴极接触和分离时的火花实现引弧。图7.3为采用外加横向磁场以提高弧斑在阴极表面上的运动速度的受控电弧蒸发源。阴极直接通过水冷,采用电磁线圈以便调节磁场强度。

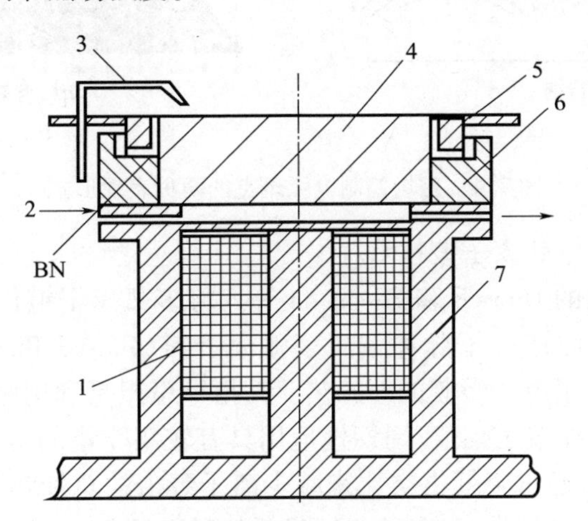

图7.3　受控电弧蒸发源示意图
1—线圈;2—冷却水;3—引弧电极;4—阴极;5,6—导磁环;7—磁轭。

7.1.2　现阶段弧光放电离子镀设备进展

(1)阴极弧斑的控制。

在真空电弧技术中,弧源的性能是决定真空电弧沉积设备的整体性能的关键。设法稳定放电过程,实现对电弧的稳定控制具有重要作用。阴极斑点以很高的速度做无规则的运动,常常因此而跑向阴极发射表面以外的部位。这一现象尤其易发生在初始放电阶段,发射表面的氧化物等其他杂质的存在,诱发了放电过程的不稳定,导致杂质气体的产生,因此,限制和控制阴极斑点的运动成为问题的关键。

小电流真空电弧的运动受磁场的影响较大,所以可以利用磁场限制电弧并控制阴极斑点的运动轨迹。当磁场平行于阴极表面时,电弧斑点做所谓的反向运动(运动方向与安培力方向相反)。当磁场与阴极表面相交时,则在反向运动上还叠加一个漂移运动,漂移运动的方向指向磁力线与阴极表面所夹的锐角区域,此即为锐角定则。上述规律有两种表现形式:一是在阴极表面形成环拱形磁场(图7.4(a)),根据反向运动原理和锐角法则,电弧将沿着磁力线与阴极表面的切线做环绕运动。调整切线的位置,可以将阴极斑点限制在某一区域内;二是改变阴极的形状,使磁场与阴极的非烧蚀面斜交,通过漂移运动使电弧转移至烧蚀面(图7.4(b))。

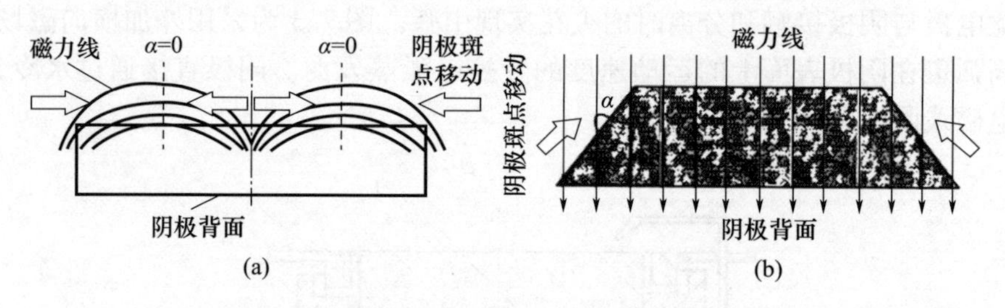

图 7.4　磁场控制电弧斑点的两种表现形式

(2)脉冲偏压电弧离子镀技术。

1991 年,德国的 Olbrich 和 Fessmann 等人将多弧离子镀传统的直流偏压改成了脉冲偏压,从此产生了脉冲偏压多弧离子镀(Pulsed Bias Arc Ion Plating, PBAIP)技术,引入了离子镀膜的新工艺。其指导思想是利用脉冲偏压代替直流偏压,通过提高脉冲偏压幅值,周期性地用具有较高能量的离子轰击表面,同时沉积成膜。同时又通过降低占空比来减少离子轰击的总加热效应,以达到在保持涂层组织致密性和结合强度的同时,降低其沉积温度、减少涂层内应力的总体效果。

大量研究表明,脉冲偏压可以得到附加的离子轰击,提高原子活性,增强反溅射和表面原子的移动。这些对良好的结合力、良好的膜均匀性、低的残余应力及显微组织的变化(如限制柱状组织生长)很有帮助。可以预料,脉冲偏压工艺将为离子镀技术开辟一个更为广阔的应用前景。

(3)复合离子镀膜设备。

多功能复合离子镀膜机具有多种不同形式镀膜装置及不同材质的蒸发源及发射靶,它们既可以独立地分别工作又可以同时工作;既能制备纯金属膜又能制备金属化合物膜或复合材料膜;既能制备单层薄膜又能制备多层复合膜,用途极其广泛。因此,也成为目前研究的热点之一。

7.2　PVD 薄膜传感器制备系统研制要求

通过对弧光放电离子镀技术发展的回顾可以发现,经过近 30 年的发展,该技术已经取得了长足的进步,研发了大量的实用设备,并已实现工业化生产。然而,现有的这些离子镀膜设备并不能适用于实际飞机结构件的处理,存在的主要问题包括两个方面:一是实际飞机结构件几何尺寸难以与离子镀膜机真空室的尺寸相匹配;二是本研究要制备的传感元其外形尺寸是有严格规定的,属局部镀膜,现有工艺难以实现。

结合弧光放电离子镀膜技术的发展以及在飞机结构表面制备 PVD 薄膜传

感器的具体要求，拟开发的 PVD 薄膜传感器制备系统，应满足以下技术要求：

(1)体积小、质量轻、可移动；

(2)功耗低，普通 380V 工业用电即可满足要求；

(3)系统具有沉积单质金属膜或合金膜的功能；

(4)可以实现对尺寸较大的结构件的表面局部镀膜；

(5)可以对膜层外形尺寸、材料组成以及膜层厚度进行精确控制；

(6)镀膜温度可以控制在 270℃以下。

7.3 PVD 薄膜传感器制备系统的硬件组成

图 7.5 是所研制的 PVD 薄膜传感器制备系统结构示意图，其基本硬件组成包括：弧光蒸发源、真空镀膜室、真空抽气系统、弧电源、直流偏压电源、辅助阳极、触发电极、冷却系统、通气装置(充气嘴)、窥视窗(视镜)等。

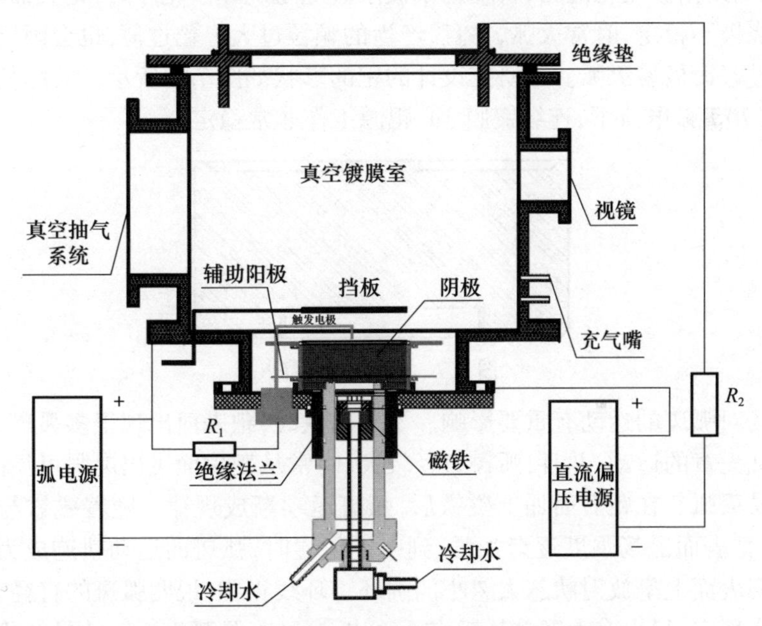

图 7.5　PVD 薄膜传感器制备系统结构示意图

(1)弧光蒸发源。

弧光蒸发源是整个 PVD 薄膜传感器制备系统的核心部件，由靶、靶座以及靶座内的磁铁组成，与真空镀膜室通过绝缘法兰隔离。如图 7.6 所示。靶与靶座之间有密封圈，通过螺纹拧紧密封。靶由流经靶座的冷却水强制冷却。靶座内腔放置一磁铁，磁铁的位置可以在靶座内前后移动，通过磁铁实现对靶表面磁场强度的调节。

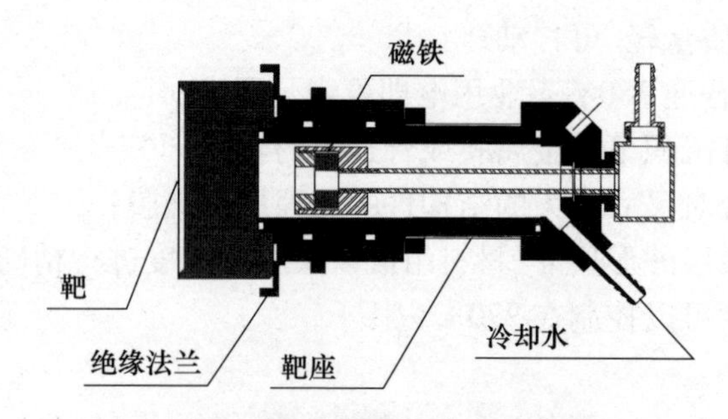

图 7.6　弧光蒸发源结构示意图

靶的表面形状和厚度对镀膜过程及弧光放电的稳定性有很大影响。阴极表面若是一平面,则弧斑有跑到靶面以外的可能,造成灭弧或烧蚀绝缘法兰,对膜的成分造成污染,恶化膜的性能。而且,容易在靶与辅助阳极间沉积上一层厚的镀层,使辅助阳极与靶短路,将辅助阳极限流电阻烧坏。靶厚时,靶表面易过热,弧的燃烧极不稳定,时常灭弧,并且,产生的颗粒过大。靶过薄,也会因靶表面冷却效果过好而极易灭弧。本研究设计的靶的形状如图 7.7 所示。实际使用情况表明,在 70A 弧电流下,连续镀膜 3h,靶源工作非常稳定。

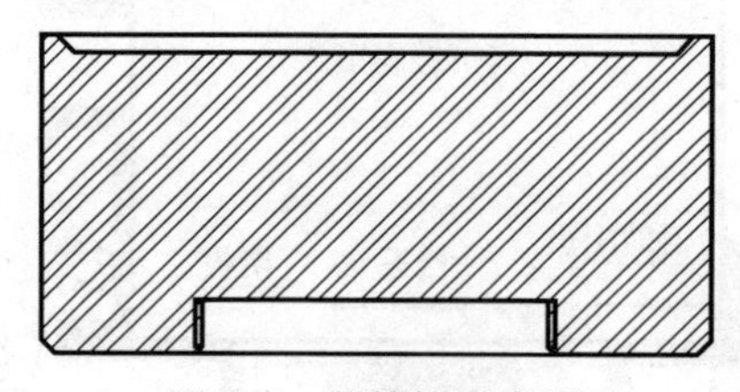

图 7.7　靶结构示意图

磁场对弧斑的运动有重要影响。不加磁铁时,靶表面出现很多弧斑,在靶表面作杂乱无章的运动,并且,弧斑直径较大,时常从靶表面飞出肉眼可见的颗粒,并且容易灭弧。在靶后面加上磁铁后,弧斑运动渐成规律。随着磁铁与靶距离的靠近,靶表面磁场强度逐渐加强,到一定位置时,弧斑的运动轨迹成为一个或几个在靶表面上呈放射状忽大忽小的圆环。环线很细,说明弧斑的直径较小,而且弧燃烧稳定,很少有大颗粒从靶表面飞出。此时,是弧斑运动的最佳状态。

(2)真空镀膜室。

PVD 薄膜传感器制备系统与普通真空离子镀膜设备的最大区别在于真空镀膜室的不同。普通真空离子镀膜设备的弧光蒸发源一般置于真空镀膜室的内壁上,而工件则置于真空镀膜室中间的旋转支架上,这样设置的好处是真空状态容易保持,且膜层比较均匀。缺点则是,对工件的尺寸要求比较高,对于飞机上的一些结构件来说,往往难以放置在真空镀膜室内进行处理。

考虑到制备 PVD 薄膜传感器时仅需要对结构表面的特定区域进行特定形状的处理,而且无须旋转翻面,本研究开发的 PVD 薄膜传感器制备系统将弧光蒸发源设置在了真空室的底部,而将镀膜工位设计在了真空镀膜室的上端,且上端盖预留了接口。真空镀膜室的高度主要依据离子镀膜的有效作用距离来确定。这样做的好处是,对于尺寸可以置于真空室内的工件,可以直接固定在上端盖的工件安装螺柱上,实施离子镀膜。而对于尺寸大于真空镀膜室的结构件,则只需设计相应的转接头,把需要处理的部分置于上端盖的预留接口处,进行局部离子镀膜。当然,这对转接头的真空密封性能提出了较高的要求,不过参照目前舱门对接技术的成熟度,该结构是可以实现的。

(3)真空获得系统。

真空获得系统是真空系统的主要组成部分,考虑到 PVD 薄膜传感器制备时对于真空度的要求,以及结构尺寸、经费条件等,本研究为 PVD 薄膜传感器制备系统配置的真空获得系统是:2 × Z - 4 直连高速旋片式真空泵加 JK100 扩散泵的组合。

图 7.8 是旋片式真空泵的结构图,泵体主要由锭子、转子、旋片、进气管和排气管等组成。锭子两端被密封形成一个密封的泵腔。泵腔内,装有偏心的转子,实际相当于两个内切圆。沿转子的轴线开一个通槽,槽内装有两块旋片,旋片中间用弹簧相连,弹簧使转子旋转时旋片始终沿锭子内壁滑动。

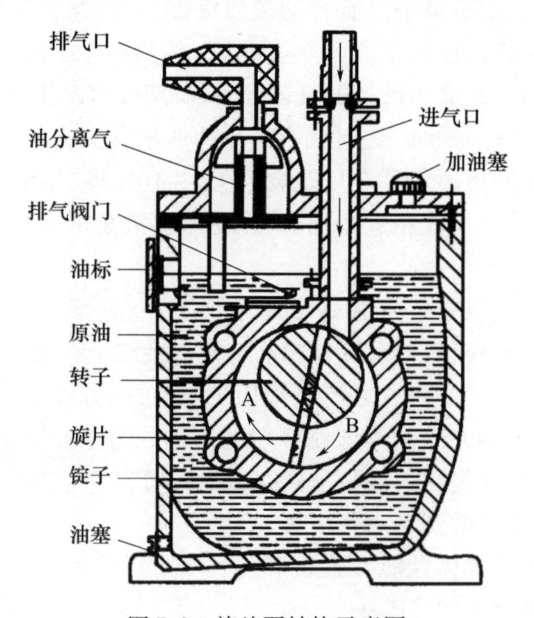

图 7.8 旋片泵结构示意图

旋片式真空泵是用油来保持各运动部件之间的密封,并靠机械的办法使该密封空间的容积周期性地增大(抽气)、缩小(排气),从而达到连续抽气和排气的目的。如图7.9所示，旋片将泵腔分为A、B两部分，当旋片沿图中给出的方向进行旋转时，由于旋片1空间后的压强小于进气口的压强，因此气体通过进气口，吸进气体，如图7.9(a)所示；图7.9(b)表示吸气截止。此时泵的吸气量达到最大，气体开始压缩；当旋片继续运动到图7.9(c)所示的位置时，气体压缩使旋片1后面的空间压强增高，当压强高于1个大气压时，气体推开排气阀门排出气体；继续运动，旋片重新回到图7.9(a)所示的位置，排气结束，并重新开始下一个循环。单级旋片泵的极限真空可以达到1Pa，通常被用作其他真空泵的前级泵。

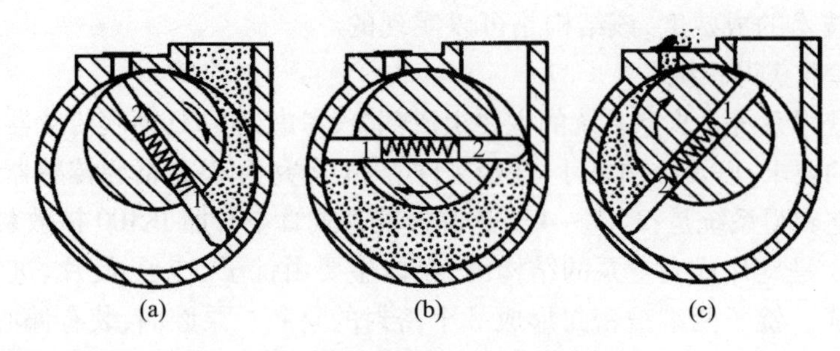

图7.9　旋片泵工作原理图

与旋片泵不同，扩散泵中没有转动或压缩部件，其结构如图7.10所示。这种泵的工作方式是将油加热至高温蒸发状态(约200℃)，让油蒸气呈多级状向下定向高速喷出时不断撞击被抽的气体分子，时期被迫向排气口方向运动，在压缩作用下被排出泵体。同时，受到泵体冷却的油蒸气又会凝结起来返回泵的底部。扩散泵的工作原理决定了它只能被用在$1\sim10^{-8}$Pa之间分子流状态的真空状态下，而不能直接与大气相连。因而，在使用扩散泵之前，需要采用旋片泵预抽真空至1Pa左右。

扩散泵的一个缺点是泵内油蒸气的回流会直接造成真空泵系统的污染，由于这个原因，在精密分析仪器和其他超高速真空系统中一般不采用扩散泵，而是采用为先进的分子泵。本研究之所以采用扩散泵，一方面是因为系统对油污染的要求精度不高，另一方面是受课题经费的制约。为了控制扩散泵内油蒸气的回流，采用的解决办法是在扩散泵与真空室之间增加一个冷阱，使油蒸气大部分凝结在冷阱中，而不扩散到真空室中去。

真空获得系统的具体性能参数如下：

①极限真空度：5×10^{-3}Pa；

②抽气时间：大于1h；

③主泵抽气速率：300L/S(最大)；

④总功率：2kW；

⑤冷却水压力:不大于0.1MPa(自来水即可)。

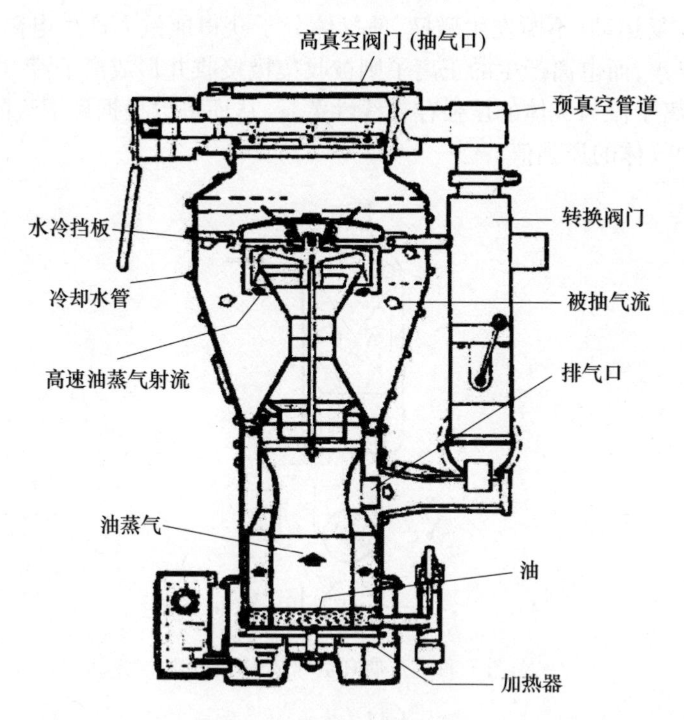

图7.10　扩散泵结构示意图

(4)真空测量系统。

真空测量系统采用的是热偶真空计和电离真空计的组合。

图7.11是热偶真空计的结构示意图。热偶真空计的规管主要由加热灯丝C与D(铂丝)和用来测量热丝温度的热电偶A与B(铂铑或康铜－镍铬)组成。热电偶热端接热丝,冷端接仪器中的毫伏计,从毫伏计可以测出热偶电动势。当真空系统中气体的压强变化时,热电偶接点处的温度会随热丝温度而变化,相应的热电偶冷端的温差电动势也会随之变化,从而可以通过换算得到真空系统的真空度。

热偶真空计的测量范围大致是$10^2 \sim 10^{-1}$Pa。热偶真空计具有热惯性,压强变化时,热丝温度的改变常滞后一段时间,所以数据的读取也应随之滞后一段时间;此外,热偶真空计的加热灯丝长时间使用后会因氧化而发生零点漂移,使用时,应经常调整加热电流,并重新校正加热电流值。

电离真空计是利用气体分子电离的原理进行真空度测量的。图7.12是普通电离真空计的结构示意图,它主要有三个电极:发射电子的灯丝(称为发射极),螺旋形加速并收集电子的栅极(又称加速极),以及圆筒形离子收集极。其中发射极接零电位,加速极接正电位(几百伏),收集极接负电位(几十伏),加速极和收集极之间存在拒斥场。其工作原理是:发射极发射电子,经过加速极加速，大部分电子飞向收集极，飞行过程中受拒斥场的作用使得电子在加速极和收集极之间往复运动，不断发生碰撞，使气体分子获得能量而产生电离，电子最终被加速极收集，而电离产生的正离子则被收集极接收并形成离子流，当各极电位一定时，该离子流与气体的压强存在线性关系，从而可以根据离子流的大小来确定真空室中气体的压强值。

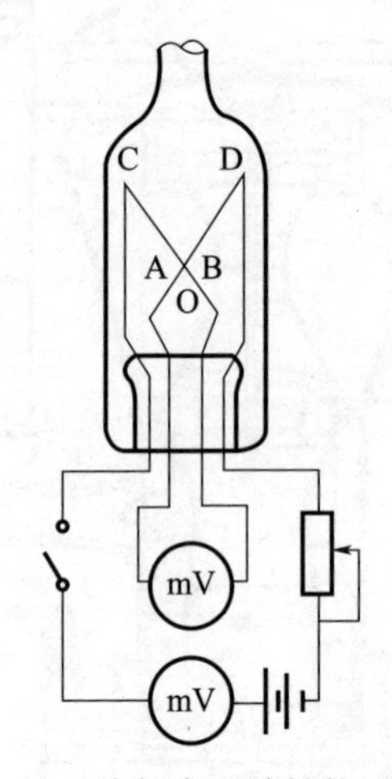

图 7.11　热偶真空计结构示意图

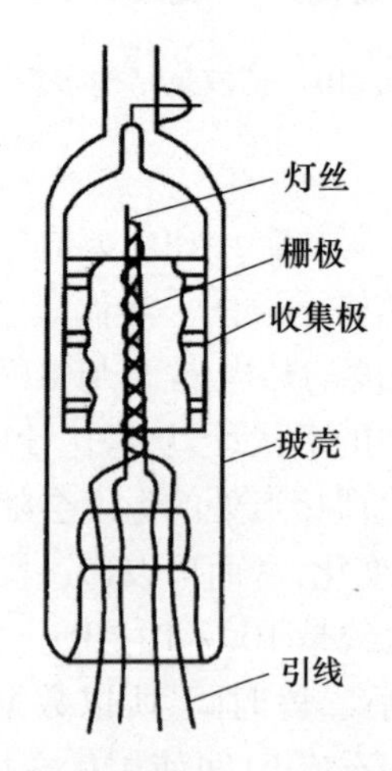

图 7.12　电离真空计结构示意图

普通电离真空计的测量范围是 $1.33\times10^{-1}\sim1.33\times10^{-5}$Pa。电离真空计可以迅速、连续地测出待测气体的压强，而且规管体积小、易于连接。但是，电离真空计中的发射极是由钨丝制成的，当压强高于 10^{-1}Pa 时，规管寿命将大大降低，甚至烧毁，应避免在高压强下工作。电离真空计的玻壳内表面和各电极会吸附气体，这些气体会影响真空测量的准确度，因此，当真空系统长期暴露在大气或是使用一段时间以后,应定时进行规管的除气处理。

(5)电源系统。

电源系统主要包括弧电源和直流偏压电源,该部分为直接采购。具体的要求是:

①弧电源:空载电压70V;工作电压20V;弧电流:150A可调。

②直流偏压电源:电压0~1000V可调;功率:5kW。

(6)辅助阳极。

辅助阳极是在法兰上支撑一用纯铁制成的厚3mm的环,与靶保持1mm左右的间距。辅助阳极主要起稳定弧光放电的作用。

(7)触发电极。

触发电极用$\phi4$的钼棒制成,并与引弧电源的正极通过一个保护电阻相连,保护电阻的作用是防止发生触发电极与靶材发生粘连时电流过大而损坏设备。触发电极采用的是电磁引弧方式,引弧线圈的启动电压由弧电源的空载电压提供,为70V。未起弧时,触发电极在内置弹簧的作用下处于离开靶表面的状态。引弧时,引弧线圈在弧电源空载电压的作用下产生电磁场,吸引触发电极向下运动,直到与靶面接触,造成短路,引燃电弧,此时弧电源的输出电压会变化为工作电压,约为20V,不足以驱动引弧线圈,触发电极又在内置弹簧的作用下,迅速离开靶面,主弧电流自动接上,形成弧光放电。

(8)温度测量及冷却系统。

真空室壁采用水冷,用热电偶测温。

本研究搭建的PVD薄膜传感器制备系统如图7.13所示,实际使用情况表明,该系统工作稳定,完全满足要求。

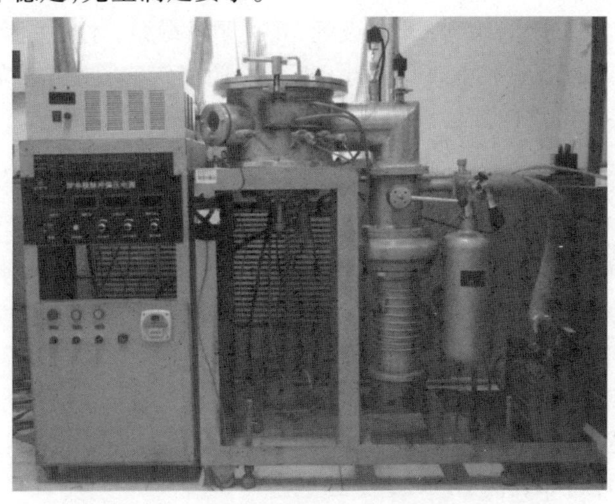

图7.13　PVD薄膜传感器制备系统照片

7.4 PVD 薄膜传感器制备系统的运行

7.4.1 PVD 薄膜传感器制备系统工作流程

PVD 薄膜传感器制备系统的运行主要包括四个步骤,工件预处理与加装、抽真空、离子镀膜和关闭设备取出工件。

(1)工件预处理与加装。

工件预处理效果的好坏直接关系到膜层的结合力和质量,必须重视。本实验一般采用三氯乙烯进行超声除油清洗,烘干后再放入真空室。

(2)抽真空。

首先关闭高阀,打开前级阀,用机械泵抽真空至 20Pa,然后扩散泵通冷却水,并打开扩散泵(注意:此时高阀仍然关闭),扩散泵加热至少 40min 后,真空室内的真空度应该已经在 5Pa 以内,此时阀门调至前级/高阀处,并打开高阀,使用扩散泵进一步抽真空,一直抽到真空度小于 6×10^{-3} Pa 时,通过针阀通入氩气,使工作室真空度保持在 1Pa 左右。

(3)离子镀膜。

对基体加负偏压,进行氩气轰击清洗约 10min。然后调整偏压至所需的工作偏压,通靶材冷却水和真空室冷却水,打开弧电源,起弧并调整弧电流至所需值,至规定镀膜时间后闭弧电源、偏压、氩气,停靶材和真空室冷却水。

(4)关闭设备取出工件。

完成镀膜后,关闭高阀,打开前级阀,并关闭扩散泵,注意关闭扩散泵后应继续通扩散泵冷却水至少半小时。半小时后,关闭前级阀,闭机械泵,停扩散泵冷却水,关闭系统。待炉内温度冷至 100℃以下后出炉,取出工件。

7.4.2 大尺寸构件表面局部镀膜验证

通过采用专门设计的转接头,应用开发的 PVD 薄膜传感器制备系统成功实现了对大尺寸构件的局部表面处理。在此,以尺寸较长的圆棒件和面积较大的板件进行了演示,实验现场如图 7.14 所示。

大尺寸构件局部表面镀膜之后的形貌如图 7.15 所示。

可见,只要通过设计不同形状的转接头,并解决好密封问题,就可以实现各种大尺寸构件的局部表面 PVD 镀膜处理。

(a) 长圆棒

(b) 大尺寸板

图7.14　大尺寸构件表面局部镀膜演示实验现场

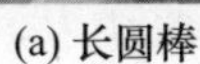

(a) 长圆棒

(b) 大尺寸板

图7.15　表面局部镀膜的大尺寸构件

第8章　PVD薄膜传感器制备封装工艺优化

PVD薄膜传感器优化制备工艺是保证PVD薄膜传感器具备优良性能的关键。PVD薄膜传感器封装处理则既要实现传感器导电传感器层的有效保护,又要确保不造成其力学性能和监测性能降低。本章首先采用不同金属材料制作的阴极靶制备了PVD薄膜传感器,综合分析了不同材料的传感器薄膜与基体材料的相容性以及传感器电学、力学性能,最终选定了PVD薄膜传感器导电传感层的沉积材料。然后,应用脉冲偏压电弧离子镀技术在不同工艺参数组合下制备了多组PVD薄膜。通过调整PVD薄膜沉积工艺参数,结合PVD薄膜性能检测结果,不断进行反馈调节,探明了沉积工艺参数水平与PVD薄膜各项性能的内在联系,在此基础上提出了PVD薄膜优化制备工艺。最后,开展了PVD薄膜传感器封装工艺研究,确定了PVD薄膜传感器引线连接方式,分别采用脉冲偏压电弧离子镀薄膜沉积和胶层涂装两种方法对PVD薄膜传感器进行了封装处理,综合对比两种方法、四种材料的封装效果,最后选定了PVD薄膜传感器封装材料和方法。

8.1　PVD薄膜试样制备

8.1.1　PVD薄膜传感器导电传感层的沉积材料选择

PVD薄膜传感器沉积材料选择主要综合考虑以下几个因素:(1)PVD薄膜材料与基体材料的相容性;(2)成膜后PVD薄膜电阻的稳定性;(3)成膜后PVD薄膜的承载能力。

8.1.1.1　采用铝材作为PVD薄膜传感器导电传感层的沉积材料

针对2A12-T4铝合金材料基体以及相应采用阳极氧化工艺制备的Al_2O_3绝缘隔离层,首先选择与基体材料相容性好并且具有良好导电性的铝材作为PVD薄膜沉积材料。

采用自行研制的脉冲偏压电弧离子镀设备制备PVD薄膜传感器的导电传感层,沉积铝膜层的具体工艺参数见表8.1所列。

表 8.1 铝膜层沉积工艺参数

脉冲偏压/V	频率/kHz	占空比	弧电流/A	本底真空/Pa	工作气压/Pa	时间/min
100 ~ 200	20 ~ 40	10% ~ 30%	30 ~ 60	$3.3\times10^{-3}\sim6\times10^{-3}$	0.3 ~ 1.3	30 ~ 120

选用三件阳极氧化工艺处理的2A12－T4铝合金中心孔试样分别在不同工艺参数组合下进行铝薄膜沉积，最终沉积在三件试样表面的PVD薄膜传感器铝膜层厚度分别为2μm、4μm和6μm。制备的铝薄膜传感器如图8.1所示，由图可见，铝薄膜传感器的颜色较暗，这可能是铝薄膜在空气环境中发生氧化造成的。

图 8.1 Al 薄膜传感器

为了进一步考察铝薄膜电阻的稳定性，将三件制备有铝薄膜传感器的试样置于干燥瓶中，每间隔24h进行一次铝薄膜传感器电阻值测量，得到铝薄膜传感器电阻值随储存时间的变化情况，如图8.2所示。

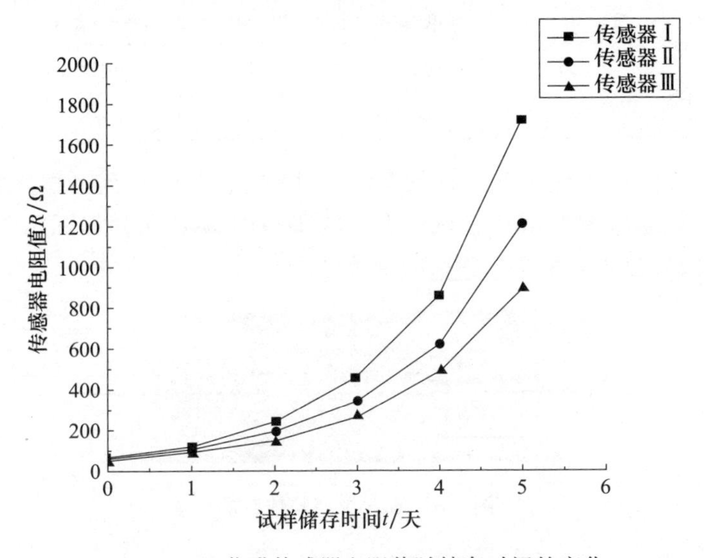

图 8.2 Al 薄膜传感器电阻值随储存时间的变化

由图8.2可知，三个铝薄膜传感器的电阻值分别由初始值60Ω、54Ω、46Ω增长到803Ω、612Ω、485Ω；铝薄膜传感器电阻随时间的变化较为剧烈，且未能趋向稳定。分析认为，铝薄膜传感器电阻变化的原因是膜层中铝原子活性很大，与空气中的氧气发生反应，导致铝薄膜导电性能降低。上述实验表明，不适宜采用铝材制备PVD薄膜传感器导电传感层。

8.1.1.2 沉积Ti/TiN复合薄膜作为PVD薄膜传感器导电传感层

TiN薄膜具有优良的导电性能、高温化学稳定性、耐腐蚀性能、耐磨损性能以及高硬度、高熔点，又具有抗热冲击、热辐射和电磁脉冲等性能，已成为目前工业研究和应用最为广泛的薄膜材料之一。因此，考虑制备TiN薄膜作为PVD薄膜传感器的导电传感层。

但是，TiN膜层和2A12－T4铝合金基体之间膨胀系数的较大差异会造成薄膜与基体结合性能较差。而Ti与TiN膜层和铝基体之间的膨胀系数相对较小，因而在TiN膜层和铝基体之间施加Ti过渡层有利于减缓由膨胀系数差异引起的内应力增大，明显提高膜层/基体结合力。基于以上考虑，选择制备Ti/TiN复合薄膜作为PVD薄膜传感器导电传感层。

采用研制的脉冲偏压电弧离子镀设备制备PVD薄膜传感器导电传感层，沉积Ti/TiN复合薄膜的具体工艺参数如表8.2所列。

表8.2　Ti/TiN复合膜层沉积工艺参数

轰击清洗	参数值	Ti沉积	参数值	TiN沉积	参数值
轰击偏压/V	550～600	基体偏压/V	100～200	基体偏压/V	60～150
本底真空/Pa	5×10^{-3}	弧电流/A	40～60	弧电流/A	60～80
轰击时间/min	5～10	沉积时间/min	3～10	沉积时间/min	60
氩气分压/Pa	0.4	沉积温度/℃	200	氮气分压/Pa	0.133

选用三件阳极氧化工艺处理的2A12－T4铝合金中心孔试样分别进行Ti/TiN复合薄膜沉积，最终沉积在试样表面的Ti/TiN复合薄膜如图8.3所示。由图8.3可见，复合薄膜呈TiN膜层的金黄色。

图8.3　Ti/TiN薄膜传感器

为了考察Ti/TiN薄膜电阻的稳定性，将三件制备有Ti/TiN薄膜传感器的试样置于干燥瓶中,每间隔24h进行一次Ti/TiN薄膜传感器电阻值测量,得到Ti/TiN薄膜传感器电阻值随储存时间的变化情况,如图8.4所示。

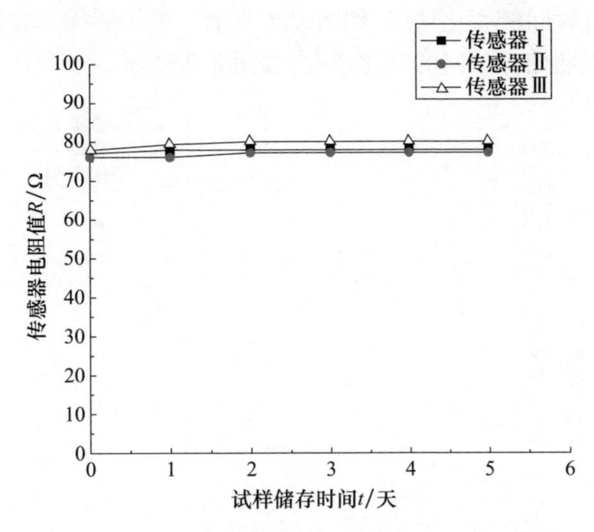

图8.4　Ti/TiN薄膜传感器电阻值随储存时间的变化

由图8.4可见,Ti/TiN薄膜传感器电阻值随时间变化缓慢,且趋向稳定,因此,从电阻稳定性方面考虑,Ti/TiN复合膜层适合作为PVD薄膜传感器导电传感层。但是在实验室中进行Ti/TiN薄膜传感器监测裂纹功能验证时发现,Ti/TiN薄膜硬度大、脆性高,在弯曲载荷作用下容易失效,不宜作为PVD薄膜传感器的导电传感层。

8.1.1.3　采用铜(黄铜)作为PVD薄膜传感器导电传感层的沉积材料

铜薄膜由于导电性强、热膨胀系数小、导热性好和抗电迁移能力强等优良性能,近年来作为导电薄膜在微电子领域广泛应用。3.4节已验证了采用PVD工艺制备的黄铜薄膜传感器应用于金属结构裂纹监测的可行性。本节中尝试选择纯铜作为PVD薄膜传感器导电传感层的沉积材料。

采用研制的脉冲偏压电弧离子镀设备和表8.1所列的工艺参数沉积铜膜层,制备的铜薄膜传感器如图8.5所示。

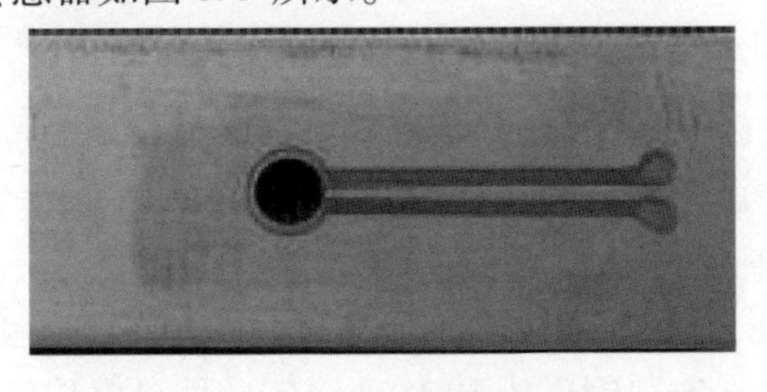

图8.5　Cu薄膜传感器

为了考察铜薄膜传感器电阻的稳定性，将三件制备有铜薄膜传感器的试样置于干燥瓶中，每间隔 24h 进行一次铜薄膜传感器电阻值测量，得到铜薄膜传感器电阻值随储存时间的变化情况，如图 8.6 所示。采用同样的方法，得到黄铜薄膜传感器电阻值随储存时间的变化情况，如图 8.7 所示。

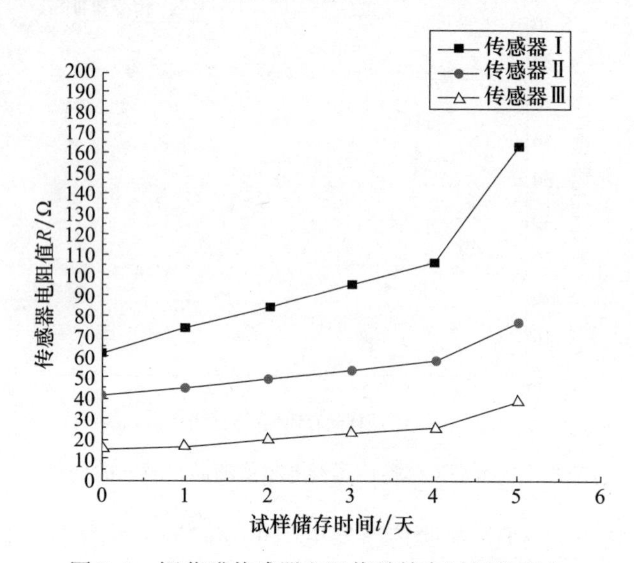

图 8.6　铜薄膜传感器电阻值随储存时间的变化

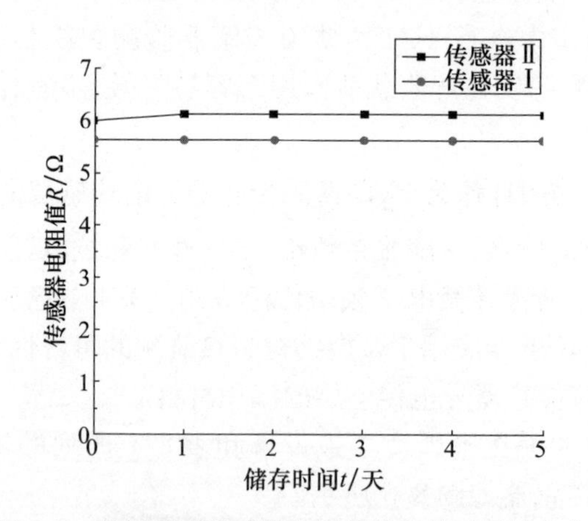

图 8.7　黄铜薄膜传感器电阻值随存储时间的变化

由图 8.6 可知，随着储存时间的增加，铜薄膜传感器膜层氧化导致电阻值增大，这说明如果不考虑对铜薄膜传感器进行封装保护，铜薄膜不宜作为 PVD 薄膜传感器的导电传感层。

将图 8.6 与图 8.7 对比可知，采用黄铜制备的 PVD 薄膜传感器的电学稳定性更好。因此，最终选定黄铜作为 PVD 薄膜传感器导电传感层的沉积材料。

8.1.2 不同工艺参数水平下的PVD薄膜制备

在确定PVD薄膜传感器导电传感层沉积材料的基础上，为了研究沉积工艺参数对PVD薄膜沉积速率、膜层组织结构和性能的影响规律，分别选用2A12－T4铝合金和不锈钢作为基体材料，制备了多组PVD薄膜试样。

(1)不锈钢基PVD薄膜试样制备。

选用不锈钢作为基体材料，不锈钢试样尺寸为：长100mm，宽40mm，厚1.2mm，镀膜面积50mm×40mm。首先，依次使用400#、600#、800#砂纸研磨试样；然后，依次使用蒸馏水和四氯化碳溶剂超声波清洗试样以除去表面油污；最后，采用脉冲偏压电弧离子镀工艺，制备了以下五组不锈钢基PVD薄膜试样。

①保持基体脉冲偏压100V，分别在40A、50A、60A、70A、80A的弧电流水平下制备PVD薄膜试样，镀膜时间均为60min。该组试样主要用于考察弧电流对PVD薄膜沉积速率、组织结构和耐腐蚀性能的影响。

②保持弧电流50A，分别在20V、40V、60V、80V、100V、120V、140V、160V、180V的基体偏压下制备PVD薄膜试样，镀膜时间均为60min。该组试样主要用于考察基体偏压对PVD薄膜沉积速率和耐腐蚀性能的影响。

③保持弧电流60A，分别在50V、100V、150V、200V、250V的基体负偏压下制备PVD薄膜试样，镀膜时间均为60min。该组试样以及以下两组试样主要用于考察基体偏压对PVD薄膜组织结构、PVD薄膜/基体结合性能和耐腐蚀性能的影响。

④保持弧电流70A，分别在50V、100V、150V、200V、250V的基体偏压下制备PVD薄膜试样，镀膜时间均为60min。用途同上。

⑤保持弧电流80A，分别在50V、100V、150V、200V、250V的基体偏压下制备PVD薄膜试样，镀膜时间均为60min。用途同上。

(2)2A12－T4铝合金基PVD薄膜试样制备。

选用2A12－T4铝合金作为基体材料，2A12－T4铝合金试样尺寸为：长40mm，宽30mm，厚2mm，镀膜面积40mm×30mm。首先，依次使用400#、600#、800#砂纸研磨试样；然后，依次使用蒸馏水和四氯化碳溶剂超声波清洗试样以除去表面油污；最后，采用脉冲偏压电弧离子镀工艺，先后制备了以下四组2A12－T4铝合金基PVD薄膜试样。

①保持弧电流50A，分别在50V、100V、150V、200V、250V的基体偏压下制备PVD薄膜试样，镀膜时间均为60min。

②保持弧电流60A，分别在50V、100V、150V、200V、250V的基体偏压下制备

PVD 薄膜试样,镀膜时间均为 60min。

③保持弧电流 70A,分别在 50V、100V、150V、200V、250V 的基体偏压下制备 PVD 薄膜试样,镀膜时间均为 60min。

④保持弧电流 80A,分别在 50V、100V、150V、200V、250V 的基体偏压下制备 PVD 薄膜试样,镀膜时间均为 60min。

以上四组 2A12 - T4 铝合金基 PVD 薄膜试样主要用于考察基体偏压和弧电流对 PVD 薄膜/基体结合强度的影响。

PVD 薄膜制备过程中测试得到弧电流和基体偏压水平对真空室温度的影响规律:随着弧电流的增大真空炉内的温升幅度迅速提高,随着基体偏压的增大真空炉内的温升幅度提高比较明显。

8.2 工艺参数对 PVD 薄膜沉积速率的影响

(1)选取 8.1.2 节中第一组不锈钢基 PVD 薄膜试样作为研究对象,分析弧电流对 PVD 薄膜沉积速率的影响。

采用 FA1004B 型电子天平(精度为 0.1mg)测定 PVD 薄膜沉积前后试样的质量差,即为 PVD 薄膜的质量。假设 PVD 薄膜厚度均匀,并且不同参数组合下制备的 PVD 薄膜的密度均与固态沉积材料的密度相同。基于上述假设,根据 PVD 薄膜质量可以计算得到 PVD 薄膜厚度,进而得到 PVD 薄膜平均沉积速率。

基体偏压、脉冲频率、占空比和镀膜时间等参数相同时,不同弧电流下 PVD 薄膜沉积速率如表 8.3 和图 8.8 所示。

表 8.3　不同弧电流下 PVD 薄膜沉积速率

试样编号	弧电流/A	薄膜质量/mg	厚度/μm	平均沉积速率/(μm/min)
1	40	27.2	1.61	2.69×10^{-2}
2	50	35.1	2.08	3.47×10^{-2}
3	60	46.0	2.73	4.54×10^{-2}
4	70	60.3	3.57	5.95×10^{-2}
5	80	79.3	4.70	7.83×10^{-2}

由表 8.3 和图 8.8 可知:弧电流对 PVD 薄膜沉积速率有较大影响;随着弧电流的增大,PVD 薄膜沉积速率增大,并且沉积速率的增长速率也有一定的提高。

(2)选取 8.1.2 节中第二组不锈钢基 PVD 薄膜试样作为研究对象,分析基体脉冲偏压对 PVD 薄膜沉积速率的影响。

弧电流、脉冲频率、占空比和镀膜时间等参数相同时,不同基体偏压下 PVD

薄膜沉积速率如表8.4和图8.9所示。由表8.4和图8.9可知:相对而言,基体偏压对膜层沉积速率的影响较小;当基体偏压较低时,随着基体偏压的升高,PVD薄膜沉积速率先增大后减小,负偏压为60V时膜层沉积速率达到最大。

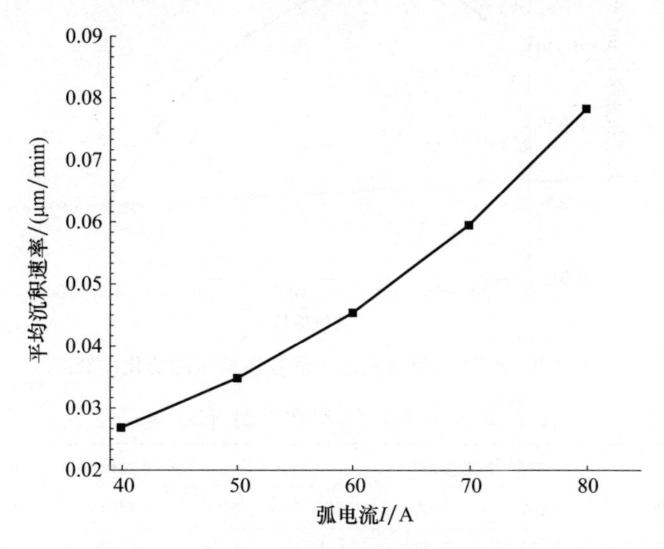

图8.8 PVD薄膜沉积速率随弧电流的变化曲线

表8.4 不同基体偏压下PVD薄膜沉积速率

试样编号	基体负偏压/V	薄膜质量/mg	厚度/μm	平均沉积速率/(μm/min)
1	20	32.5	1.93	3.21×10^{-2}
2	40	34.8	2.06	3.44×10^{-2}
3	60	36.0	2.13	3.56×10^{-2}
4	80	34.9	2.07	3.45×10^{-2}
5	100	33.2	1.97	3.28×10^{-2}
6	120	31.3	1.85	3.09×10^{-2}
7	140	28.8	1.71	2.84×10^{-2}
8	160	25.1	1.49	2.48×10^{-2}
9	180	20.0	1.19	1.98×10^{-2}

(3)选取8.1.2节中四组2A12-T4铝合金基PVD薄膜试样作为研究对象,验证弧电流和基体脉冲偏压对PVD薄膜沉积速率的影响规律。

截取小块2A12-T4铝合金基PVD薄膜试样,在镶嵌机上进行镶嵌,依次使用400#、600#、800#、1000#砂纸研磨镶嵌试样,并用W2.5金刚石研磨膏抛光,最后采用LWD300LCS数码倒置金相显微镜直接观测读取PVD薄膜厚度。脉冲频率、占空比和镀膜时间等参数相同时,不同弧电流和基体偏压参数条件下制备的PVD薄膜的厚度和沉积速率如表8.5和图8.10所示。

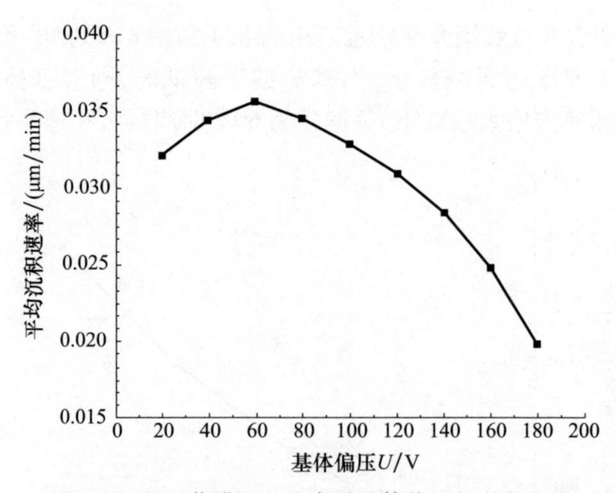

图 8.9 PVD 薄膜沉积速率随基体偏压的变化曲线

表 8.5 不同弧电流和基体偏压参数条件下薄膜厚度及沉积速率

电压	薄膜厚度/μm				平均沉积速率/(μm/min)			
	50A	60A	70A	80A	50A	60A	70A	80A
50V	1.07	3.33	3.52	4.16	1.78	5.55	5.87	6.93
100V	1.01	2.1	2.41	4.02	1.68	3.50	4.02	6.70
150V	0.74	1.92	2.08	2.98	1.23	3.20	3.47	4.97
200V	0.6	1.1	1.88	2.09	1.0	1.83	3.13	3.48
250V	0.47	0.78	1.14	1.35	0.78	1.30	1.90	2.25

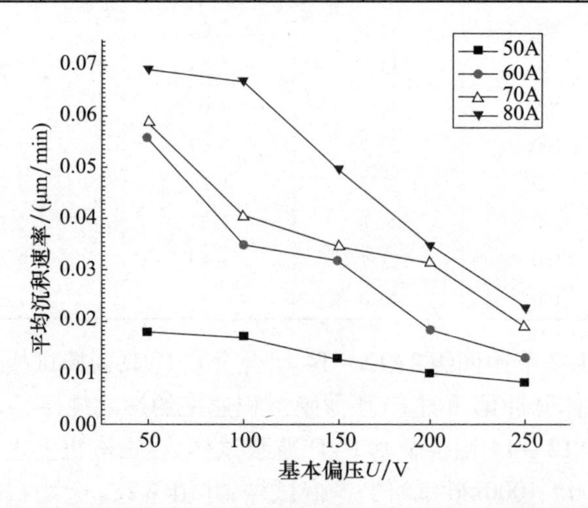

图 8.10 不同弧电流水平下薄膜沉积速率随基体偏压的变化曲线

由表 8.5 和图 8.10 可知：相同弧电流水平下，随着基体偏压的升高，PVD 薄膜沉积速率减小，与图 8.9 中的曲线变化趋势相似；相同基体偏压水平下，随着弧电流的增大,PVD 薄膜沉积速率增大,与图 8.8 中的曲线变化趋势相符。但是,对于相同参数组合下制备的 PVD 薄膜,与表 8.3 和表 8.4 中计算得到的薄膜厚度(或沉积速率)相比,观测得到的薄膜厚度(或沉积速率)明显较小;而且相同基体偏压水平下,随着弧电流增大 PVD 薄膜沉积速率的增长速率变化趋势与图 8.8 中的变化趋势不相符,即 PVD 薄膜沉积速率的增长速率并不是随着弧电流的增大而不断提高。分析认为"不同工艺参数组合下制备的 PVD 薄膜的密度均与固态沉积材料的密度相同"这一假设不成立,不同参数组合下制备的 PVD 薄膜的密度也不同,而且不同参数组合下制备的 PVD 薄膜的密度普遍大于固态沉积材料的密度。

综上所述,虽然关于 PVD 薄膜密度的假设不成立,但是根据薄膜质量、薄膜面积和沉积时间计算得到的 PVD 薄膜沉积速率及其变化规律仍能在一定程度上反映弧电流和基体偏压对真实 PVD 薄膜沉积速率的影响规律。

8.3 工艺参数对 PVD 薄膜组织结构的影响

弧光放电离子镀膜层组织结构的一个重要特征是膜层中分布着尺寸大小不一的"大颗粒"。所谓的"大颗粒"就是来自于电弧阴极弧斑在靶材表面滚动燃烧时不断产生的中性粒子团簇,这些中性粒子团簇造成薄膜表面污染,过多含量的大颗粒会严重降低薄膜的宏观性能,限制其作为功能薄膜应用。本节采用 LWD300LCS 数码倒置金相显微镜进行 PVD 薄膜的表面显微结构分析,以"大颗粒"的大小和数量为指标来考察不同沉积工艺参数对 PVD 薄膜组织结构和质量的影响规律。

8.3.1 弧电流对 PVD 薄膜组织结构的影响

选取 8.1.2 节中第一组不锈钢基 PVD 薄膜试样作为研究对象,分析弧电流对 PVD 薄膜组织结构的影响。基体偏压、脉冲频率、占空比和沉积时间等参数相同时,不同弧电流水平下制备的 PVD 薄膜的表面显微结构如图 8.11 所示。

由图 8.11 可见,随着弧电流由 40A 增加到 80A,表面颗粒数逐渐增加,大颗粒直径也由 13.71μm 逐渐增大到 14.87μm、16.44μm、17.36μm、19.01μm。这可能是由于随着弧电流的增加,在阴极表面形成更高的局部电流密度和功率密度,使得液滴更易从阴极表面喷射出来,形成薄膜表面的大颗粒污染。因此,适当降低弧电流是减少颗粒,提高离子镀薄膜质量和力学性能的有效手段之一。然而,降低弧电流必然会引起薄膜沉积速率减小、薄膜沉积时间延长;而且弧电流过低时在薄膜沉积过程中容易灭弧;此外,过低的弧电流会导致基体温度较低，薄膜表面粒子的扩散能力减弱，薄膜致密性变差。因此，弧电流选择必须综合权衡。

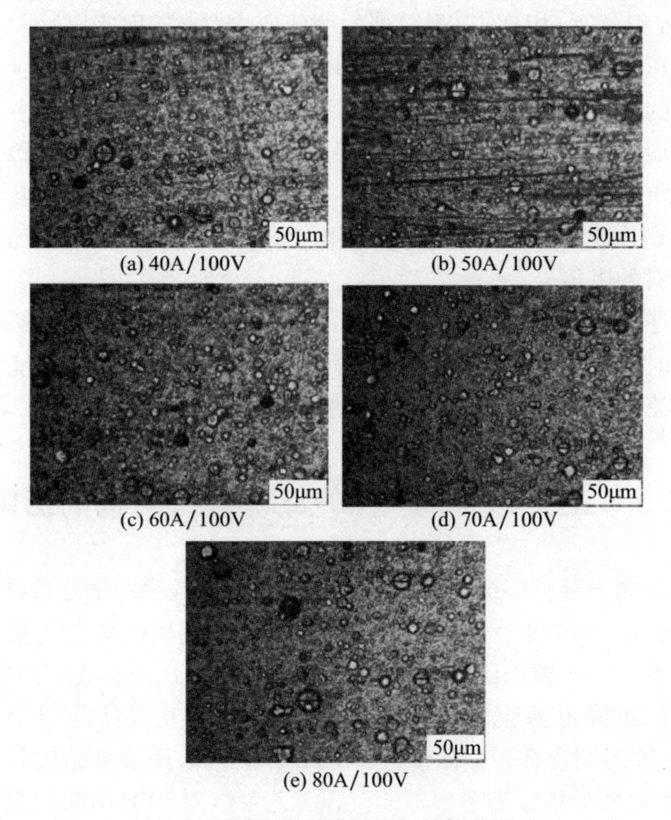

(a) 40A/100V (b) 50A/100V (c) 60A/100V (d) 70A/100V (e) 80A/100V

图 8.11 弧电流对膜层组织结构的影响

8.3.2 基体脉冲偏压对 PVD 薄膜组织结构的影响

选取 8.1.2 节中第三、第四和第五组不锈钢基 PVD 薄膜试样作为研究对象，分析基体脉冲偏压对 PVD 薄膜组织结构的影响。当弧电流分别为 60A、70A、80A 时，不同基体偏压下 PVD 薄膜表面显微结构如图 8.12～图 8.14 所示。

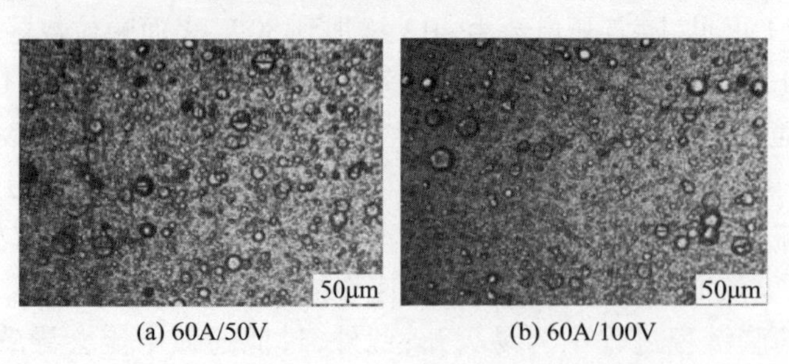

(a) 60A/50V (b) 60A/100V

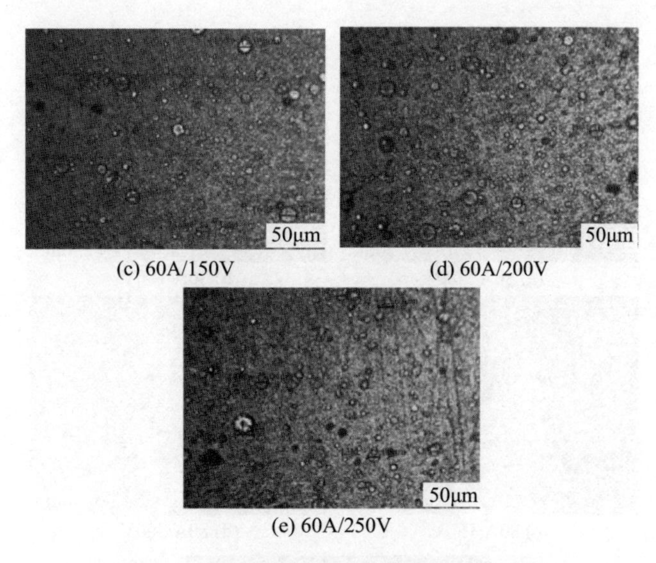

图8.12　弧电流为60A时膜层的组织结构

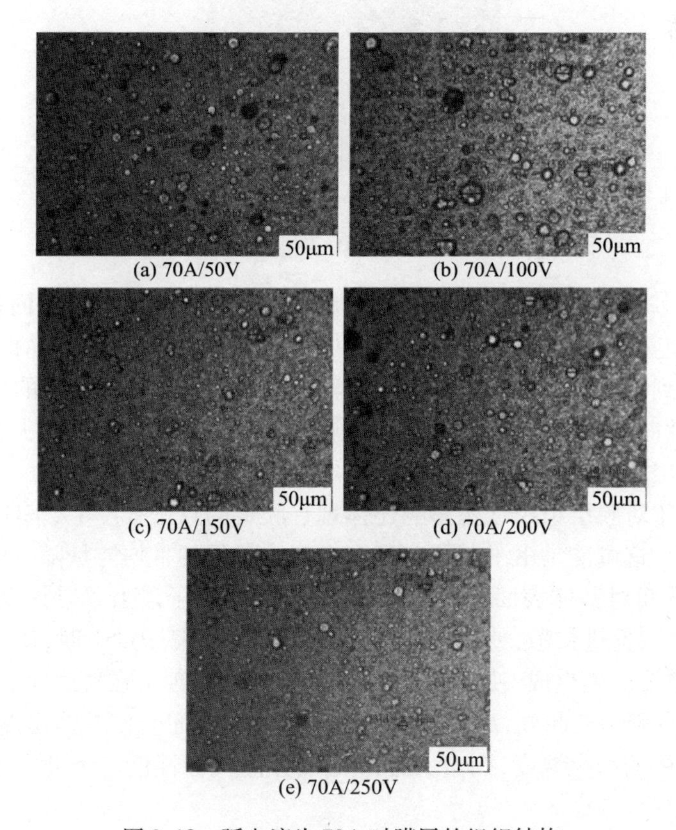

图8.13　弧电流为70A时膜层的组织结构

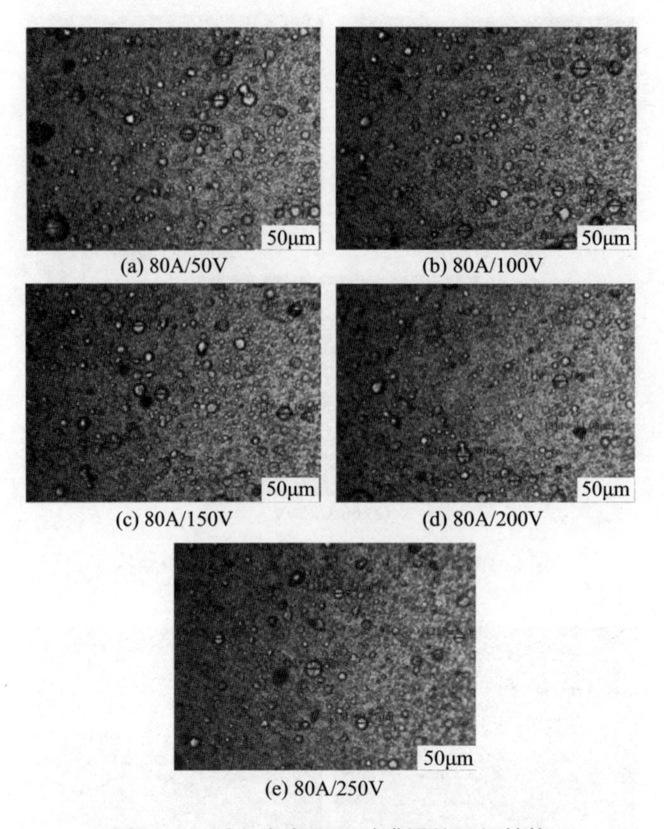

(a) 80A/50V (b) 80A/100V (c) 80A/150V (d) 80A/200V (e) 80A/250V

图 8.14　弧电流为 80A 时膜层的组织结构

由图 8.12～图 8.14 可以发现,基体脉冲偏压的改变对膜层表面颗粒的影响比较明显:随着基体脉冲偏压增大,薄膜中的大颗粒含量减少,尺寸也明显减小;基体偏压达到 200V 时薄膜表面大颗粒净化效果明显。从大颗粒的尺寸和形状分析,提高脉冲基体偏压主要是影响大颗粒输运过程,即带负电的大颗粒在脉冲等离子体鞘层内反复充电而受负偏压电场的排斥。

基体偏压对膜层组织结构影响还体现在膜层的致密程度上,基体偏压越高,膜层越致密。这可能是由于沉积离子在电场中获得的平均能量随基体偏压的增加而增高,从而对基体表面产生更强的离子轰击,离子轰击可以提高原子活性,减小晶粒尺寸,促进扩散,使膜层组织更加致密。而偏压过大时,离子与表面的强烈碰撞,诱发缺陷生成,使表面质量变差,即离子的轰击在薄膜表面形成凹坑,如图 8.12(e)所示。此外,高能量的离子轰击基体表面会使基体温度急剧升高,一旦超过基体的退火温度,则会大幅降低基体的机械性能。因此对于基体偏压的选择需要综合考虑。

8.4 工艺参数对PVD薄膜性能的影响

薄膜/基体结合性能和薄膜耐腐蚀性能是评价薄膜质量的两项重要性能指标。任何薄膜要发挥其相应功能的前提是具备良好的结合性能。对于结合性能不佳的薄膜,谈论其他性能指标也将失去意义。此外,在飞机金属结构工作环境中,PVD薄膜可能会受到环境腐蚀发生损伤和破坏,从而降低PVD薄膜完整性和PVD薄膜传感器可靠性。本节研究工艺参数对PVD薄膜/基体结合性能和PVD薄膜耐腐蚀性能的影响规律,探索综合性能优良的PVD薄膜制备工艺参数组合。

8.4.1 PVD薄膜与基体结合性能分析

测试薄膜/基体结合性能的方法有多种,但是由于薄膜/基体体系复杂多样,适用于某种薄膜/基体体系的测试方法可能并不适用于另一种薄膜/基体体系,因而,目前尚无一种适用于各类薄膜/基体体系的标准测试方法。

目前常用的结合强度测试方法有拉伸实验、划痕实验、压入实验,纳米压痕实验、剪切实验、刮剥实验、弯曲实验、超声波和动态测试实验(接触疲劳实验、单摆冲击划痕、多冲疲劳法)等方法。

本小节采用双向弯曲实验和划痕实验两种方法进行了PVD薄膜/基体结合性能分析,分别将双向弯曲次数和临界载荷作为评价指标来表征薄膜和基体的结合性能。

8.4.1.1 双向弯曲实验

PVD薄膜的双向弯曲实验采用如图8.15所示的双向弯曲薄膜/基体结合性能评定实验装置,将镀膜试样放入双向弯曲实验装置中并通过螺栓夹紧,将试样先后沿左、右边圆弧面弯曲180°并拉紧,左右各弯曲一次作为一次循环,重复该操作直至观察到膜层与基体局部发生分离(膜层表面鼓泡)为止,以弯曲次数定量表征膜层结合强度。

图8.15 双向弯曲薄膜/基体结合力评定实验夹具

采用薄膜/基体结合性能评估专用双向弯曲夹具,对 8. 1. 2 节中第三、第四和第五组不锈钢基 PVD 薄膜试样的薄膜/基体结合性能进行测试,结果如图 8. 16 所示。

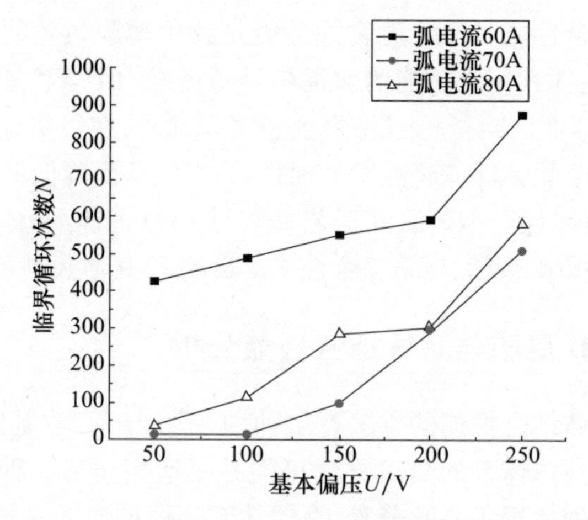

图 8. 16　不同参数水平下制备的黄铜薄膜结合性能对比

由图 8. 16 可知:

(1)保持弧电流不变,随着基体偏压增大,膜层结合力增加。分析认为:基体偏压水平提高会使基体表面温度升高,从而提高基片表面层组织的结晶性能,促使膜层与基体之间以原子键结合,并于界面处建立一互扩散层,使膜层结合力增加。此外,脉冲偏压在一定程度上减小了膜层残余应力,使结合强度增大。但是,基体温度过高会导致基体材料组织恶化和硬度降低,必然也导致膜层结合性能下降。因此,在基体不过热的前提下,膜层结合性能随基体偏压增大而提高。

(2)保持基体偏压不变,弧电流为 60A 制备的膜层结合性能最好;弧电流为 70A、80A 制备的膜层与弧电流为 60A 制备的膜层相比,结合性能显著下降;弧电流为 80A 时制备的膜层结合性能略好于弧电流 70A 时制备的膜层。分析认为:一方面,随着弧电流增大易形成金属大颗粒(液滴),结合性能等各项力学性能降低;另一方面弧电流增大会使粒子流密度增大,进而提高基体温度,使结合强度增大,图 8. 16 所示的结果为两方面共同作用形成的。

8. 4. 1. 2　划痕实验

PVD 薄膜划痕实验在 WS - 2005 涂层附着力自动划痕仪上开展,测试模式选择声发射测试模式,当金刚石压头锥尖将薄膜划破或薄膜剥落时会发出微弱的声信号,此时载荷即为薄膜的临界载荷,以薄膜临界载荷作为薄膜/基体结合强度的度量。划痕实验具体操作步骤如下:

(1)将声发射夹具安装到测试平台上,并将试样置于样品夹具内夹紧。

(2)控制测试平台左右平移,使金刚石压头锥尖处于试样表面适当位置。

(3)控制测试平台升降,当金刚石压头将要接触到试样时停止,旋转主机加载螺杆,使加载梁前端离开载荷传感器球形支点,旋转载荷调零旋钮,将载荷调零。

(4)控制测试平台上升,使金刚石压头锥尖触及试样,旋转加载螺杆,使加载梁前端接触载荷传感器球形支点,当载荷数值显示为“0.5”左右,准备测试。

(5)设定加载载荷为100N、加载速率为100N/min、划痕长度为5mm,开始测试,程序自动检测声发射信号并显示信号曲线。

应用WS-2005涂层附着力自动划痕仪对8.1.2节中四组2A12-T4铝合金基PVD薄膜试样的薄膜/基体结合性能进行测试,其中,每个弧电流和基体偏压参数组合下制备的PVD薄膜试样测试三次,测试界面如图8.17所示,测试结果如表8.6所列。

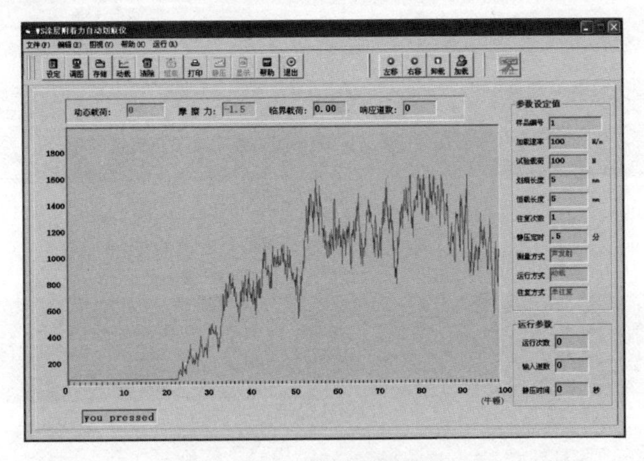

图8.17 临界载荷测试界面

表8.6 不同弧电流和基体偏压下制备的PVD薄膜的临界载荷

弧电流/A		50A			60A			70A			80A		
试样编号		No.1	No.2	No.3	No.1	No.2	No.3	No.1	No.2	No.3	No.1	No.2	No.3
临界载荷/N	50V	20	22	21	29	26	25	28	20	32	22	20	20
	100V	16	19	18	37	28	25	27	35	33	19	18	17
	150V	19	15	18	28	27	24	21	21	22	16	16	15
	200V	19	17	18	29	28	28	36	28	32	22	21	20
	250V	18	23	20	69	82	49	21	21	19	21	21	23

由表8.6可知,划痕实验测试PVD薄膜临界载荷的重复性较好。划痕实验中薄膜破坏形式较复杂,可能出现微裂纹、起皱、剥落、破裂、犁沟等,声发射信号也可能会出现异常突变,因此,采用显微镜观测和分析PVD薄膜的划痕形貌,对

声发射测试得到的临界载荷进行综合评定和修正。图 8.18 ~ 图 8.21分别为四组 2A12 - T4 铝合金基 PVD 薄膜的划痕形貌。

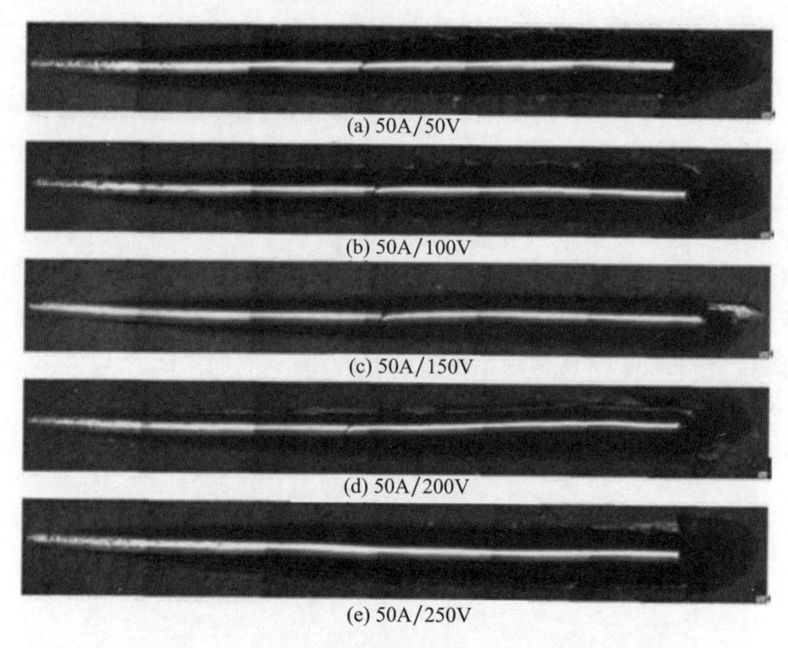

(a) 50A/50V

(b) 50A/100V

(c) 50A/150V

(d) 50A/200V

(e) 50A/250V

图 8.18　50A 弧电流下制备的 PVD 薄膜的划痕形貌

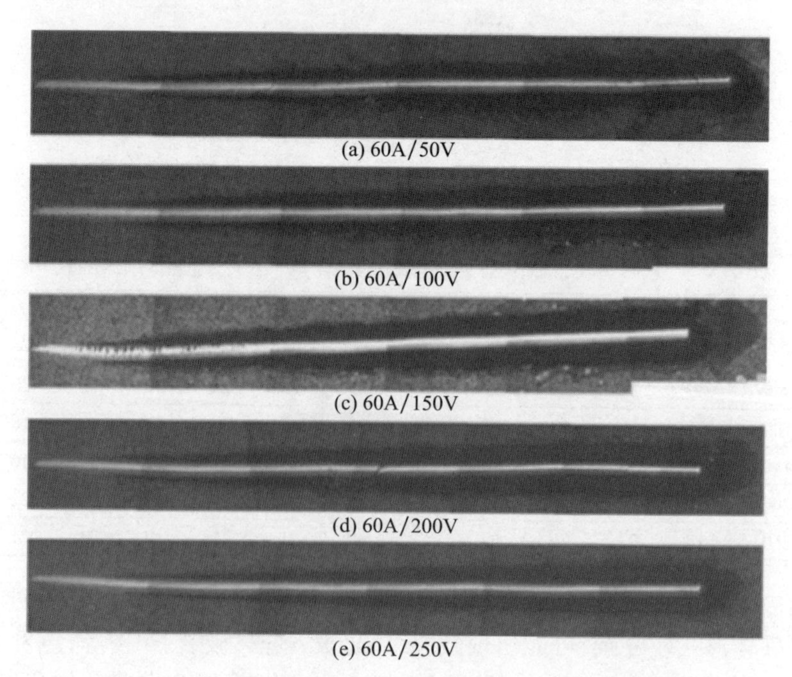

(a) 60A/50V

(b) 60A/100V

(c) 60A/150V

(d) 60A/200V

(e) 60A/250V

图 8.19　60A 弧电流下制备的 PVD 薄膜的划痕形貌

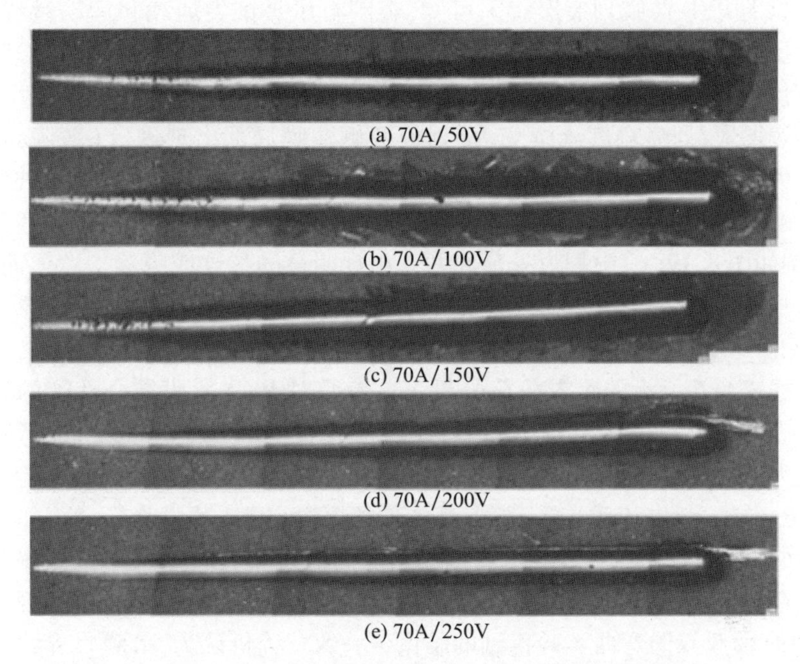

图8.20　70A弧电流下制备的PVD薄膜的划痕形貌

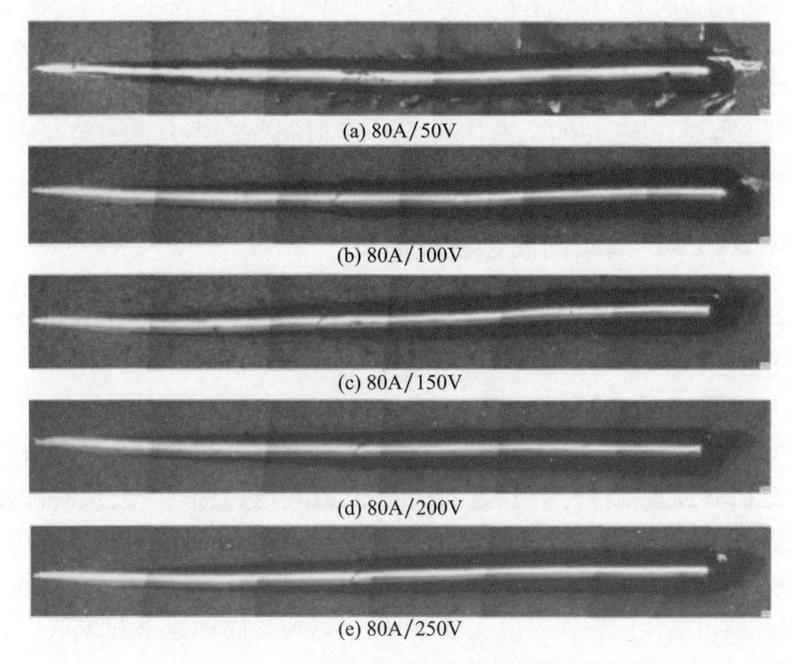

图8.21　80A弧电流下制备的PVD薄膜的划痕形貌

由以上 PVD 薄膜划痕形貌图可知，金刚石压头锥尖加载和运动过程中，薄膜失效历程如下：当载荷较小时，划痕宽度较小、划痕光滑；随着载荷逐渐增大，划痕宽度明显变大，划痕处薄膜开始出现裂纹甚至脱落（薄膜内聚失效）；随着载荷继续增大，划痕宽度继续变大，划痕两侧薄膜局部出现剥落（薄膜/基体界面结合失效）；最终，划痕两端膜层脱落加剧，薄膜发生断裂，彻底失效破坏。应当指出的是，对于有些性能良好的薄膜，其划痕形貌图中上述某一或某些现象不明显，例如图 8.19(e)中划痕处薄膜并未出现明显的裂纹或脱落。总体而言，声发射信号曲线与划痕形貌观察现象对应较好，即声发射测试得到的临界载荷可以作为 PVD 薄膜/基体结合性能的评定值。

根据表 8.6 所示的临界载荷分析工艺参数对 PVD 薄膜结合性能的影响规律。由表 8.6 可知：相同基体偏压水平下，弧电流 60A 时制备的 PVD 薄膜临界载荷最大、薄膜/基体结合性能最好，这一结论与 PVD 薄膜双向弯曲实验得到的结论一致；同一弧电流水平下，随着基体偏压升高，PVD 薄膜临界载荷并不是单调递增的，PVD 薄膜临界载荷与基体偏压之间的正相关关系只在基体偏压水平较高时存在，而低偏压水平下制备的 PVD 薄膜的临界载荷较大。这一现象表面上与 PVD 薄膜双向弯曲实验得到的结论不一致。分析认为，薄膜临界载荷是薄膜/基体体系综合承载能力的度量，薄膜厚度因素会对临界载荷造成影响，而低偏压水平下制备的 PVD 薄膜厚度相对较大，因此，低偏压水平下制备的 PVD 薄膜临界载荷较大并不意味着其与基体的结合性能优于高偏压水平下制备的 PVD 薄膜，参考薄膜划痕形貌可知，高偏压水平下制备的 PVD 薄膜与基体结合性能较好。综上所述，弧电流 60A、基体偏压 250V 时制备的 PVD 薄膜与基体的结合性能最好。

8.4.2 PVD 薄膜耐腐蚀性能测试

分别采用浸泡腐蚀实验和盐雾实验，以腐蚀失重速率和耐盐雾腐蚀时间作为性能指标评价 PVD 薄膜的耐腐蚀性能。

8.4.2.1 浸泡腐蚀实验

首先采用浸泡腐蚀失重实验分析工艺参数对 PVD 薄膜耐腐蚀性能的影响规律。将 PVD 薄膜试样置于 13% 的硝酸溶液中进行浸泡腐蚀，进行等温 23 ± 2℃浸泡腐蚀，2min 后取出，用清水清洗、吹干并采用 FA1004B 型电子天平（精度为 0.1mg）测定失重量，再次将试样放入硝酸溶液中腐蚀，每隔 2min 测量一次失重量，直至露出基体停止实验。实验结束后，以薄膜腐蚀速率和失效（鼓泡、脱落）时间评价 PVD 薄膜的耐腐蚀性能。

单位面积的 PVD 薄膜腐蚀速率计算公式如下：

$$v = (m_0 - m)/St \tag{8.1}$$

式中：m_0 和 m 分别为腐蚀前、后薄膜质量；S 为薄膜表面积；t 为腐蚀时间。

(1)选取8.1.2节中第一组不锈钢基PVD薄膜试样作为研究对象，分析弧电流对PVD薄膜腐蚀速率的影响。浸泡腐蚀实验现场如图8.22所示，实验结见表8.7所列。实验结束后PVD薄膜形貌如图8.23所示，图中从左至右依次为弧电流40A、50A、60A、70A、80A时制备的试样。

图8.22 浸泡腐蚀实验现场

表8.7 PVD薄膜试样腐蚀实验结果

试样/弧电流水平		No. 1/40A	No. 2/50A	No. 3/60A	No. 4/70A	No. 5/80A
腐蚀失重量/mg	2min	22.3	16.3	10.7	21.9	18.0
	4min	—	—	3.1	1.7	1.3
	6min	—	—	0.9	1.6	0.7
	8min	—	—	0.4	0.6	1.4
	10min	—	—	—	0.9	1.7
	12min	—	—	—	1.3	1.2
	14min	—	—	—	0.7	0.8
	16min	—	—	—	0.6	0.6
	18min	—	—	—	0.5	0.8
	20min	—	—	—	—	1.1
	总失重量	22.3	16.3	15.1	29.8	27.6
腐蚀面积/mm^2		18.8	10.4	12.8	14.6	16.4

续表

试样/弧电流水平	No. 1/40A	No. 2/50A	No. 3/60A	No. 4/70A	No. 5/80A
平均腐蚀速率 /mg(min · mm^2)$^{-1}$	0.593	0.783	0.147	0.113	0.084
实验现象	20s膜层下端部与基体脱开,膜层失效	35s膜层下端部与基体脱开,膜层失效	9min膜层下端多处出现空洞,小块膜层与基体脱开	19min膜层下端与基体脱开,出现掉块	膜层仍保持完好,外观轻微变色

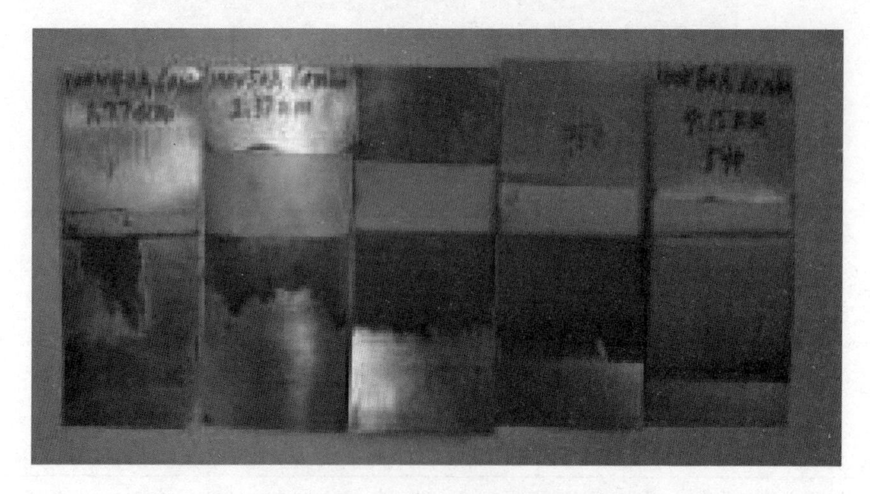

图 8.23　浸泡腐蚀实验后 PVD 薄膜试样形貌(第一组)

由表 8.7 和图 8.23 可知,随着弧电流的增加,膜层平均腐蚀速率降低。分析认为,这主要是因为弧电流的增加虽然使膜层表面颗粒数增多,但同时会使基体温度升高。从热力学角度看,薄膜的形成是等离子体从气相沉积到基体上,它的凝结过程是先从气相到吸附相,然后被吸附的原子相互结合,形成小的原子团。由于微小质点的蒸气压大于块状材料,所以在基体上先形成晶核,然后生长成膜。基体表面温度低,附着或吸附粒子活性较低,迁移并成核长大相对较难。随着基体温度升高,吸附粒子的迁移能力增强,形核及联并能力提高,薄膜结晶程度得到改善,膜层更均匀、致密。因此,膜层耐腐蚀性能提高。

(2)选取 8.1.2 节中第二组不锈钢基 PVD 薄膜试样作为研究对象,分析基体偏压对 PVD 薄膜腐蚀速率的影响。浸泡腐蚀实验结果见表 8.8 所列,实验结束后 PVD 薄膜形貌如图 8.24 所示,图中从左至右依次为基体偏压 20V、40V、60V、80V、100V、120V、140V、160V、180V 时制备的试样。

表 8.8 PVD 薄膜试样腐蚀实验结果

试样/偏压水平	腐蚀失重量/mg			腐蚀面积/mm^2	平均腐蚀速率/mg $(min \cdot mm^2)^{-1}$	实验现象
	2min	4min	6min			
No. 1/20V	21.5	—	—	12	0.896	13s 膜层开始与基体脱开，22s 几乎完全脱开
No. 2/40V	20.8	—	—	11.8	0.881	21s 膜层开始与基体脱开，44s 几乎完全脱开
No. 3/60V	20.3	—	—	12.2	0.832	22s 膜层下端露出基体，56s 膜层中部露出基体
No. 4/80V	18.8	—	—	11.4	0.824	27s 膜层下端与基体脱开
No. 5/100V	20.4	—	—	12.8	0.797	39s 膜层下端出现裂纹
No. 6/120V	15.1	—	—	11.4	0.662	45s 膜层中部与基体脱开
No. 7/140V	7.4	1.0	0.5	11.6	0.128	6min 膜层下端小块脱落
No. 8/160V	10.6	1.0	—	11.8	0.246	3min 大量膜层小块脱落
No. 9/180V	9.7	2.2	—	11.4	0.261	3min 膜层下端膜层脱落

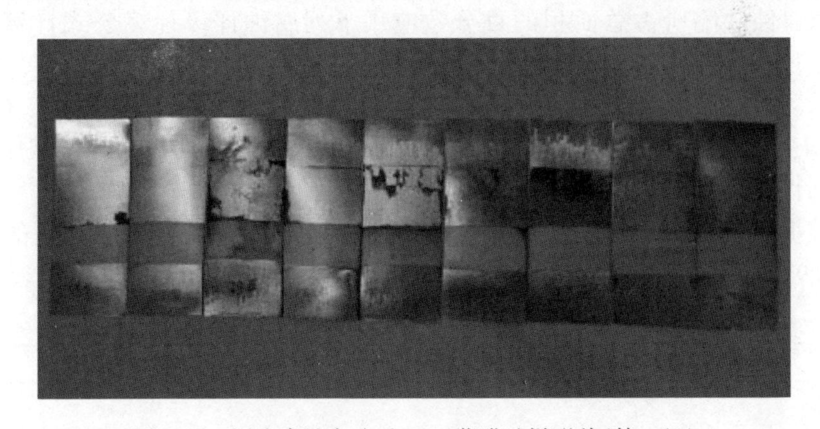

图 8.24 浸泡腐蚀实验后 PVD 薄膜试样形貌(第二组)

由表 8.8 和图 8.24 可知，随着基体脉冲偏压的增加，膜层平均腐蚀速率降低，基体偏压升高到 140V 时膜层耐腐蚀性能最佳，继续升高基体偏压膜层耐腐蚀性能降低。分析认为，这主要是因为基体偏压对表面形貌有较大影响，偏压较低时，提高基体偏压可以使膜层的结构致密化、表面硬化和界面强化；随着基体偏压继续增大，离子或粒子对基体轰击作用加强，产生反溅射，诱发缺陷生成，使膜层致密性变差。

根据以上实验结果分析，初步认为基体偏压 140V 左右、弧电流 60A 以上制备的 PVD 薄膜具有较好的耐腐蚀性能。为了验证以上结论，并进一步探索具备最佳耐腐蚀性能的 PVD 薄膜的制备工艺参数组合，开展了不锈钢基 PVD 薄膜的盐雾腐蚀实验。

8.4.2.2 盐雾实验

盐雾实验是一种主要利用盐雾实验设备所创造的人工模拟盐雾环境条件来考核产品或金属材料耐腐蚀性能的环境实验。本节采用中性盐雾实验考核 PVD 薄膜的耐腐蚀性能,实验条件如下:盐雾箱内温度为 35 ± 2℃,盐雾沉降速度为 1 ~ 2mL/h · $80cm^2$,氯化钠浓度为 50 ± 5g/L,pH 值为 6.5 ~ 7.2,喷雾气源压力为 70 ~ 170kPa,已经使用过的喷雾溶液不再使用。

盐雾实验结果的判定方法有评级判定法、称重判定法、腐蚀物出现判定法和腐蚀数据统计分析法等。评级判定法是把腐蚀面积与总面积之比的百分数按一定的方法划分成几个级别,以某一个级别作为合格判定依据,它适合平板样品进行评价。本节即采用评级判定法对不同工艺参数条件下制备的 PVD 薄膜的盐雾实验结果进行判定。

PVD 薄膜的腐蚀评级判定根据国标 GB/T 6461 - 2002《金属基体上金属和其他无机覆盖层经腐蚀实验后的试样和试件的评级》所制定的评级标准执行,即根据腐蚀缺陷所占总面积的百分数应用下列腐蚀评级计算公式计算腐蚀评级。

$$R_p = 3(2 - \lg A) \tag{8.2}$$

式中:R_p 为腐蚀的评级数,根据计算结果修正为整数;A 为腐蚀缺陷区域所占总面积的百分数。

根据式(8.2)计算得到 PVD 薄膜腐蚀缺陷面积与腐蚀评级之间的关系(表 8.9)。

表 8.9 腐蚀率与评定等级的关系

腐蚀缺陷面积百分比 A/%	腐蚀评级 R_p
无缺陷	10
$0 < A \leqslant 0.1$	9
$0.1 < A \leqslant 0.25$	8
$0.25 < A \leqslant 0.5$	7
$0.5 < A \leqslant 1.0$	6
$1.0 < A \leqslant 2.5$	5
$2.5 < A \leqslant 5.0$	4
$5.0 < A \leqslant 10$	3
$10 < A \leqslant 25$	2
$25 < A \leqslant 50$	1
$50 < A$	0

对于腐蚀缺陷面积极小(小于 0.046%)的试样,如果按照上述公式计算,将

导致评级大于 10,因此,上述公式仅适用于 A > 0.046% 的试样;R_p 小于 2 时判定薄膜失效,停止实验。

在此除了对盐雾腐蚀后的 PVD 薄膜进行腐蚀评级外,还根据 PVD 薄膜表面的外观变化(包括变色、失光、腐蚀)对 PVD 薄膜腐蚀缺陷程度进行了外观评级。按照国标 GB/T 6461 - 2002 规定,外观评级与试样表面外观变化关系见表 8.10 所列。

表 8.10　外观评级与外观变化对应关系

外观评级	试样表面外观的变化
A	无变化
B	轻微到中度的变色
C	严重变色到极轻微的失光
D	轻微的失光或出现极轻微的腐蚀产物
E	严重的失光,或在试样局部表面上布有薄层的腐蚀产物或点蚀
F	有腐蚀物或点蚀,且其中之一集中颁布在整个试样表面上
G	整个表面上布有厚的腐蚀产物层或点蚀,并有深的点蚀
H	整个表面上布有非常厚的腐蚀产物或点蚀,并有深的点蚀

(1)采用 8.1.2 节中第一组不锈钢基 PVD 薄膜试样进行盐雾实验,以验证浸泡腐蚀实验中得到的弧电流对 PVD 薄膜腐蚀速率的影响规律。盐雾实验拟进行 200h,当 PVD 薄膜失效时停止实验。实验结束后 PVD 薄膜试样腐蚀形貌如图 8.25 所示,图中从左至右依次为弧电流 40A、50A、60A、70A、80A 时制备的 PVD 薄膜试样和不锈钢基体对比件,实验结果见表 8.11 所列,由实验结果可知:弧电流为 60A、70A、80A 时制备的 PVD 薄膜耐腐蚀性能较好,盐雾实验的结果与浸泡实验结果具有较好的一致性。

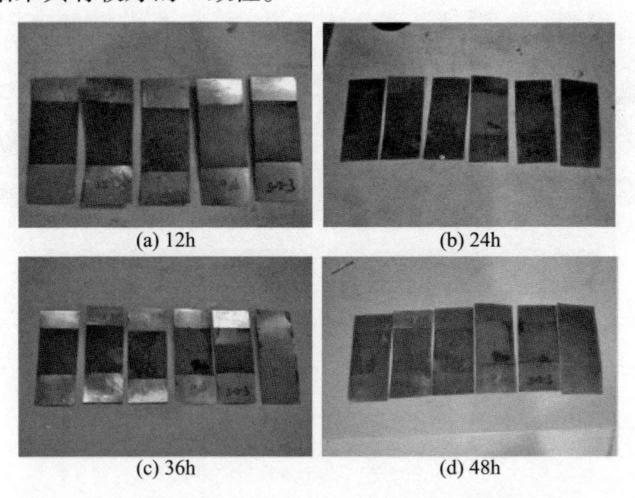
(a) 12h　(b) 24h　(c) 36h　(d) 48h

图 8.25　盐雾实验后 PVD 薄膜试样腐蚀形貌(第一组)

表 8.11　PVD 薄膜试样盐雾实验结果

编号	参数组合 (I/U)	初始腐蚀现象	产生时间	腐蚀等级(腐蚀评级/外观评级)			
				12h	24h	36h	48h
1	40A/100V	膜层严重变色	12h	10/C	5/E	2/F	—
2	50A/100V	膜层严重变色	12h	10/C	5/E	2/F	—
3	60A/100V	膜层严重变色	12h	10/C	5/E	2/F	—
4	70A/100V	膜层表面出现少量腐蚀产物	24h	10/A	4/D	3/E	2/F
5	80A/100V	膜层中度变色	12h	10/B	5/D	3/E	2/F

(2)采用8.1.2节中第二组不锈钢基PVD薄膜试样进行盐雾实验,以验证浸泡腐蚀实验中得到的基体偏压对PVD薄膜腐蚀速率的影响规律。选取基体偏压分别为20V、60V、100V、140V、180V时制备的五件不锈钢基PVD薄膜试样进行实验,当膜层失效时停止实验。实验结束后PVD薄膜试样腐蚀形貌如图8.26所示,图中从左至右依次为不锈钢基体对比件和基体偏压20V、60V、100V、140V、180V时制备的PVD薄膜试样,实验结果见表8.12所列,由实验结果可知:不锈钢基体对比件最先出现腐蚀现象——经历盐雾实验12h局部出现锈迹,PVD薄膜耐腐蚀性能较好;当基体脉冲负偏压为140V时制备的PVD薄膜耐腐蚀性能最好,盐雾实验结果与浸泡实验结果具有较好的一致性。

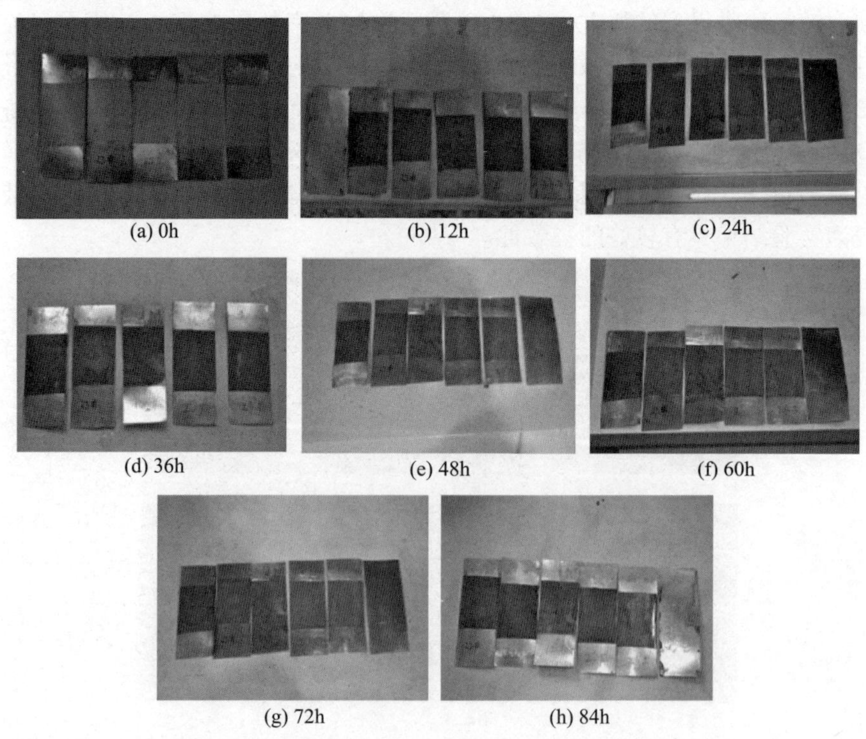

(a) 0h　(b) 12h　(c) 24h　(d) 36h　(e) 48h　(f) 60h　(g) 72h　(h) 84h

图 8.26　盐雾实验后 PVD 薄膜试样腐蚀形貌(第二组)

表 8.12　PVD 薄膜试样盐雾实验结果

编号	参数组合 (I/U)	初始腐蚀现象	产生时间	腐蚀等级(腐蚀评级/外观评级)						
				12h	24h	36h	48h	60h	72h	84h
1	不锈钢基体	表面多个部位出现腐蚀产物	12h	3/D	—	—	—	—	—	—
2	50A/20V	膜层严重变色、边缘出现腐蚀产物	12h	5/D	5/E	2/G	—	—	—	—
3	50A/60V	膜层严重变色	12h	10/C	5/E	2/G	—	—	—	—
4	50A/100V	膜层严重变色	12h	10/C	5/E	2/F		—	—	—
5	50A/140V	膜层轻微变色	12h	10/B	6/D	5/D	5/E	3/E	3/E	2/F
6	50A/180V	膜层轻微变色	12h	10/B	6/D	3/F	2/F	—	—	—

(3)浸泡腐蚀实验和以上盐雾实验结果表明,基体脉冲偏压 140V 左右、弧电流 60A 以上制备的 PVD 薄膜具有较好的耐腐蚀性能。因此,为了进一步优化 PVD 薄膜制备工艺参数组合,采用 8.1.2 节中第三、第四和第五组不锈钢基 PVD 薄膜试样进行盐雾实验,对比研究 PVD 薄膜的耐腐蚀性能。实验结束后三组 PVD 薄膜试样形貌如图 8.27 ~ 图 8.29 所示,图中从左至右依次为基体偏压 50V、100V、150V、200V、250V 时制备的 PVD 薄膜试样。三组实验的结果见表 8.13 ~ 表 8.15 所列。

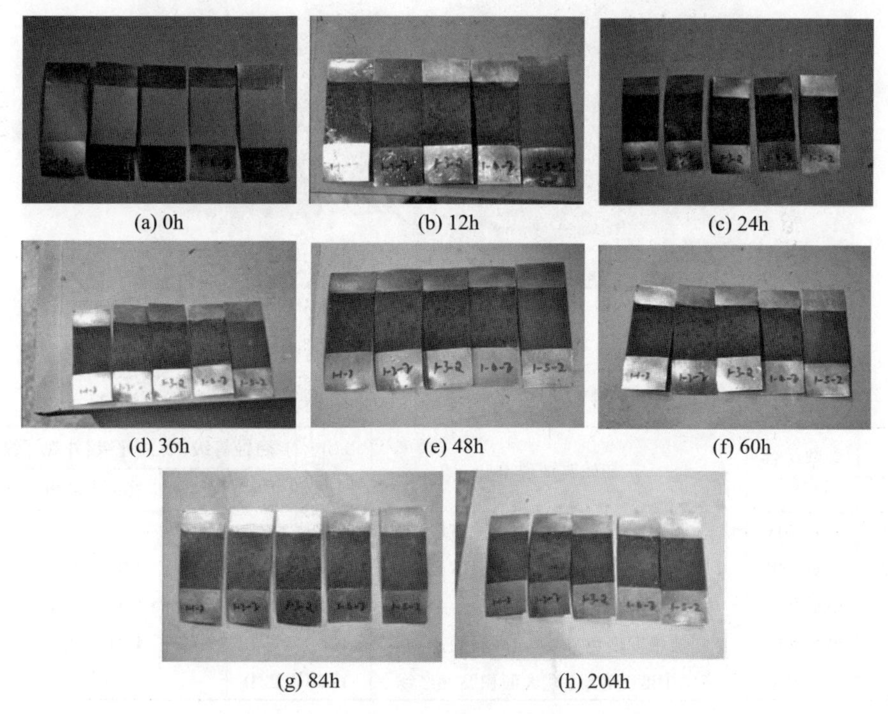

(a) 0h　(b) 12h　(c) 24h　(d) 36h　(e) 48h　(f) 60h　(g) 84h　(h) 204h

图 8.27　PVD 薄膜试样腐蚀形貌(弧电流 60A)

表 8.13　PVD 薄膜试样盐雾实验结果(弧电流 60A)

编号	参数组合 (I/U)	初始腐蚀现象	产生时间	腐蚀等级(腐蚀评级/外观评级)						
				12h	24h	36h	48h	60h	84h	204h
1	60A/50V	膜层严重变色	12h	10/C	4/E	2F	—	—	—	—
2	60A/100V	膜层严重变色	12h	10/C	5/E	2/E	—	—	—	—
3	60A/150V	膜层严重变色	12h	10/C	5/D	2/E	—	—		—
4	60A/200V	膜层严重变色	12h	10/C	5/D	2/E	—	—		—
5	60A/250V	膜层轻微变色	12h	10/A	10A	10/B	10/C	10/D	9/E	9/E

(a) 0h　(b) 12h　(c) 24h　(d) 36h　(e) 48h　(f) 60h

图 8.28　PVD 薄膜试样腐蚀形貌(弧电流 70A)

表 8.14　PVD 薄膜试样盐雾实验结果(弧电流 70A)

编号	参数组合 (I/U)	初始腐蚀现象	产生时间	腐蚀等级(腐蚀评级/外观评级)				
				12h	24h	36h	48h	60h
1	70A/50V	膜层严重变色、出现腐蚀斑块	12h	4/E	2/F	—	—	—
2	70A/100V	膜层严重变色,出现轻微腐蚀产物	12h	5/D	4/D	3/E	2/F	—
3	70A/150V	膜层中度变色	12h	10/B	5/D	4/D	3/E	2/E
4	70A/200V	膜层中度变色,局部出现腐蚀产物	12h	6/D	6/D	4/D	3/E	2/E
5	70A/250V	膜层中度变色,出现大面积腐蚀产物	12h	2/D	—	—	—	—

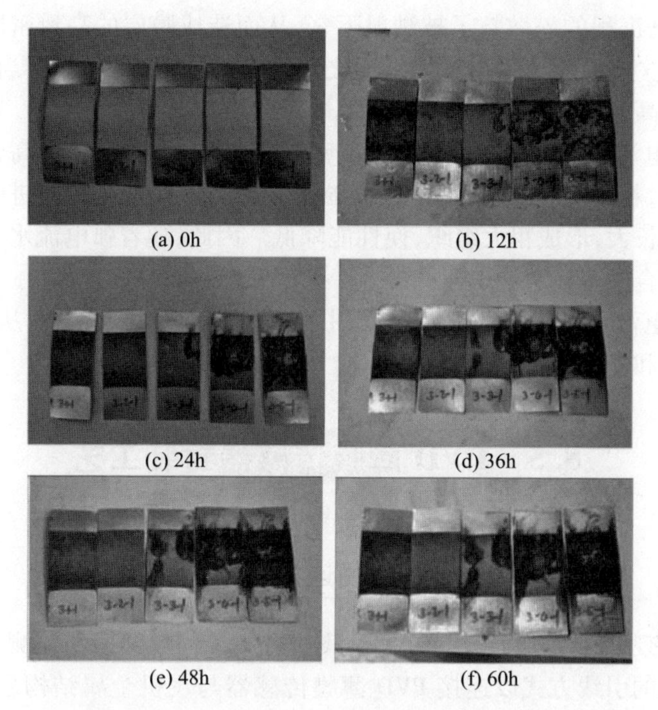

(a) 0h　(b) 12h　(c) 24h　(d) 36h　(e) 48h　(f) 60h

图 8.29　PVD 薄膜试样腐蚀形貌(弧电流 80A)

表 8.15　不锈钢基 PVD 薄膜试样盐雾实验结果(弧电流 80A)

编号	参数组合(I/U)	初始腐蚀现象	产生时间	腐蚀等级(腐蚀评级/外观评级)			
				12h	24h	36h	48h
1	80A/50V	膜层表面出现腐蚀层	12h	2/F	—	—	—
2	80A/100V	膜层中度变色	12h	10/B	5/D	3/E	2/F
3	80A/150V	膜层局部出现腐蚀产物	12h	3/E	2/E	—	—
4	80A/200V	膜层大面积出现腐蚀产物	12h	2/E	—	—	—
5	80A/250V	膜层表面布满腐蚀产物	12h	1/E	—	—	—

由图 8.27～图 8.29 以及表 8.13～表 8.15 可知,三组试样中分别为 60A/250V、70A/150V、80A/100V(弧电流/基体偏压参数)组合制备的 PVD 薄膜试样耐腐蚀性能最好;弧电流水平较低时,随着基体偏压升高 PVD 薄膜耐腐蚀性增强;随着弧电流水平升高,最佳工艺参数组合中基体偏压降低;弧电流 80A 时制备的 PVD 薄膜性能普遍较差;60A/250V 参数组合下制备的 PVD 薄膜性能最优。分析认为:

(1)离子到达基体的能量主要依赖于基体偏压,等离子体中离子的能量较高，易于使已沉积的松散粒子被溅射下来，从而造成膜层的高致密度，而且高能粒子还能减少或消除薄膜与基体界面之间的孔隙缺陷。因此，适当提高基体偏压有利于提高 PVD 薄膜的耐腐蚀性能。

(2)弧电流水平升高将提高离子流密度，使基体温度快速升高，而基体偏压水平较高时，粒子能量相应较高，因而粒子轰击将导致基体温度进一步升高，薄膜晶粒快速长大，形成粗大组织，使性能降低。因此，随着弧电流水平升高，最佳工艺参数组合中基体脉冲偏压降低。

(3)弧电流水平较高时，PVD 薄膜中存在较多含量的大颗粒，从而降低 PVD 薄膜的质量和性能。

8.5 PVD 薄膜传感器封装工艺

8.5.1 PVD 薄膜传感器引线连接

为了实现 PVD 薄膜传感器在实际飞机金属结构疲劳损伤监测中应用，应探寻更为可靠的引线方式以连接 PVD 薄膜传感器与飞机金属结构疲劳损伤信息采集系统。

首先考虑采用焊接工艺进行引线连接，但是在实际应用时发现采用焊接工艺连接 PVD 薄膜传感器引线存在以下问题：

(1)焊接时通常温度较高，容易造成 PVD 薄膜氧化甚至失效破坏；

(2)焊接效果依赖操作人员的技术和经验，存在虚焊的可能性，因而容易造成 PVD 薄膜传感器失效；

(3)试样在疲劳加载作用下，焊接点可能会脱开，使监测系统或人员误认为裂纹扩展导致 PVD 薄膜传感器断裂，从而造成虚警。

导电胶是一种固化后具备一定导电性能的胶黏剂，通常以基体树脂和导电填料(粒子)为主要组成成分，通过基体树脂的黏接作用把导电填料(粒子)结合在一起，形成导电通路，实现被黏材料的导电连接。由于导电胶可以形成浆料，从而具有很高的线分辨率，而且导电胶工艺简单，易于操作，具有一定的黏结强度，因此，尝试采用导电胶替代焊接，实现 PVD 薄膜传感器引脚与导线的导电连接。

YC－01 导电银胶因电阻率低($10^{-3} \sim 10^{-4}\ \Omega \cdot cm$)、抗剪强度高(大于 $25kg/cm^2$)和允许工作温度范围广(－40℃～200℃)等优点，成为 PVD 薄膜传感器引线连接的理想选择。YC－01 导电银胶由改性环氧、改性胺类和复合银粉组成，按比例配制的 YC－01 导电性能稳定，黏结强度高，室温下即可固化成形，可广泛用于金属、陶瓷等材料间的导电性能黏结。基于 YC－01 导电银胶的 PVD 薄膜传感器连接工艺如下：

(1)取适量 YC－01 导电银胶的 A 组分搅拌 3～5min，使其为均匀液体；

(2)取适量 YC－01 导电银胶的 B 组分搅拌 3～5min，使其为均匀液体；

(3)按照两组分重量比 $A:B=10:1$ 混合并调和均匀；

(4)将上述混合均匀的胶体涂装在 PVD 薄膜传感器引脚和导线上，将两部位合拢并用夹具夹紧；

(5)室温下固化 12～24h 或 80℃下固化 2h。

采用 YC－01 导电银胶黏结导线的 PVD 薄膜传感器试样如图 8.30 所示。

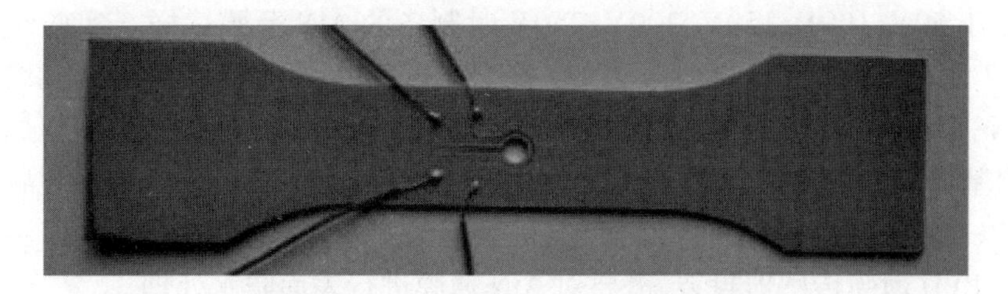

图 8.30　黏结导线的 PVD 薄膜传感器试样

8.5.2　薄膜传感器封装材料选择

为了避免 PVD 薄膜传感器受到意外损伤，保持传感器结构完整性，提高传感器耐久性，考虑对 PVD 薄膜传感器进行封装保护。本研究采用两种工艺、四种材料分别对 PVD 薄膜进行封装，考察其用于 PVD 薄膜封装的可行性。

8.5.2.1　电弧离子镀 AlN 薄膜封闭

氮化铝(AlN)具有许多突出的物理化学性能，如大的击穿场强(10kV/m)，高电阻率，良好的化学稳定性，高熔点，低热膨胀系数等。这些性质使它成为微电子学和光学领域内光电器件的绝缘层和缓冲层的最佳材料。本节中首先考虑采用脉冲偏压电弧离子镀工艺制备氮化铝作为 PVD 薄膜传感器的封装保护层。

实验采用不锈钢作为基体材料，试样尺寸为长 100mm、宽 40mm、厚 1.2mm，拟制备 AlN 薄膜的面积为 50mm×40mm。AlN 薄膜沉积步骤如下。

首先，将不锈钢试样依次经 400#、600#、800#砂纸研磨后，用 W2.5 金刚石研磨膏抛光。其次，分别用蒸馏水和四氯化碳溶剂清洗 5min 以除去试样表面的油污，将试样烘干后装入到 PVD 薄膜传感器制备系统的真空镀膜室内，与靶间距约为 230mm。然后，在偏压为 200V，真空度为 2.4Pa 下对试样进行氩离子轰击 5min 以进一步清洗试样表面。最后，采用 PVD 薄膜传感器制备系统在试样表面进行 AlN 薄膜沉积，薄膜沉积具体工艺参数见表 8.16 所列。

表 8.16　AlN 薄膜制备工艺参数

工作气体	本底真空/Pa	工作压强/Pa	基体偏压/V	弧电流/A	沉积温度/℃	沉积时间/min
Ar、N_2	6×10^{-3} Pa	Ar 分压 $8\times10^{-3}\sim2\times10^{-2}$ Pa N_2 分压 0.15 ~ 0.8Pa	50 ~ 250	50	≤300	20 ~ 30

为了验证 AlN 薄膜封装 PVD 薄膜传感器的可行性，将制备好 AlN 薄膜的试样放入盐雾实验箱进行盐雾实验，以考察 AlN 薄膜对 PVD 薄膜传感器黄铜薄膜的保护效果。盐雾实验结束后试样形貌如图 8.31 所示，图中从左至右依次为基体偏压 50V、100V、150V、200V、250V 时制备的 AlN 薄膜试样。实验结果见表 8.17 所列，由盐雾实验结果可知：整个实验过程中试样表面未出现腐蚀产物，AlN 薄膜耐腐蚀性能优良，但是盐雾实验经历一段时间后，AlN 薄膜局部消失露出基体。分析认为，AlN 表面存在致密的氧化物薄膜，可以抵抗氯化物的侵袭，所以表现出良好的耐腐蚀性能，但是氮化铝在水中会慢慢水解，AlN 不能单独用于 PVD 薄膜传感器封装，需要对 AlN 薄膜进行表面防水处理。

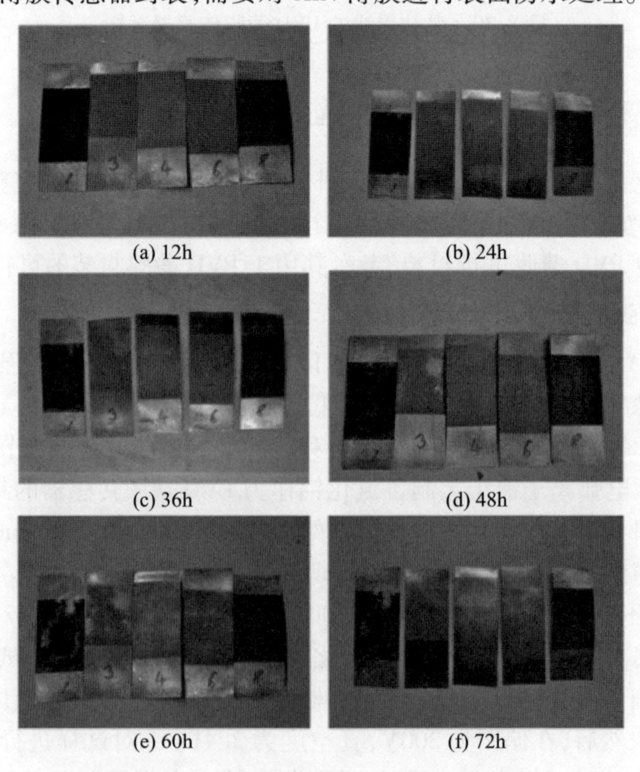

(a) 12h　(b) 24h　(c) 36h　(d) 48h　(e) 60h　(f) 72h

图 8.31　盐雾实验结束后 AlN 薄膜形貌

表8.17 AlN薄膜盐雾实验结果

编号	参数组合(I/U)	实验现象	现象出现时间	腐蚀等级				
				12h	24h	36h	48h	60h
1	50A/50V	膜层严重变色,局部露出基体	12h	4/E	2/F	—	—	—
2	50A/100V	膜层严重变色,局部露出基体	36h	10/A	10/A	3/E	2/F	
3	50A/150V	膜层中度变色,局部露出基体	24h	10/B	5/D	4/D	3/E	2/E
4	50A/200V	膜层中度变色,局部露出基体	12h	6/D	6/D	4/D	3/E	2/E
5	50A/250V	膜层中度变色,局部露出基体	12h	2/D	—	—	—	—

8.5.2.2 电弧离子镀Ti薄膜封闭

常温下钛与氧气化合生成一层极薄致密的氧化膜,这层氧化膜常温下不与绝大多数强酸、强碱反应,从而使钛表现出良好的抗腐蚀性能,因此,本节中考虑采用脉冲偏压电弧离子镀工艺制备Ti薄膜作为PVD薄膜传感器的封装保护层。

实验采用不锈钢作为基体材料,试样尺寸为长100mm、宽40mm、厚1.2mm,拟制备Ti薄膜的面积为50mm×40mm。Ti薄膜沉积的步骤如下。

首先,将不锈钢试样依次经400#、600#、800#砂纸研磨后,用W2.5金刚石研磨膏抛光。其次,分别用蒸馏水和四氯化碳溶剂清洗5min以除去试样表面的油污,将试样烘干后装入到PVD薄膜传感器制备系统的真空镀膜室内,与靶间距约为230mm。然后,在偏压为200V,真空度为2.4Pa下对试样进行氩离子轰击5min以进一步清洗试样表面。最后,采用PVD薄膜传感器制备系统在试样表面进行Ti薄膜沉积,薄膜沉积具体工艺参数见表8.18所列。

表8.18 Ti薄膜制备工艺参数

工作气体	本底真空/Pa	工作压强/Pa	基体偏压/V	弧电流/A	沉积温度/℃	沉积时间/min
Ar	6×10^{-3}Pa	0.3~2	50~250	70	≤300	20~30

为了验证Ti薄膜封装PVD薄膜传感器的可行性,将制备了Ti薄膜的试样放入盐雾实验箱进行盐雾实验,以考察Ti薄膜对PVD薄膜传感器黄铜薄膜的保护效果。

盐雾实验结束后试样形貌如图8.32所示,图中从左至右依次为基体偏压50V、100V、150V、200V、250V时制备的钛薄膜试样。实验结果见表8.19所列,对比表8.14可知,采用合适工艺参数组合下制备的钛薄膜进行PVD薄膜传感器封装对传感器黄铜薄膜耐腐蚀性能有一定提高。

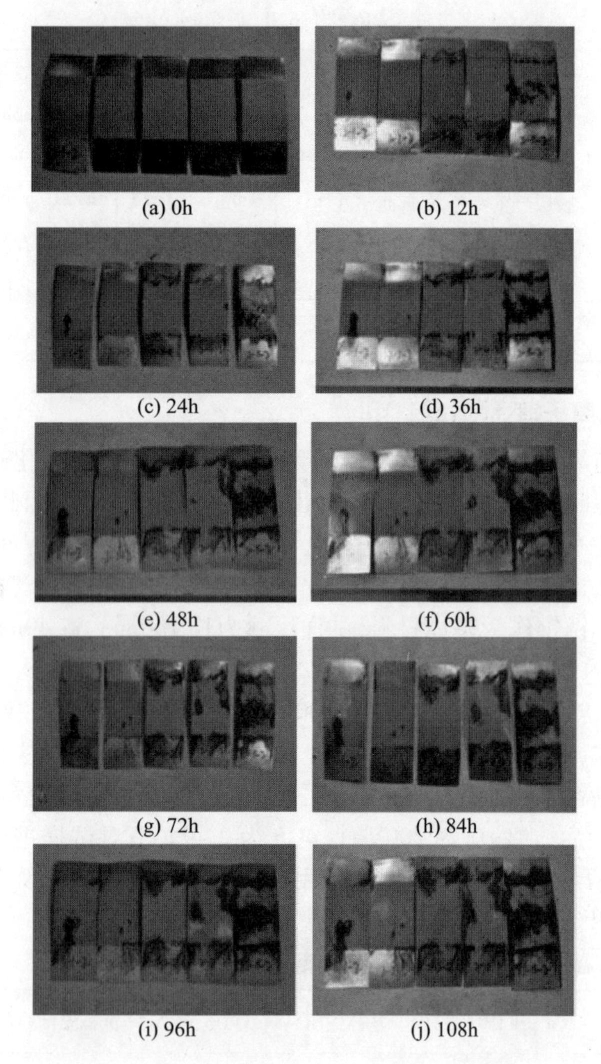

(a) 0h (b) 12h (c) 24h (d) 36h (e) 48h (f) 60h (g) 72h (h) 84h (i) 96h (j) 108h

图 8.32 盐雾实验结束后 Ti 薄膜封装试样形貌

表 8.19 Ti 薄膜封装试样盐雾实验结果

编号	工艺参数（I/U）	初始腐蚀现象	产生时间	腐蚀等级							
				12h	24h	36h	48h	60h	72h	84h	96h
1	70A/50V	局部出现腐蚀产物	12h	6/D	4/D	2/E	—	—	—	—	—
2	70A/100V	出现轻微腐蚀	36h	10/A	10/A	6/D	5/D	5/D	5/D	4/D	4/D
3	70A/150V	局部出现腐蚀产物	12h	6/D	5/D	4/D	3/E	3/E	3/E	3/E	3/E
4	70A/200V	局部出现腐蚀产物	12h	6/D	6/D	4/D	3/E	2/E	—	—	—
5	70A/250V	膜层表面布满腐蚀产物	12h	3/D	2/E	—	—	—	—	—	—

8.1.1 小节中已说明 Ti/TiN 薄膜硬度大、脆性高，在弯曲载荷作用下容易失效，不宜作为 PVD 薄膜传感器的导电传感层。为了考察 Ti 薄膜作为 PVD 薄膜传感器的封装保护层是否会存在类似问题，采用双向弯曲实验对 Ti 薄膜封装试样进行薄膜/基体结合性能测试。测试结果见表 8.20 所列，对比图 8.16 中的测试数据可知，Ti 薄膜封装明显降低了 PVD 薄膜传感器黄铜薄膜与基体的结合性能，脉冲偏压电弧离子镀 Ti 薄膜不适宜用于 PVD 薄膜传感器封装。

表 8.20　Ti 薄膜封装试样结合性能测试结果

试样编号	工艺参数(I/U)	弯曲次数	镀层厚度/μm
1	70A/50V	10	3.98
2	70A/100V	20	3.58
3	70A/150V	20	2.54
4	70A/200V	73	2.36
5	70A/250V	118	1.98

8.5.2.3　509 绝缘胶封闭

本节中尝试涂装 509 绝缘胶对 2A12－T4 铝合金基 PVD 薄膜传感器进行封装处理。对于采用涂装工艺封装的 PVD 薄膜传感器，首先要考虑涂装薄膜对 PVD 薄膜传感器与基体损伤一致性的影响。

对采用 509 绝缘胶封装 PVD 薄膜传感器的中心孔试样进行疲劳实验，实验参数如下：加载频率 $f=15$Hz，应力比 $R=0.05$、最大名义应力为 130MPa。通过显微镜观测试样和 PVD 薄膜传感器的疲劳损伤。当裂纹在 PVD 薄膜传感器中萌生并扩展时，通过显微镜观测 2A12－T4 铝合金试样未制备传感器的一侧和中心孔壁，并未发现裂纹。由此可知，采用 509 绝缘胶封装的 PVD 薄膜传感器与基体不具备损伤一致性。

分析认为，509 绝缘胶疲劳性能较差，封装胶层先于基体和 PVD 薄膜传感器出现裂纹，并诱发 PVD 薄膜传感器裂纹萌生并扩展，从而导致 PVD 薄膜传感器与基体的损伤不一致。因此，509 绝缘胶不宜用于 PVD 薄膜传感器封装。

8.5.2.4　705 硅胶封闭

本节中尝试涂装 705 硅胶对 PVD 薄膜传感器进行封装处理，并采用疲劳损伤一致性验证实验和盐雾实验验证 705 硅胶封装 PVD 薄膜传感器的可行性。

(1)疲劳损伤一致性验证实验。

首先考虑涂装705硅胶对PVD薄膜传感器与基体损伤一致性的影响。对采用705硅胶封装PVD薄膜传感器的中心孔试样进行疲劳实验,实验参数如下:加载频率$f=15\text{Hz}$,应力比$R=0.05$、最大名义应力为130MPa。通过显微镜观察试样和PVD薄膜传感器的疲劳损伤。由于705硅胶透明,PVD薄膜传感器裂纹萌生、扩展过程可直接通过显微镜进行观测。当发现裂纹在PVD薄膜传感器中萌生并扩展时,通过显微镜观测到2A12-T4铝合金试样未制备传感器的一侧出现了相应的裂纹。由此可知,采用705硅胶封装PVD薄膜传感器不会影响PVD薄膜传感器与基体的损伤一致性。

(2)盐雾实验。

采用705硅胶对不锈钢基PVD薄膜传感器黄铜薄膜进行涂装后进行盐雾实验,以考察705硅胶薄膜对PVD薄膜传感器黄铜薄膜的保护效果。盐雾实验结果如表8.21和图8.33所示。

表8.21　705有机硅胶封闭不锈钢基PVD薄膜传感器试样盐雾实验结果

试样编号	工艺参数(I/U)	腐蚀现象	产生时间	腐蚀等级(腐蚀评级/外观评级)						
				36h	72h	108h	144h	180h	192h	204h
1	50A/40V	基体划痕处膜层变色	72h	10/A	6/B	4/B	4/B	2/D	—	—
2	50A/80V	无	—	10/A	10/A	10/A	10/A	10/A	10/A	10/A
3	50A/100V	基体划痕处膜层变色	108h	10/A	10/A	8/B	8/B	7/B	7/B	7/B
4	50A/120V	无	—	10/A	10/A	10/A	10/A	10/A	10/A	10/A
5	50A/160V	无	—	10/A	10/A	10/A	10/A	10/A	10/A	10/A

由表8.21及图8.33对比表8.12及图8.26可知,采用705有机硅胶进行PVD薄膜传感器封装能显著提高传感器薄膜的耐腐蚀性能,耐盐雾腐蚀时间提高到200h以上。试件1与试件3基体划痕处膜层变色,分析认为,705硅胶具有优异的耐水、防潮性能,虽然经历较长时间盐雾实验后仍有少量氯化钠溶液侵入胶层造成PVD薄膜传感器铜膜层腐蚀,但是总体而言,705硅胶对PVD薄膜传感器黄铜薄膜具有良好的保护效果,适用于PVD薄膜传感器封装。此外,综合电弧离子沉积AlN铝薄膜与705硅胶涂装两种封装工艺的优点,可同时采用两种工艺对PVD薄膜传感器进行封装。

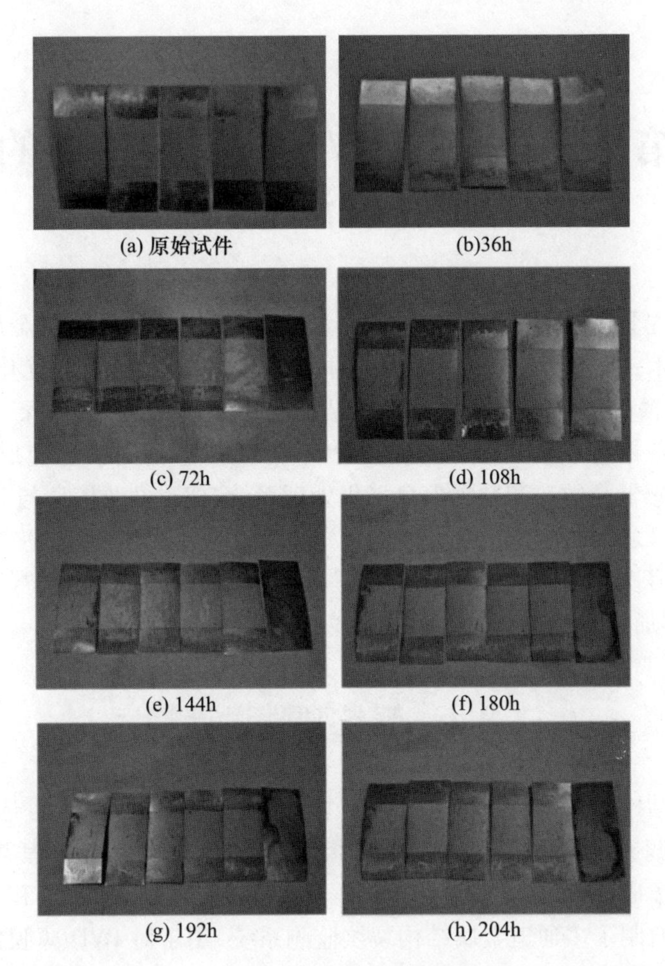

图8.33 盐雾实验结束后705有机硅胶封闭不锈钢基PVD薄膜传感器试样形貌

第9章 基于PVD薄膜传感器的结构裂纹监测系统研制

前几章主要提出了基于结构一体化PVD薄膜传感器的飞机金属结构疲劳损伤监测技术;确定了飞机金属结构一体化PVD薄膜传感器的优化设计方案;验证了PVD薄膜传感器监测飞机金属结构疲劳裂纹的可行性;探索出PVD薄膜传感器制备封装成套技术。为实现PVD薄膜传感器的工程应用,尚需研发PVD薄膜传感器裂纹监测数据信息采集处理系统,建立裂纹信息与PVD薄膜传感器监测信号之间的定量关系。本章首先从工程应用角度出发,进行了PVD薄膜传感器信号实时采集、存储、分析处理和结构损伤识别功能模块的软、硬件集成,搭建了多通道飞机金属结构裂纹在线监测系统。

9.1 系统硬件设计

典型的结构健康监控系统从硬件上划分,应该包括传感器、可选的执行器、信号采集与调节以及通信、供电等多个模块单元,为满足实际工程需要,这些组件应尽可能集成化、微型化。课题组根据PVD薄膜传感器的特点和电位法监测裂纹的原理研制了多通道金属结构裂纹监测系统,用于对PVD薄膜传感器的输出信号进行采集处理。

多通道金属结构裂纹监测系统结构示意图如图9.1所示。该系统采用220V外接电源供电,经转换模块转换为5V直流恒压电源输入监测电路。在监测电路中,通过配置合适大小的电阻与PVD薄膜传感器串联控制流通过PVD薄膜传感器该通道的电流,使其输出电位信号处于合适的初始值。与此同时,运算放大器滤波模块放大采集到的PVD薄膜传感器电位信号,并通过采集模块将其转换为数字信号,随后输入嵌入式控制处理器,信号处理器按照既定算法不断提取电位信号中可能的裂纹特征信号,由损伤识别模块对该特征信号进行识别,当特征信号满足一定条件时,触发检测系统的显示模块报警。其中,数据采集模块采用ART_USB2812数据采集卡,监测电路配置模块原理示意如图9.1所示,以上功能模块均与UNO-2174A-A33E主控器集成。

在系统硬件的总体设计上,多通道飞机金属结构裂纹在线监测系统通过监测电路配置模块进行监测电路配置，以运放模块作为信号调理平台，以ART_USB2812数据采集卡为数据采集平台，以UNO－2174A－A33E嵌入式控制器为数据处理平台，最终实现多通道飞机金属结构裂纹在线监测系统的多通道数据产生、调理、采集及处理。

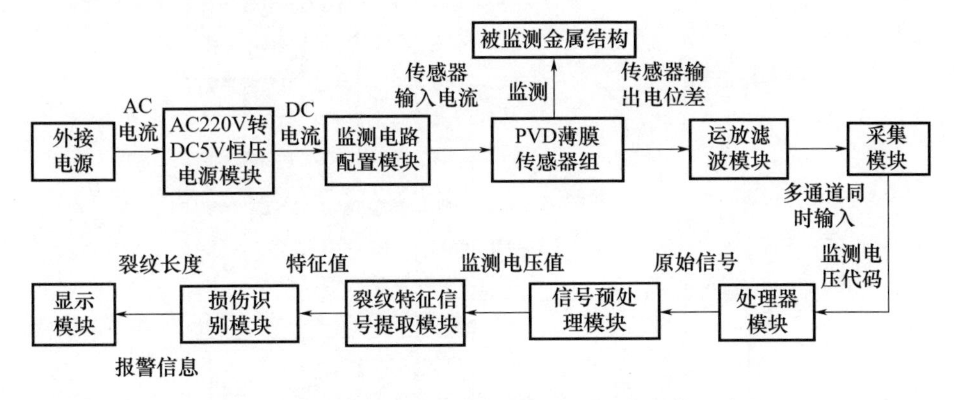

图9.1　多通道金属结构裂纹在线监测系统结构示意图

下面对在硬件设计框架中的监测电路配置模块、ART_USB2812数据采集卡以及UNO－2174A－A33E嵌入式控制器进行详细介绍。

（1）监测电路配置模块

监测电路配置模块主要用于控制PVD薄膜传感器串联电阻的阻值大小，从而间接控制输入PVD薄膜传感器中的直流电流大小，使PVD薄膜传感器输出电位差处于数据采集卡的量程范围内。监测电路配置模块为16路采集通道的监测电路各自设计了一套定值电阻，通过3个光耦PAA140和6个继电器控制50Ω、100Ω、200Ω、400Ω、800Ω和1600Ω的6个定值电阻的通断，从而实现PVD薄膜传感器串联电阻以50Ω为一档在50Ω－3150Ω范围内自由选择档位。

电阻配置选择模块如图9.2所示，电路原理图如图9.3所示。

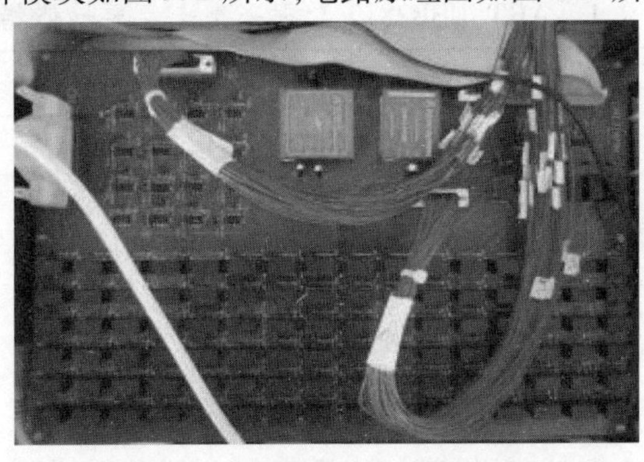

图9.2　电阻配置选择模块实物图

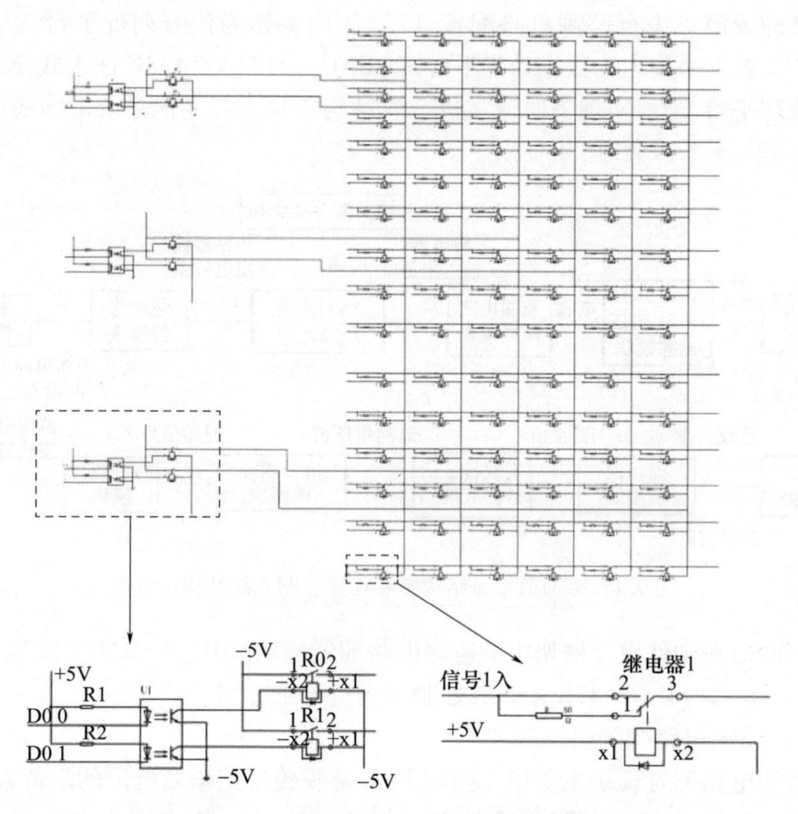

图 9.3　监测电路配置模块电路原理图

(2) ART_USB2812 数据采集卡。

ART_USB2812 卡是一种基于 USB 总线的数据采集卡,可直接和计算机的 USB 接口相连,构成实验室、产品质量检测中心等各种领域的数据采集、波形分析和处理系统。采集卡主要性能指标见表 9.1 所列。

表 9.1　ART_USB2812 数据采集卡主要性能指标

参数	指标	参数	指标
输入量程	±10V、±5V、±2.5V、0~10V	模拟输入阻抗	10MΩ
转换精度	13bits	芯片转换时间	≤1.6uS
采样速率	31Hz~250kHz	非线性误差	±1LSB
物理通道数	16 通道(单端),8 通道(双端)	系统测量精度	0.1%
输入方式	BNC 单端双极性电压输入	工作温度	0℃ ~ +50℃
存储器深度	8K 字(点)FIFO 存储器	存储温度范围	-20℃ ~ +70℃

ART_USB2812数据采集卡的元件布局图如图9.4所示。

图9.4　主要元件布局图

图9.4中:CN1为模拟信号输入/输出连接器;RP1~RP7为电位器,RP1用于AD模拟量信号输入零点调节,RP2用于AD模拟量信号输入满度调节,RP7用于AO0-AO3模拟量信号输出零点调节,RP3~RP6分别用于AO0~AO3模拟量信号输出满度调节;DID1为物理ID拨码开关;JP5~JP12为跳线器,JP5、JP6用于AD模拟量信号输入单端、双端选择,JP9、JP11用于AO0~AO3模拟量信号输出单极性、双极性选择,JP7、JP8、JP10、JP12用于DA模拟量信号输出AO0~AO3量程选择;EF、FF和HF为状态指示灯,三个指示灯为亮状态分别表示FIFO非空、FIFO溢出和FIFO半满;LED5.0V为5.0V电源指示灯。

(3)UNO-2174A-A33E嵌入式控制器。

UNO-2174A-A33E嵌入式控制器采用无风扇设计、排针散热设计、内部无排线设计、内存固化焊接设计、平台开放性设计和电池备份RAM设计,具备无硬盘、无风扇、低耗电、抗震动、耐撞击等特点以及弹性扩充能力,符合严苛工业环境应用需要的高可靠度和高稳定性要求。

UNO-2174A-A33E嵌入式控制器示意图如图9.5所示,主要性能指标见表9.2所列。

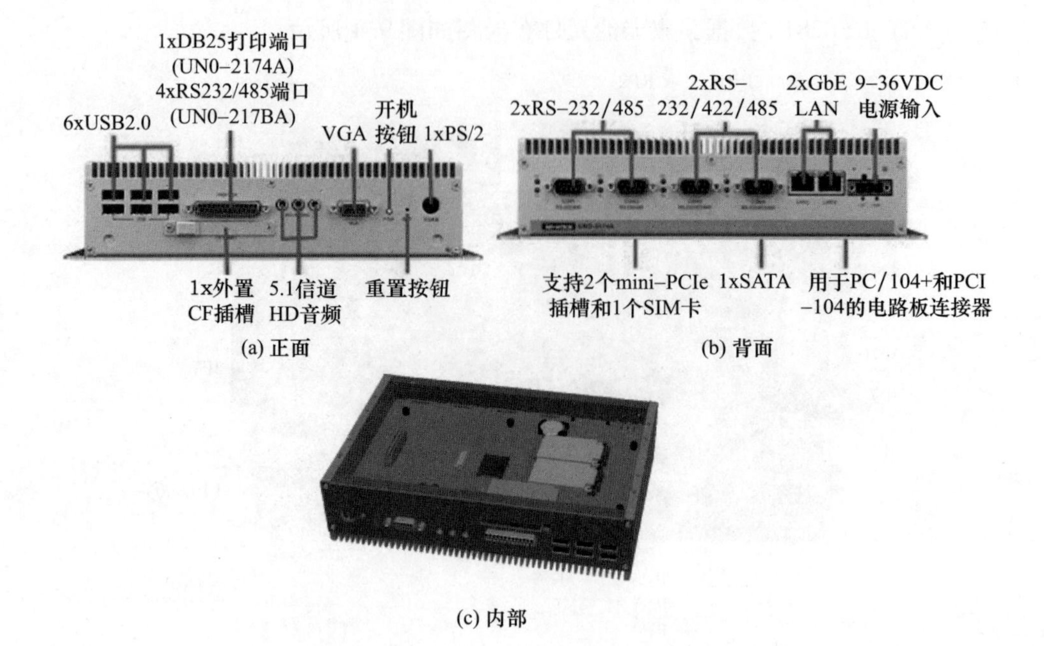

(a) 正面

(b) 背面

(c) 内部

图 9.5 UNO-2174A-A33E 嵌入式控制器示意图

表 9.2 UNO-2174A-A33E 嵌入式控制器主要性能指标

类别	规格
CPU	Atom N450 1.66GHz
RAM	2GB DDR2
存储	1×External CF 1×2.5inSATA HDD
尺寸	255mm×152mm×50mm
工作温度	-10℃ ~ +70℃
抗震、抗冲击能力	50G 抗冲击,2G 抗震
防护等级	IP40

9.2 系统软件设计

在 Visual Basic 编程环境下,基于 MFC 多视图框架类库,采用 VB 语言完成系统软件的编写实现。系统软件的设计框架示意图如图 9.6 所示。

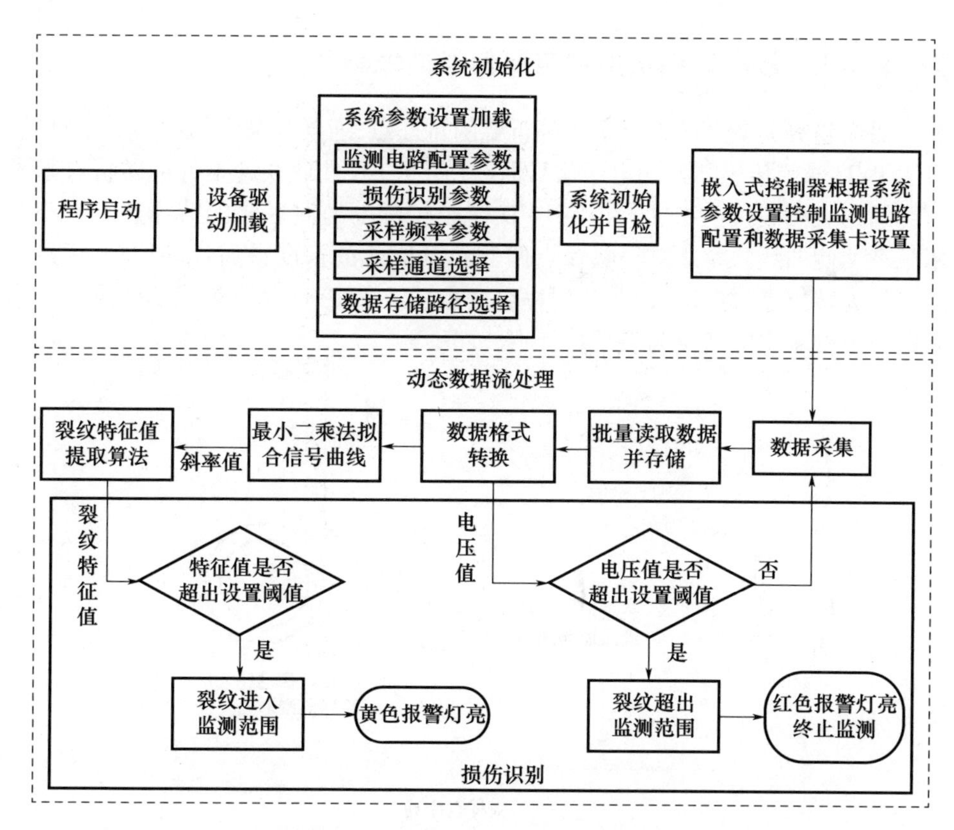

图9.6　系统软件设计框架示意图

在图9.6中，系统程序启动后，通过人机交互界面输入检测电路配置参数、损伤识别参数、采样频率参数等系统参数，并选择采样通道和数据存储路径。系统参数采用界面输入的目的在于直观便捷、容易实现、采集过程中参数可根据需要进行修改，最大限度提高系统可控性。系统参数设置加载后，系统进行初始化并自检，自检通过后，系统根据监测电路配置参数设置进行监测电路配置，根据采样参数设置进行数据采集。数据采集开始后，采样数据进入动态数据流处理流程。经多通道高速AD采集后的AD原始数据LSB首先转换成电压值Volt，并通过最小二乘拟合获得电压信号曲线的斜率值。然后，根据斜率值变化情况，应用基于动态监测数据流实时分析的损伤识别算法提取裂纹特征值。最后，将裂纹特征值与系统设置阈值对比，判断裂纹是否进入传感器监测范围，如果进入传感器监测范围则黄色报警灯亮；将实时的采集电压值与系统设置阈值对比，判断裂纹长度是否超出传感器监测范围，如果超过传感器监测范围则红色报警灯亮、系统终止，否则循环进入下一步数据采集和动态数据流处理。

9.2.1 最小二乘法拟合电压信号曲线斜率

曲线趋势突变的转折点是一种重要的特征点,通常与某一物理意义相对应。对于 PVD 薄膜传感器监测电压信号曲线(图 9.7),曲线快速上升的转折点是被监测结构表面裂纹前缘进入相应 PVD 薄膜传感器监测区域的特征点。本小节用某点两侧曲线斜率之差反映该点两侧斜率变化的幅度,将斜率局部变化最大的点作为转折点,称其为曲线的斜率突变点。定义 PVD 薄膜传感器监测电压信号曲线中的斜率突变点为裂纹特征点。

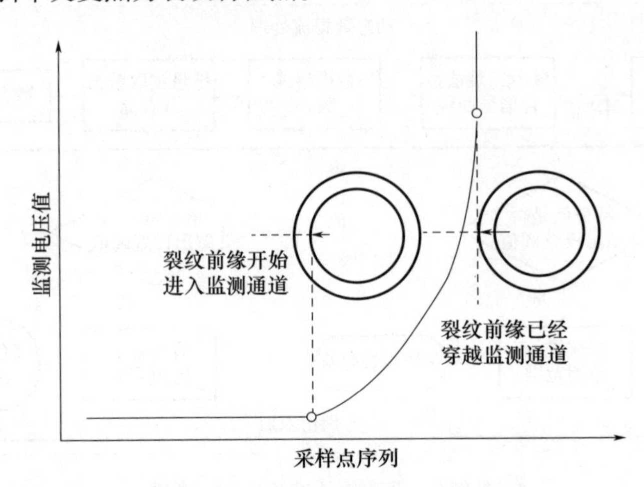

图 9.7 PVD 薄膜传感器理论裂纹特征模式

从 PVD 薄膜传感器电压信号中提取曲线斜率是对结构损伤进行定量评估的关键。由于 PVD 薄膜传感器监测数据为离散的数据点,并且 PVD 薄膜传感器受力情况不定导致监测数据存在一定幅度的波动,因而难以形成可以真实反映监测数据变化的连续监测曲线。采样数据点无法用曲线方程表达,采用微积分求导数的方法计算各采样点处的斜率也无法实现。

由于在较短的时间间隔内,曲线可以近似视为直线。本小节采用最小二乘法拟合一定时间间隔内相继数据点的线性回归系数的方法计算某时刻采样点两侧监测数据曲线的斜率。

最小二乘法直线拟合以测量数据与拟合值之差的平方和最小为理想结果,它反映了测量点的变化趋势,并不要求它通过全部测量点。最小二乘法可使误差较大的测量点对拟合曲线的精度影响较小,而且实现简单,易于编程,具体操作方法如下。

设最小二乘拟合直线为

$$U = a + kT$$

其中,第 i 个测试点与所拟合直线的垂直偏差为

$$\delta_i = U_i - (a + kT_i)$$

根据最小二乘法原理,使 $\sum_{1}^{N} \delta_i^2$ 最小,可得

$$k = \frac{N\sum T_i U_i - \sum T_i \sum U_i}{N\sum T_i^2 - (\sum T_i)^2}$$

$$a = \frac{\sum T_i^2 \sum U_i - \sum T_i \sum T_i U_i}{N\sum T_i^2 - (\sum T_i)^2}$$

根据校准曲线上 N 个测量值,将上式编制计算程序,即可得到最小二乘法拟合直线的斜率 k。

9.2.2 基于滑动窗口分析的裂纹损伤识别算法

本小节提出了针对PVD薄膜传感器的实时裂纹损伤识别方法,其思想是:将裂纹损伤定量识别转化为单监测通道内裂纹起始点(特征点)和裂纹危险点(报警点)识别,以PVD薄膜传感器输出监测数据曲线的斜率突变点作为裂纹起始点,以PVD薄膜传感器电阻值趋近无穷大、PVD薄膜传感器失效时的采样数据点作为裂纹危险点。本小节对PVD薄膜传感器监测数据流裂纹特征在线提取采取滑动窗口分析方式。

本小节提出的基于最小二乘法和滑动窗口分析方式的裂纹损伤识别算法,算法包括以下步骤。

(1)确定探索起始点:将PVD薄膜传感器监测数据点作为探索点,探索点对应的监测数据构成监测数据序列,选定第 i 个探索点作为探索起始点,该探索起始点对应的监测数据记为 data(i)。

(2)构造滑动窗口:以探索起始点为中心,分别选取探索起始点前后 j 个数据点构成滑动窗口,(其中 $j<i$),该滑动窗口内子数据点序列为{data($i-j$),…,data($i-1$),data(i),data($i+1$),…,data($i+j$)}。

(3)计算探索起始点前后曲线的斜率:对于滑动窗口中探索起始点及其之前的 j 个数据点对应的数据序列{data($i-j$),…,data($i-1$),data(i)},采用最小二乘法拟合得到探索起始点前子数据序列的回归系数 $k_f(i)$;对于滑动窗口中探索起始点及其之后的 j 个数据点对应的数据序列{data(i),data($i+1$),…,data($i+j$)},采用最小二乘法拟合得到探索起始点后子数据序列的回归系数 $k_b(i)$。

(4)寻找曲线斜率增量取得局部最大值的探索点:首先,计算探索起始点前后曲线斜率增量 $\Delta k(i) = k_f(i) - k_b(i)$,然后,滑动窗口,计算第 $i+1$ 和第 $i+2$ 两个探索点前后监测数据曲线的斜率增量 $\Delta k(i+1)$ 和 $\Delta k(i+2)$,若 Δk

$(i+1)>\Delta k(i)$ 且 $\Delta k(i+1)>\Delta k(i+2)$，则认为在探索起始点后第 1 个探索点处取得曲线斜率增量的局部最大值；否则，重新滑动窗口，直至取得曲线斜率增量的局部最大值；假设在探索起始点后第 m 个探索点处取得曲线斜率增量的局部最大值，将曲线斜率增量取得局部最大值的探索点计为 $i+m$，对应的监测数据记为 $\mathrm{data}(i+m)$。

(5)判定斜率突变点：在第 m 个探索点处取得曲线斜率增量的局部最大值后，需要进一步考察该探索点是否为斜率突变点，如果同时满足 $k_{\mathrm{b}}(i+m-1)>0$，$\mathrm{data}(i+m+1)-\mathrm{data}(i+m)>\mathrm{data}(i+m)-\mathrm{data}(i+m-1)$，且 $\Delta k(i+m)>a$（a 为系统阈值），则判定探索点 m 为斜率突变点；否则，返回(4)继续寻找曲线斜率增量取得局部最大值的探索点，进而执行(5)判定其是否为斜率突变点。

(6)寻找裂纹危险点：寻找到斜率突变点后，则认为结构起裂或裂纹尖端扩展至该监测通道，此时，开始寻找裂纹危险点，若 $\mathrm{data}(n)>b$，b 为系统阈值，则认为探索点 n 为裂纹危险点；否则，滑动窗口，直至寻找到裂纹危险点。

应用本小节提出的裂纹损伤识别算法，得到 2A12 - T4 铝合金试件的疲劳裂纹特征点识别结果，如图 9.8 所示。

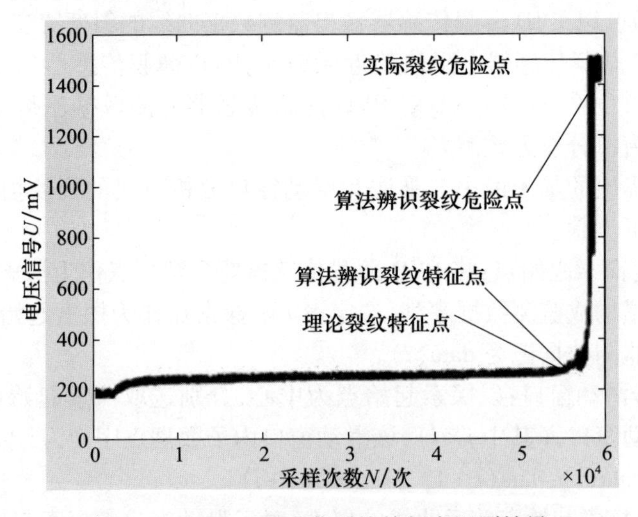

图 9.8　2A12 - T4 疲劳裂纹特征点识别结果

在图 9.8 中，滑动窗口在 55574 采样次数处识别出电压值信号斜率差局部最大值（裂纹特征点），通过分析传感器监测数据曲线可知该算法识别裂纹特征点存在一定的滞后性，裂纹特征点识别的滞后性可以通过降低算法阈值来减小，但降低阈值大小会影响算法的鲁棒性；滑动窗口在 57882 采样次数处识别出裂纹危险点，而实际裂纹危险点在 58005 采样次数处，裂纹危险点识别结果偏保守和安全。由于实验所设计的 PVD 薄膜传感器通道内径为 1mm，则根据损伤识别结果在57782采样次数时的裂纹长度裂纹为1mm。2A12－T4铝合金试件在线监测结果表明本节中提出的基于裂纹特征模式在线提取算法的PVD薄膜传感器裂纹定量在线识别算法是有效的，虽然存在裂纹特征点辨识滞后与裂纹危险点辨识偏安全，但满足工程要求。

9.3 裂纹监测系统软件的开发

9.3.1 编程软件简介

LabVIEW也可看作虚拟仪器，在模拟仿真领域内有着广泛应用，可以通过其对现实的仪器进行模拟，如模拟示波器等。这种软件中设置了整套工具而满足数据各方面处理要求，同时也可以对数据进行存储，在处理编码问题方面也有明显的优势。其中的各VI都使用函数获取传感器采集的数据，然后对信息进行显示或者发送到其他计算机。

VI由以下三部分构成：

(1)前面板，即用户界面；

(2)程序框图，其中主要设置了VI功能相关的代码；

(3)图标和连线板，可用于对其接口进行识别，这样可以方便的调用其余VI。

9.3.2 函数说明

(1)建立仪器名称函数。

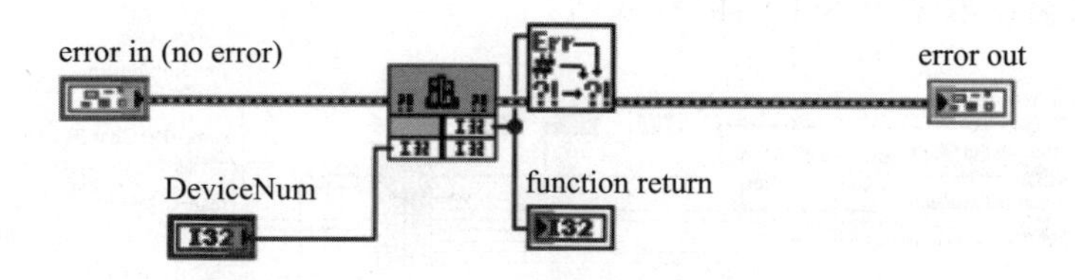

DeviceNum仪器逻辑Num(Number)记号。即向同一个PC端输入一个或多个同一种类别型号的USB仪器时，接收端会以该仪器的“原始名称与DeviceNum赋予的特定值为后缀的专有标记符号来识别并控制该仪器。例如当向PC端输入第一个PCM6661数据采集卡时，系统将用“PCM6661”作为最初的名称，然后讲DeviceNum赋予的值作为后缀，最后形成此仪器的专属标记符号“PCM6661－0”来识别和控制这第一个仪器，如果继续连接第二个PCM6661数据采集卡时，则以

“PCM6661 - 1”来识别和控制第二个仪器，如果要继续添加则按照此方式，依次顺序的形成标识。

(2)初始化仪器目标。

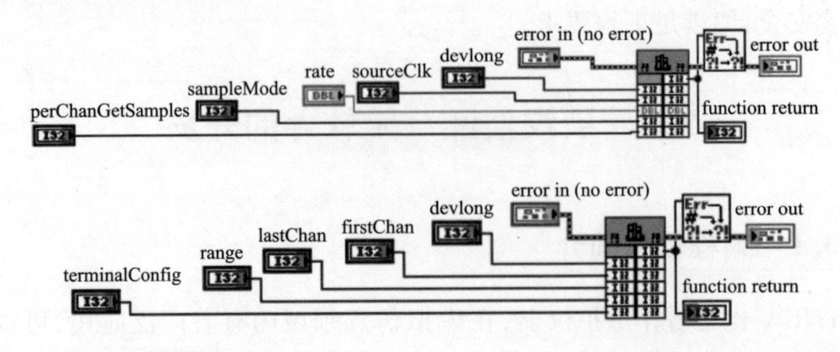

功能是将仪器设备中的信号转换部件进行初始化，为后续的采集操作做好准备工作，比如预先空出数据采集路径，提前设置每秒采样次数，限定采集的数据量程即范围。

sourceClK 为仪器目标的时钟源，由用户给出，rate 为仪器目标单通道采集频率，为采集开始前，由用户设置，sampleMode 为仪器目标采集模式，决定了仪器采集数据的模式，如连续模式，perChanGerSamples 为仪器采集缓冲区大小，决定了仪器目标采集数据时通道的通道宽度。

FirstChan 为仪器目标采集路径的第一个，lastChan 为最后一个，terminal-Config 为仪器目标采集的 AI 接地模式，以上皆由仪器设备自身参数决定。Range 为量程，其中，devlong 为顺序结构中用以连接上一帧中传递过来的数值的函数。

(3)批量读取采集卡上的信号数据。

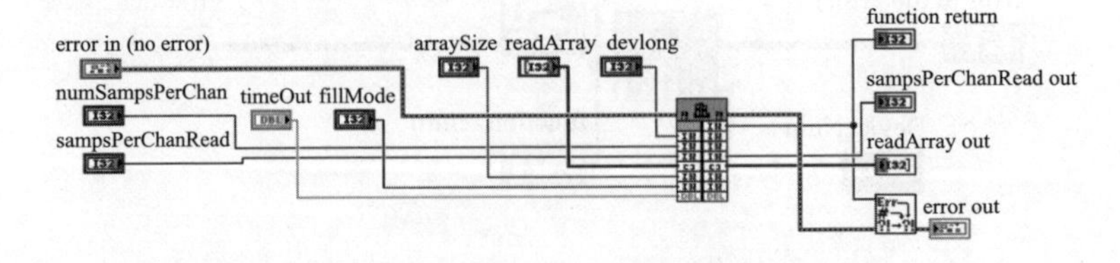

功能是读取 PCM6661 数据采集卡上的信号数据。

SampsPerChanRead 为单通道采集数量，由用户在开始采集数据之前手动输入确定。sampsPerChanRead out 用来输出单通道采集数量并显示在前面板中。Timeout 为采集的间歇时间。arraySize 表示读取的通道数据的总长度，由通道宽度和采集数量的乘积获得。Fillmode 表示采集的数据的填充模式，即以何种方式存放，比如按通道分组的方式存放。Array size 指单个数组长度，readarray 用以读取其长度,而后 readarray out 则表示输出该长度。

(4)读取电压值并输入。

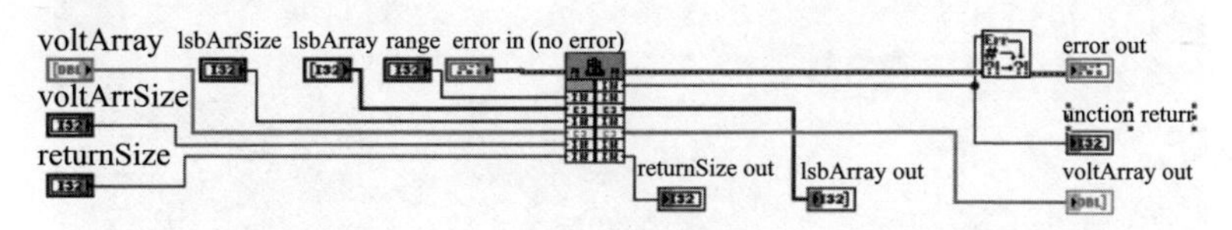

功能是将经处理过的由采集卡读取而来的电压信号读取并以特定长度输出。

votArrSize 是用来批量读取经计算后的电压数组的大小,然后用 votrrSize 函数将其输出。lsbArrSize 用来对应的读取采集的电压信号的即时时间,并用 lsbArray Out 函数输出。

(5)断开仪器目标连接函数。

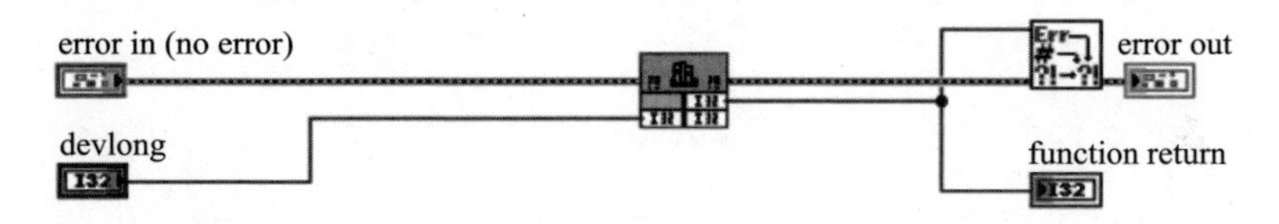

功能是终止信号转化部件的运作,并关闭数据采集仪器。

(6)运行仪器目标函数。

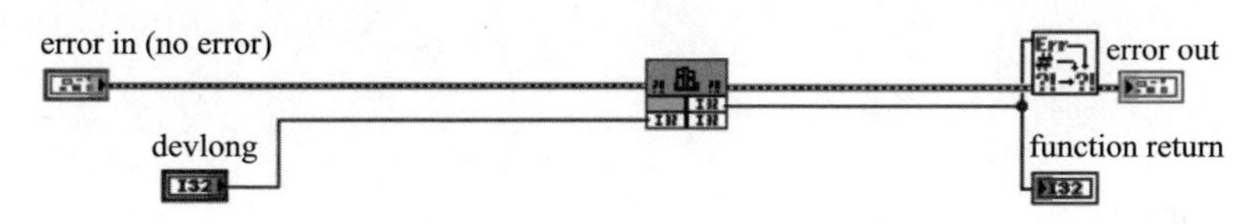

功能是使设备运行起来,并开始按照对应帧的顺序,进行后续的函数操作。

9.3.3 软件使用说明

本研究采用 LabVIEW 编写的基于格栅式 PVD 薄膜传感器的多通道裂纹监测数据采集系统界面如图 9.9 所示。

监测系统由采样参数设置模块及采样数据实时显示模块这两个模块构成。

采样参数设置模块主要有“采集通道(首、末通道)”“AI 接地模式”“时钟源”“量程”“采集模式”“单通道频率”“单通道采集数量”和“采集缓冲区大小”等 9 个部分,其中“采集通道”最大可设 16 个采集通道。

采样数据实时显示模块可以曲线的形式实时显示出采集的信号,图 9.9 仅显示出 4 个通道的信号，如有需求可最多显示 16 个通道采集的信号。

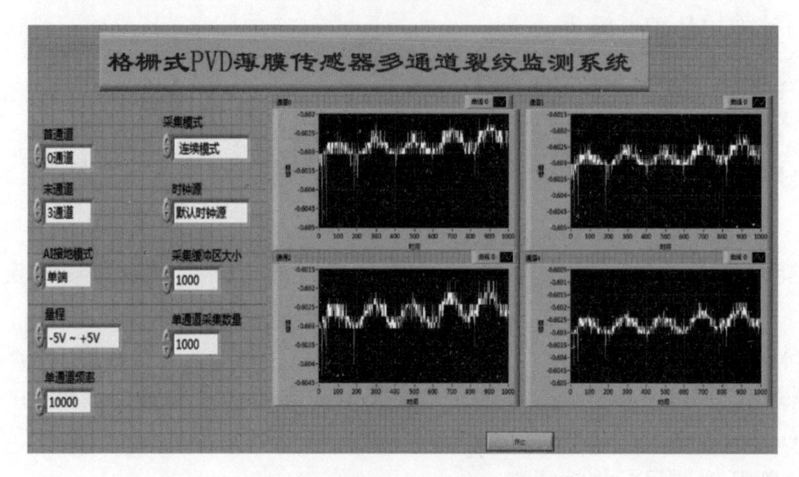

图 9.9　数据采集系统程序界面

第 10 章　基于 PVD 的金属结构裂纹监测示例

10.1　PVD 薄膜传感器与金属材料基体损伤一致性验证实验

PVD 薄膜传感器与基体结合良好、具有卓越的损伤一致性是应用其进行金属结构损伤监测的前提和基础。本节将采用两种方法考察 PVD 薄膜传感器与基体的损伤一致性。一是静拉伸载荷下 PVD 薄膜与基体的应变对比，在事先制备有 PVD 薄膜传感器的 2A12 - T4 铝合金中心孔试样两侧相同位置粘贴应变片，进行静拉伸实验，采集 PVD 薄膜传感器与铝合金基体的应变监测数据，并进行对比分析。二是疲劳实验中 PVD 薄膜行为观察，对制备有 PVD 薄膜传感器的 2A12 - T4 铝合金中心孔试样进行疲劳加载，采用分辨率为 0.1mm 的读数显微镜观察 PVD 薄膜传感器在实验过程中是否与基体结合良好，表现出良好的疲劳损伤一致性。上述应变对比实验的设计方案要求 PVD 薄膜传感器需要具备一定宽度以便应变片粘贴。因此，本节中选择在试样表面制备原型 PVD 薄膜传感器验证其与基体的损伤一致性。

10.1.1　静拉伸载荷下 PVD 薄膜传感器与基体损伤一致性验证

静拉伸载荷下 PVD 薄膜与基体的应变对比实验采用 MTS810 型液压伺服实验机在室温、空气环境中进行，该伺服实验机载荷误差小于 1%。应变测量采用 DH - 3816 型静态应变测试系统，该系统测量范围为 ±19999$\mu\varepsilon$，工作精度为 ±1$\mu\varepsilon$。

首先，在事先制备有 PVD 薄膜传感器的 2A12 - T4 铝合金中心孔试样两侧相同位置粘贴应变片，如图 10.1 所示。然后，开展静拉伸载荷下 PVD 薄膜与基体的应变对比实验，实验采用分级加载的方式进行，每级载荷为 1kN。加载前应变仪调平衡并清零，在逐级加载过程中，测量 PVD 薄膜传感器与 2A12 - T4 铝合金基体的应变数据直至实验件断裂。静拉伸载荷下 PVD 薄膜与基体的应变对比实验现场如图 10.2 所示。

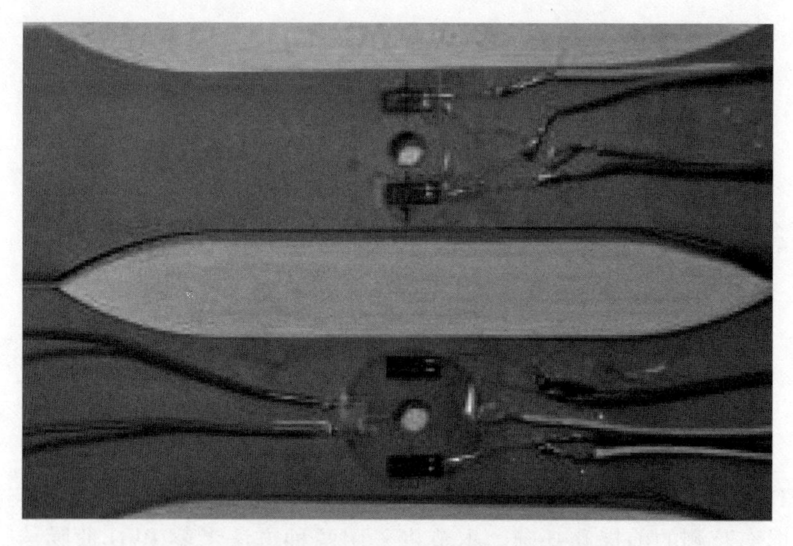

图 10.1 粘贴应变片的 PVD 薄膜传感器试样

图 10.2 应变对比实验现场

试样基体与 PVD 薄膜传感器的应变测量数据如图 10.3 所示,其中 A 与 B 应变片的测量数据是 2A12 铝合金基体的应变值,C 与 D 应变片的测量数据是 PVD 薄膜传感器的应变值。由图 10.3 可见,PVD 薄膜传感器的应变测量数据与试样基体的应变测量数据吻合度非常高,说明静拉伸载荷下 PVD 薄膜传感器与基体具有良好的损伤一致性。此外,施加在 PVD 薄膜传感器上的应变达到 3500$\mu\varepsilon$ 以上,而 PVD 薄膜并未从基体表面脱开,这说明该传感器具备在高应力环境下应用的潜力。

为了验证以上结果的可重复性,对另外四件制备有PVD薄膜传感器的试样进行了应变对比实验,五件试样的PVD薄膜和基体应变测试结果表现出良好的一致性。

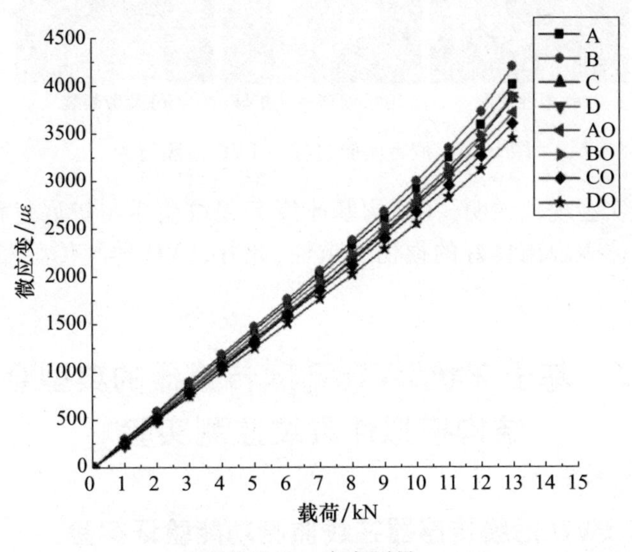

图10.3　应变测量

10.1.2　疲劳加载下PVD薄膜传感器与基体损伤一致性验证

制备有PVD薄膜传感器的2A12－T4铝合金中心孔试样的疲劳实验也是采用MTS810型液压伺服实验机在室温、空气环境中进行,实验过程中采用分辨率为0.1mm的读数显微镜观察PVD薄膜行为。疲劳实验的参数设定如下:载荷频率$f = 10\text{Hz}$;应力比$R = 0.01$;峰值载荷$\sigma_{\max} = 150\text{MPa}$。

图10.4所示为疲劳加载过程中PVD薄膜传感器与基体发生同步损伤的过程。随着疲劳加载的进行,试样中心圆孔明显变成椭圆形,如图10.4(a)所示。由图10.4(a)可见,PVD薄膜传感器跟随基体发生塑性变形。通过显微镜观察,PVD薄膜传感器没有出现薄膜脱落或开裂现象。

随着疲劳加载的继续进行,试样表面裂纹萌生并逐渐扩展过PVD薄膜传感器,如图10.4(b)所示。由图10.4(b)可见,当试样圆孔边缘的裂纹扩展进入PVD薄膜传感器所在区域时,PVD薄膜传感器与基体同步开裂。通过显微镜观察发现,除了在基体表面开裂位置发生相应裂纹之外,PVD薄膜传感器未出现不连续或脱落现象。

疲劳实验结束后,PVD薄膜传感器的形貌如图10.4(c)所示。由图10.4(c)

可见，实验结束之后断裂的 PVD 薄膜传感器两部分均未出现不连续或脱落现象，即 PVD 薄膜传感器并未发生与基体不一致的损伤。

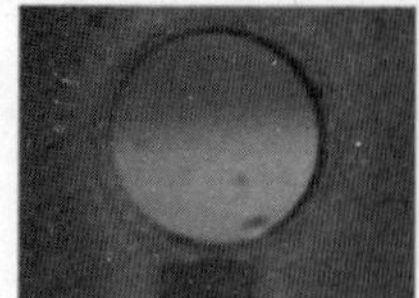
(a) 塑性变形

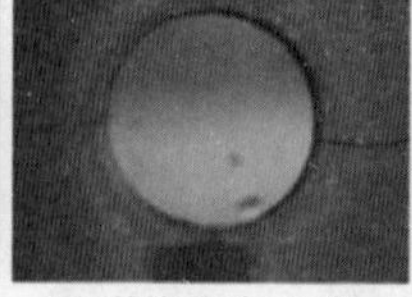
(b) 裂纹萌生及扩展

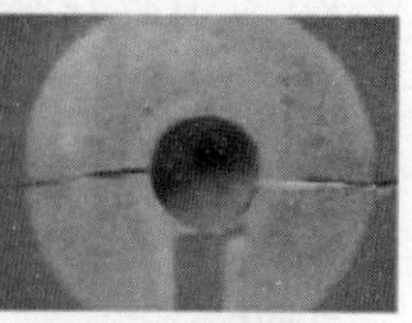
(c) 疲劳断裂

图 10.4　疲劳实验过程中 PVD 薄膜行为

综合以上实验现象说明，在结构基体疲劳裂纹萌生与扩展过程中，PVD 薄膜传感器与基体表现出良好的损伤一致性，此外，PVD 薄膜传感器与基体材料结合良好。

10.2　基于环状 PVD 薄膜传感器的典型金属结构模拟件裂纹监测实验

10.2.1　PVD 薄膜传感器在线监测功能验证实验

为了验证 PVD 薄膜传感器的裂纹定量在线监测能力，本小节采用同心环状 PVD 薄膜传感器对等幅载荷谱作用下的 2A12 - T4 铝合金中心孔试样进行疲劳裂纹在线监测，并对比分析同心环状 PVD 薄膜传感器监测结果和显微镜观测结果。

实际疲劳裂纹形状不规则给裂纹长度描述带来一定困难，本小节中将裂纹投影到垂直于试样纵向轴线的中心孔圆心所在平面内，定义该平面中裂纹前缘投影点到中心孔边缘点之间的距离为名义裂纹长度，用名义裂纹长度来描述实际的裂纹尺寸。

PVD 薄膜传感器在线监测功能验证实验现场如图 10.5 所示，图中显微镜通过支架安装在疲劳实验机夹头上，可以实现 X、Y、Z 三个方向自由移动，显微镜沿裂纹方向移动的位移数值可以通过数字屏幕精确显示，从而实现疲劳裂纹长度观测。实验采用等幅载荷谱，具体参数如下：加载频率 f 为 20Hz，应力比 R 为 0.05，峰值载荷 σ_{max} 为 150MPa。开始加载后，启动裂纹监测系统采集同心环状 PVD 薄膜传感器输出电位差信号，同时通过显微镜实时观察疲劳裂纹萌生、扩展状态，并对同心环状 PVD 薄膜传感器监测结果和显微镜观察测量结果进行对比。裂纹监测系统设置如下：启用 0、1 两个监测通道，采样频率设置为 32Hz，输出电压 1.5V，选用 150Ω 电阻与 PVD 薄膜传感器串联。

图10.5 PVD薄膜传感器在线监测功能验证实验现场

2A12－T4铝合金中心孔试样在疲劳循环加载作用下，经历52480次循环断裂，循环加载过程中同心环状PVD薄膜传感器输出电位差信号如图10.6所示。显微镜观测到的裂纹萌生、扩展过程如图10.7所示，其中，由左至右依次为裂纹萌生和名义裂纹长度为1mm、2mm、3mm时同心环状PVD薄膜传感器的形貌。

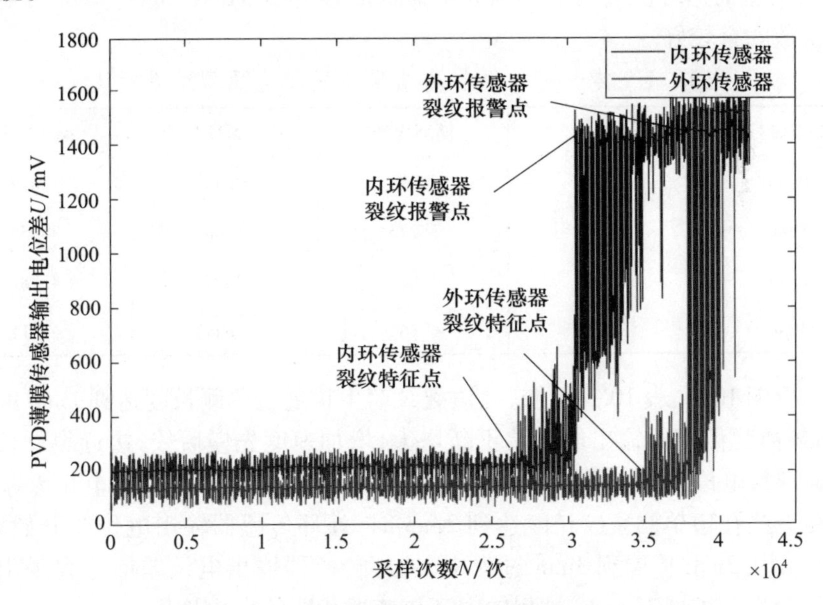

图10.6 PVD薄膜传感器输出电位差信号曲线(见彩图)

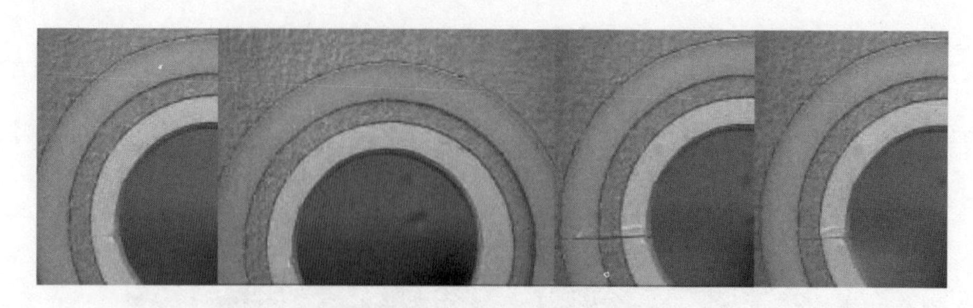

图 10.7　显微镜观测的裂纹形貌

根据同心环状 PVD 薄膜传感器工作原理,将传感器输出电位差信号开始快速增加的采样点作为裂纹前缘进入相应传感器通道监测区域的特征点;传感器输出电位差信号达到监测系统设置电压阈值时,认为裂纹前缘穿越相应传感器通道监测区域,此时的采样点即为裂纹报警点。由图 10.6 可知,在疲劳裂纹萌生、扩展过程中,内、外环传感器监测通道电位差信号变化趋势相似,只是裂纹特征点和裂纹报警点出现的时间不同。图 10.6 中 A 点为裂纹监测系统辨识的内环传感器裂纹特征点,B 点为内环传感器裂纹报警点;C 点为裂纹监测系统辨识的外环传感器裂纹特征点,D 点为外环传感器裂纹报警点。

将同心环状 PVD 薄膜传感器在线监测结果与显微镜观测结果进行对比,从表 10.1 中可以看出,同心环 PVD 状薄膜传感器监测裂纹长度达到 1mm、2mm、3mm 时对应的循环次数与显微镜观测裂纹长度达到 1mm、2mm、3mm 时对应的循环次数吻合较好。

表 10.1　传感器在线监测结果与显微镜观测结果对比

监测裂纹长度	采样点	循环次数	观测裂纹长度	循环次数
0mm	24202	30252	0mm	30467
1mm	30460	38075	1mm	38258
2mm	34882	43602	2mm	43782
3mm	37893	47366	3mm	47511

综合图 10.6、表 10.1 可知,孔边裂纹萌生扩展至单侧长度达到 1mm 的过程中,内环薄膜传感器输出电位差不断增大,增加速度先慢后快,接近裂纹长度接近 1mm 时,电位差急剧增加;而在此过程中外环薄膜传感器输出电位差基本保持不变。当孔边单侧裂纹长度达到 2mm 时,外环传感器输出电位差开始增加;单侧裂纹从 2mm 扩展到 3mm 过程中,外环传感器输出电位差信号表现出与单侧裂纹萌生并扩展至 1mm 过程中内环传感器相同的变化趋势。

通过上述分析可知,将同心环状 PVD 薄膜传感器输出电位差信号开始快速增加的特征点和电位差信号大于监测系统阈值的危险点分别作为裂纹前缘进入相应传感器监测通道和裂纹前缘穿越相应传感器监测通道的特征，同心环状 PVD 薄膜传感器可以实现金属结构裂纹定量监测，监测精度可达到 1mm。

 10.2.2 PVD 薄膜传感器原位检测功能验证实验

飞机结构及其工作环境的复杂性对基于 PVD 薄膜传感器的结构裂纹在线监测系统提出一系列要求，如体积小、重量轻，不影响飞机质量分布，航空环境可靠性，对机载设备的电磁兼容性等。为了规避上述严苛的要求，同时实现飞机金属结构裂纹损伤有效检测以保证飞机结构安全、延长服役寿命，将前端 PVD 薄膜传感器与终端裂纹检测设备分离，变在线监测为原位检测应用于飞机金属结构检测维修。本小节将验证 PVD 薄膜传感器对金属结构裂纹的原位检测能力。

PVD 薄膜传感器原位检测功能验证实验采用制备有同心环状 PVD 薄膜传感器的试样，PVD 薄膜传感器原位检测功能验证实验现场如图 10.8 所示。当通过图 10.8 中所示显微镜观测到疲劳裂纹达到目标长度后，启动裂纹监测系统采集同心环状 PVD 薄膜传感器输出电位差信号。

图 10.8　PVD 薄膜传感器原位检测功能验证实验现场

根据同心环状 PVD 薄膜传感器的几何设计参数，选取名义裂纹长度 1mm、1.5mm、2.5mm 和 3mm 作为目标长度。原位监测实验之前，同心环状 PVD 薄膜传感器输出电位差采集信号如图 10.9 所示。原位监测实验中采用显微镜观察裂纹长度，当疲劳裂纹扩展至目标长度时，同心环状 PVD 薄膜传感器输出电位

差信号如图 10.10 所示。在图 10.10(a)中,内环薄膜传感器输出电位差信号最大值达到 1500mV,并且电位差信号出现大范围周期性波动。根据多通道监测系统设置和输出特性可知,此时内环薄膜传感器断裂,内环薄膜传感器监测通道失效;而电位差信号大范围周期性波动是由于此时裂纹长度较小,小载荷作用下裂纹部分闭合,循环加载过程中内环传感器断面不断接触和分开导致电流周期性导通和断开。在图 10.10(b)中,内环薄膜传感器输出电位差信号保持在 1500mV 左右,大范围周期性波动消失,分析认为随着裂纹长度的增加,小载荷下裂纹闭合已不足以使内环薄膜传感器断面接触,从而循环载荷对内环薄膜传感器输出电位差的影响消失;此外,此时外环薄膜传感器输出电位差信号与初始信号相比,有一定的增大。在图 10.10(c)中,内环薄膜传感器输出电位差信号与图 10.10(b)中的电位差信号相似,而外环薄膜传感器输出电位差信号与初始信号和图 10.10(b)中的电位差信号相比,有明显的增大。在图 10.10(d)中,外环薄膜传感器输出电位差信号最大值也达到 1500mV,并且电位差信号出现大范围周期性波动。根据多通道监测系统设置和输出特性可知,此时外环薄膜传感器断裂,外环薄膜传感器监测通道失效;而电位差信号大范围周期性波动同样是由于循环加载过程中外环传感器断面不断接触和分开导致电流周期性导通和断开而形成的。

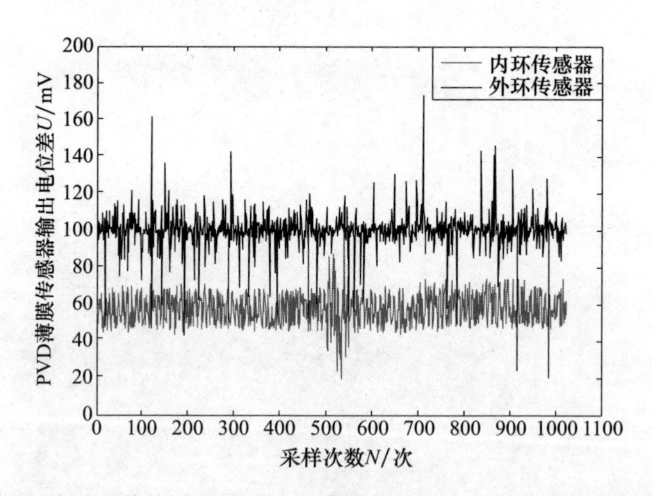

图 10.9 监测实验开始前同心环状 PVD 薄膜传感器输出电位差信号曲线(见彩图)

将目标裂纹长度下同心环状 PVD 薄膜传感器输出电位差信号与初始输出电位差信号进行对比,得到 2A12 - T4 铝合金基同心环状薄膜传感器原位检测结果(表 10.2)。由表 10.2 中可知,裂纹扩展至目标长度时,同心环状 PVD 薄膜传感器输出电位差信号具有明显的特征变化。因此,根据同心环状 PVD 薄膜传感器输出电位差及其变化率可以实现结构裂纹原位检测。

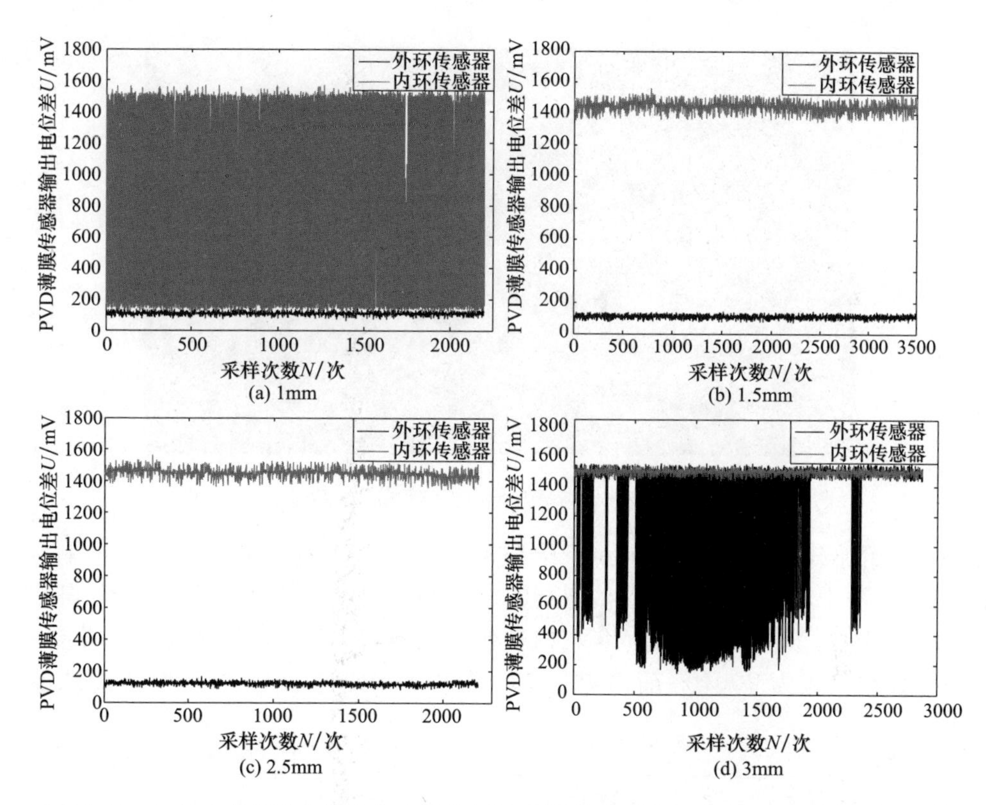

图10.10 目标名义裂纹长度下同心环状PVD薄膜传感器输出电位差信号曲线(见彩图)

表10.2 同心环PVD状薄膜传感器原位检测结果

裂纹长度/mm	对应疲劳循环数	内环传感器通道		外环传感器通道	
		输出电位差/mV	变化率/%	输出电位差/mV	变化率/%
0mm	0	58	—	100	—
1mm	34500	1500	—	107	7
1.5mm	37000	1500	—	109	9
2.5mm	41000	1500	—	128	28
3mm	42500	1500	—	1500	—

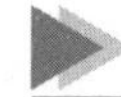

10.2.3 中心孔板试样疲劳裂纹监测实验

本小节采用同心环状PVD薄膜传感器进行2A12－T4铝合金中心孔板试样疲劳裂纹监测实验,实验现场如图10.11所示。实验加载采用随机载荷谱,该随机载荷谱是根据某型飞机重心过载谱经过损伤折算编制的某结构实际使用载荷谱,其部分数据如图10.12所示。

图 10.11　2A12 - T4 铝合金中心孔板试样疲劳裂纹监测实验现场

开始加载后,启动裂纹监测系统采集同心环状 PVD 薄膜传感器输出电位差信号,对中心孔试样疲劳裂纹进行实时监测。裂纹监测系统设置如下:启用 CH0、CH1 两个监测通道,CH0 与内环传感器连接,CH1 与外环传感器连接;采样频率设置为 200Hz;输出电压 5V;选用 500Ω 电阻与 PVD 薄膜传感器串联。

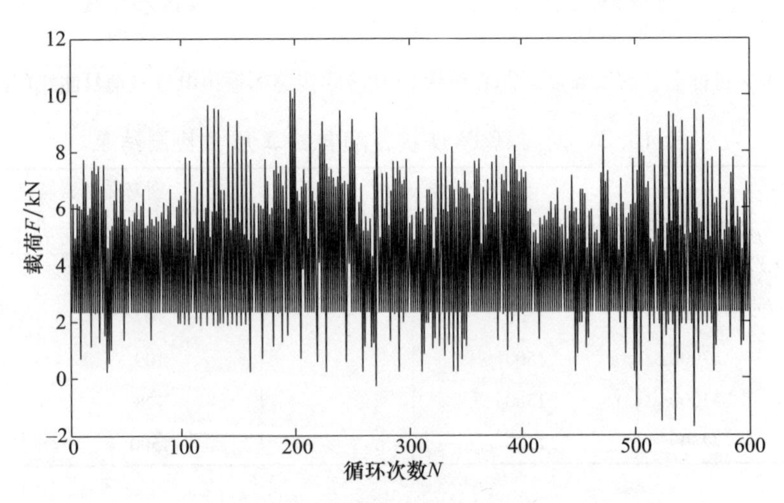

图 10.12　某型飞机 × × 部位的服役使用载荷谱(部分)

监测过程中多通道飞机金属结构裂纹在线监测系统界面如图 10.13 所示,其中,黄色和紫色曲线分别对应 CH0 和 CH1 两个通道的监测信号。图 10.13(a)为监测实验初期的监测系统输出界面,此时两条曲线比较平滑,报警灯均保持初始状态的绿色;图 10.13(b)中 CH0 监测通道的报警灯显示为黄色,这意味着裂纹已萌生并在内环传感器监测范围内扩展，此时黄色曲线波动幅度显著增大；图 10.13(c)中 CH0 监测通道的报警灯显示为红色，而 CH1 监测通道的报警灯仍为绿色，这意味着裂纹已扩展出内环传感器的监测范围，但尚未进入外环传感器监测范围，根据传感器几何设计参数可知此时名义裂纹长度达到 1mm，而黄色曲线尚未变为等于最大量程的直线是由于小载荷作用下裂纹部分闭合导致已断裂的传感器薄膜接触，CH0 通道反复接通、断开；图 10.13(d)中紫色曲线波动幅度增大，CH1 监测通道的报警灯显示为黄色，这意味着裂纹已扩展进入外环传感器监测范围，此时裂纹长度达到 2mm；图 10.13(e)中 CH0 和 CH1 监测通道的报警灯均显示为红色，这意味着裂纹已扩展出外环传感器的监测范围，裂纹长度达到 3mm。

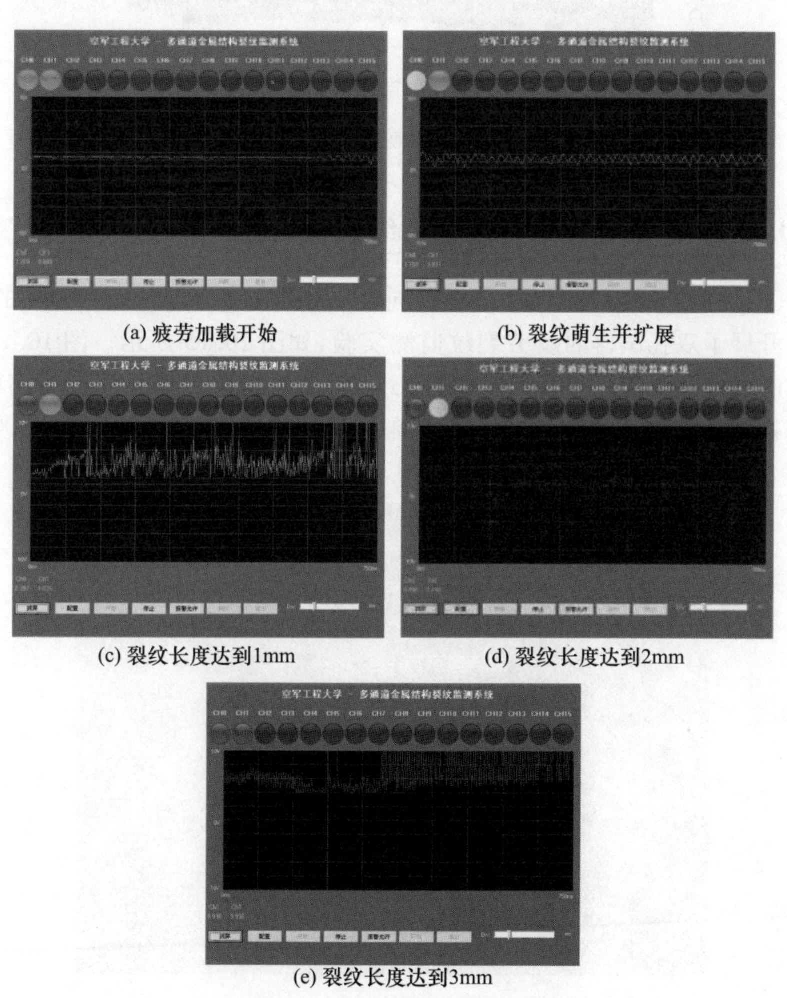

(a) 疲劳加载开始　　(b) 裂纹萌生并扩展

(c) 裂纹长度达到1mm　　(d) 裂纹长度达到2mm

(e) 裂纹长度达到3mm

图 10.13　多通道结构裂纹在线监测系统界面(见彩图)

实验全过程中完整的同心环状 PVD 薄膜传感器输出电位差信号曲线如图 10. 14 所示。实验结果验证了同心环状 PVD 薄膜传感器定量监测结构疲劳裂纹的有效性。

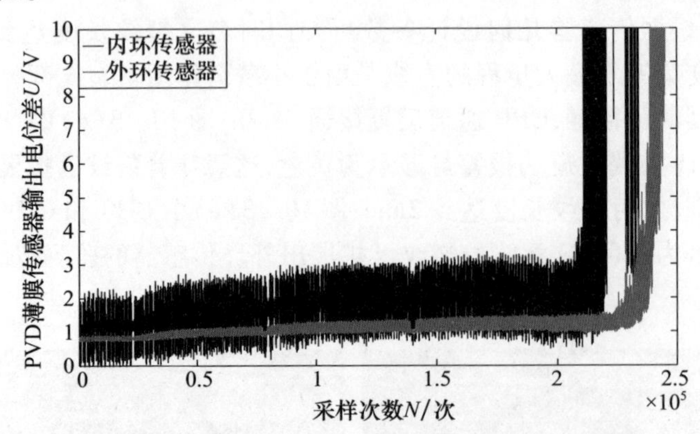

图 10. 14　同心环状 PVD 薄膜传感器输出电位差信号曲线(见彩图)

10. 2. 4　典型连接试样疲劳裂纹监测实验

为了进一步考察 PVD 薄膜传感器同时监测结构多个部位疲劳损伤的能力,本小节开展了双孔试样的疲劳裂纹监测实验,如图 10. 15 所示。图 10. 15 中双孔试样的两个孔周边均布设了一组同心环状 PVD 薄膜传感器阵列。实验加载采用等幅载荷谱,具体参数如下:加载频率 f 为 20Hz,应力比 R 为 0. 05,峰值载荷 σ_{max} 为 150MPa。

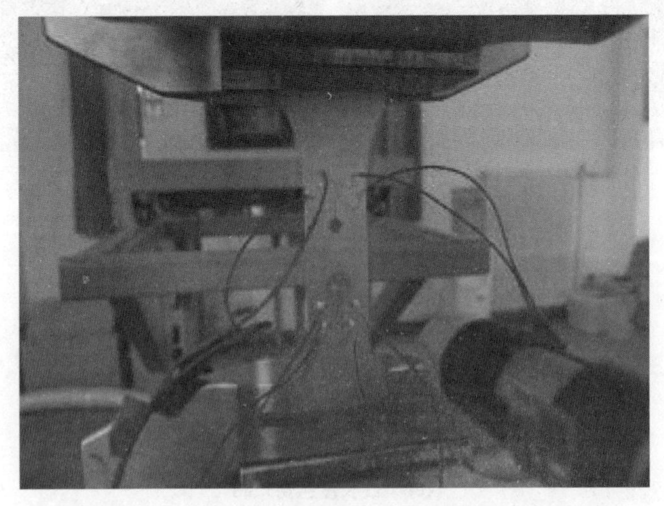

图 10. 15　双孔试样疲劳裂纹监测实验现场

开始加载后,启动裂纹监测系统采集同心环状PVD薄膜传感器输出电位差信号,对双孔试样疲劳裂纹进行实时监测。裂纹监测系统设置如下:启用CH0、CH1、CH2、CH3四个监测通道,CH0与图10.15中试样下侧孔边的内环传感器连接,CH1与试样下侧孔边的外环传感器连接,CH2与试样上侧孔边的内环传感器连接,CH3与试样上侧孔边的外环传感器连接;采样频率设置为400Hz;输出电压5V;选用1000Ω电阻与两组同心环状PVD薄膜传感器阵列串联。

监测过程中多通道飞机金属结构裂纹在线监测系统界面如图10.16所示,其中黄色、紫色、绿色、橙色曲线分别对应CH0、CH1、CH2、CH3四个通道的监测信号。图10.16(a)为监测实验初期的监测系统输出界面,此时四条曲线比较平滑,报警灯均保持初始状态的绿色;图10.16(b)中CH0监测通道的报警灯显示为黄色,这意味着试样下侧孔边裂纹已萌生并在内环传感器监测范围内扩展,此时黄色曲线的监测数据明显增大并且黄色曲线波动幅度显著增大;图10.16(c)中CH0监测通道的报警灯显示为红色,这意味着试样下侧孔边裂纹已扩展出内环传感器的监测范围,此时试样下侧孔边裂纹达到1mm,CH0通道已断开;图10.16(d)中CH1监测通道的报警灯显示为绿色,而CH2监测通道的报警灯显示为黄色,这意味着试样下侧孔边裂纹尚未进入外环传感器监测范围,而试样上侧孔边裂纹已萌生并在内环传感器监测范围内扩展,此时绿色曲线明显上升;图10.16(e)中CH0、CH2监测通道的报警灯均显示为红色,而CH1、CH3监测通道的报警灯显示为绿色,这意味着试样下侧孔边的裂纹尚未进入外环传感器监测范围,而试样上侧孔边裂纹已扩展出内环传感器的监测范围裂纹,此时该裂纹长度也达到1mm;图10.16(f)中CH1监测通道的报警灯显示为黄色,而CH3监测通道的报警灯显示为绿色,这意味着试样下侧孔边裂纹已扩展进入外环传感器监测范围,此时该裂纹长度达到2mm,试样上侧孔边裂纹长度在1mm到2mm之间;图10.16(g)中CH1监测通道的报警灯显示为红色,而CH3监测通道的报警灯显示仍为绿色,这意味着试样下侧孔边裂纹已扩展出外环传感器的监测范围,该裂纹长度达到3mm,而试样上侧孔边裂纹长度仍然在1~2mm之间。

试样最终在下侧孔位置发生断裂,实验结束。实验全过程中完整的同心环状PVD薄膜传感器输出电位差信号曲线如图10.17所示。实验结束后,采用光学显微镜对试样上侧孔边裂纹进行观察,发现该裂纹长度确实在1~2mm之间。实验结果证明同心环状PVD薄膜传感器可以实现同时对结构多个关键部位进行疲劳损伤监测。

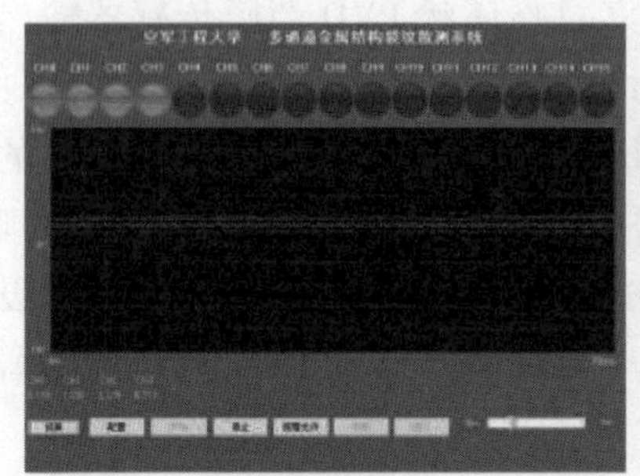

(a) 疲劳加载开始

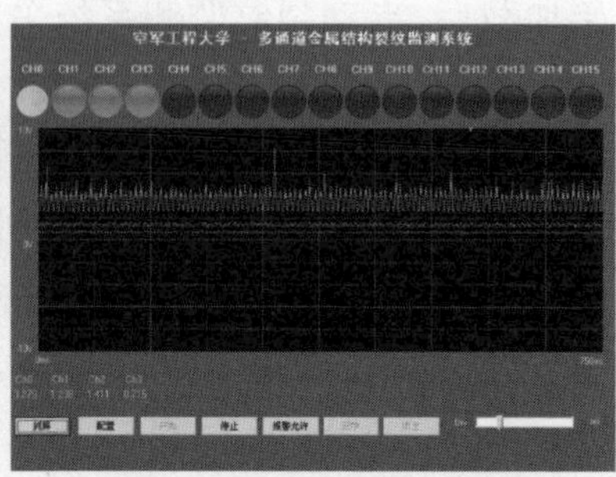

(b) 试样下侧孔边裂纹萌生并扩展

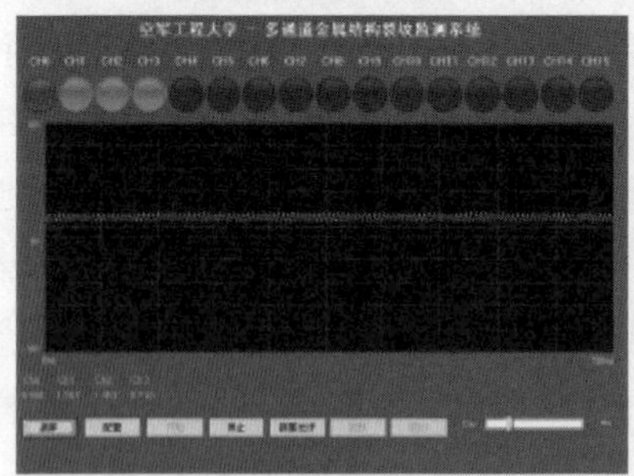

(c) 试样下侧孔边裂纹长度达到1mm

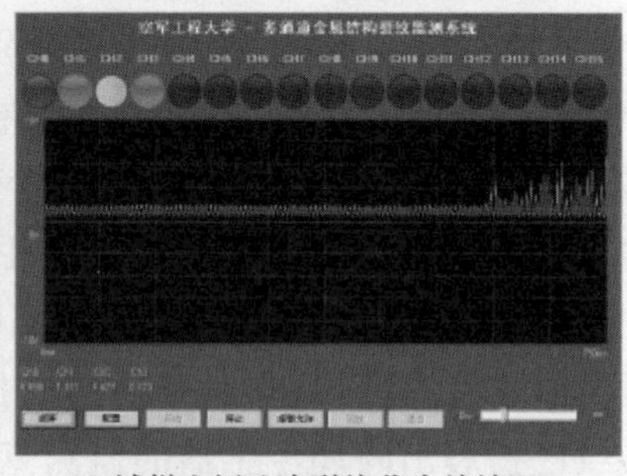

(d) 试样上侧孔边裂纹萌生并扩展

(e) 试样上侧孔边裂纹长度达到1mm

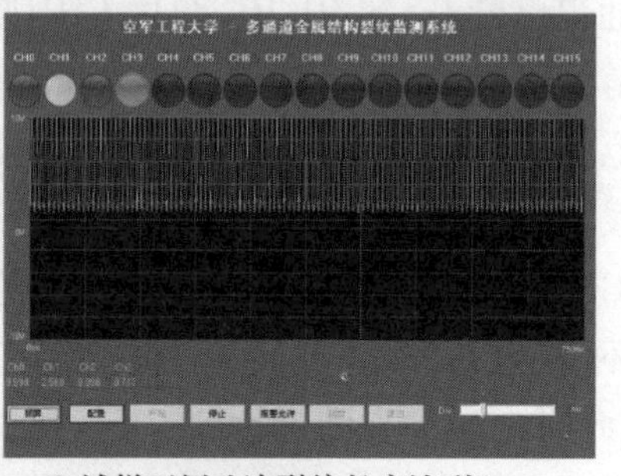

(f) 试样下侧孔边裂纹长度达到2mm

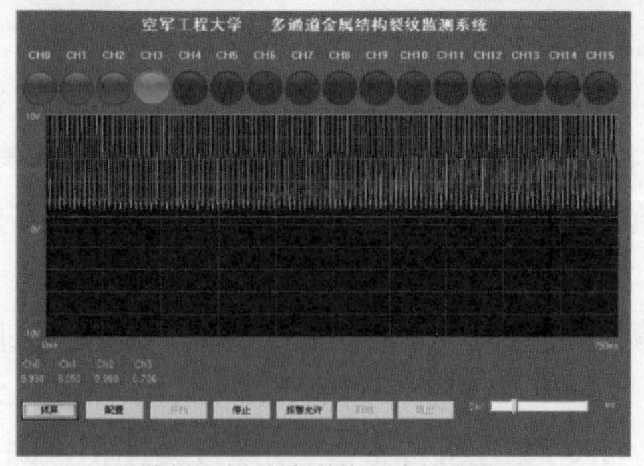

(g) 试样下侧孔边裂纹长度达到3mm

图 10.16　多通道结构裂纹在线监测系统界面(见彩图)

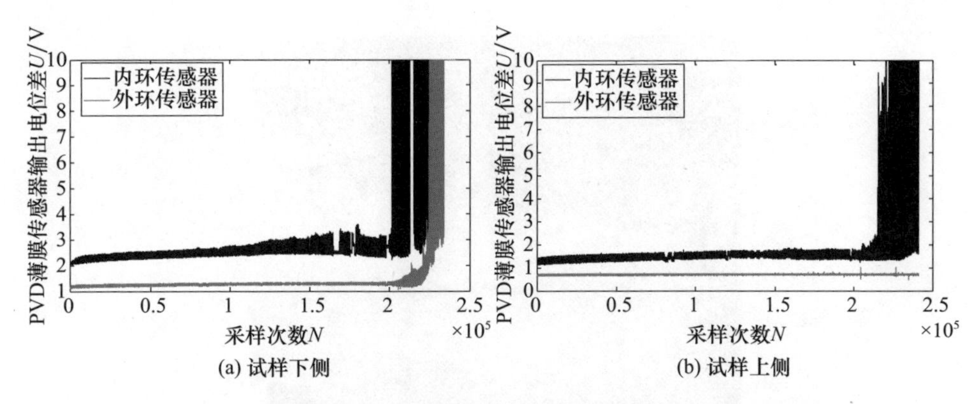

图10.17　同心环状PVD薄膜传感器输出电位差信号曲线(见彩图)

10.3　基于格栅式PVD薄膜传感器的裂纹在线监测实验

为对格栅式PVD薄膜传感器定量监测裂纹的性能进行验证,选择2A12-T4铝合金狗骨型中心孔板开展等幅谱作用下基于格栅式PVD薄膜传感器的典型飞机金属结构模拟件疲劳裂纹监测实验。

10.3.1　疲劳裂纹在线监测实验过程

图10.18、图10.19为实验现场照片,实验件表面集成格栅式PVD薄膜传感器。实验在室温大气环境下开展,载荷形式为正弦波,实验载荷控制模式为力控制,实验最大载荷 $F_{max}=5kN$,应力比 $R=0.05$,实验频率 $f=10Hz$。

图10.18　疲劳裂纹监测实验现场

图 10.19　光学监测裂纹扩展

10.3.2　疲劳裂纹在线监测实验结果与分析

实验结束后格栅式 PVD 薄膜传感器的断口形貌如图 10.20 所示。具体分析此图结果可看出，断裂的传感器上未产生不连续或剥落问题。由此分析可知在实验过程中，传感器与基体结合很紧密，二者的损伤一致性达到较高水平。

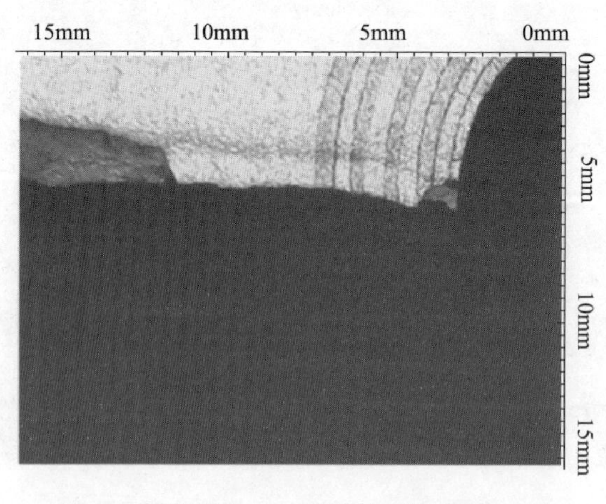

图 10.20　格栅式 PVD 薄膜传感器的断口形貌

表 10.3 传感器监测与显微镜观测结果对比

监测裂纹长度	循环次数	观测裂纹长度	循环次数
0.5mm	25634	0.5mm	25872
1.5mm	31345	1.5mm	31246
2.5mm	34996	2.5mm	35186
3.5mm	37962	3.5mm	37043
4.5mm	39971	4.5mm	40165

图 10.21 显示出格栅式 PVD 薄膜传感器输出信号和载荷循环数之间的相关性,具体分析此图可看出其输出信号 V_C 在裂纹扩展过程中表现出明显的阶梯状增加趋势。由于20000 次循环之前的信号早在样本断裂之前,且几乎没有显著差异,在此不进行展示。在扩展裂纹尖端到达第一条感应通道 CH1 之前,传感器输出信号波动较小。如表 10.3 所列,当循环次数达到 25634 时,传感器输出信号发生跳跃式增长,输出信号 V_C 达到 12.16%,这说明裂纹已通过 CH1,裂纹长度达到 0.5mm,这与显微镜观测结果一致。当循环次数达到 31345 时,输出信号 V_C 达到 33.82%,这说明裂纹前缘已通过 CH2,裂纹长度达到 1.5mm。当循环次数达到 34996,输出信号 V_C 达到 80.65%,这说明裂纹前缘已通过 CH3,裂纹长度达到 2.5mm。当循环次数达到 37962,输出信号 V_C 达到 219.93%,这说明裂纹前缘已通过 CH4,裂纹长度达到 3.5mm。当循环次数达到 39971,输出信号 V_C 趋近一个极大值,这说明裂纹前缘已通过 CH5,全部感应通道已全部断裂,裂纹长度达到 4.5mm。对实验结果分析可知,裂纹萌生时,传感器输出信号 V_C 产生改变,而在裂纹通过感应通道期间,对应的输出结果 V_C 变化并不明显,当裂纹完全通过感应通道的瞬间,输出信号 V_C 会有一个大幅度跳跃,然后输出信号趋于稳定,当裂纹尖端通过下一个感应通道时,输出信号继续发生跳跃式增长。传感器输出信号的变化特征表现为,裂纹通过的感应通道数量越多,则对应的信号 V_C 增长幅度越大。相邻感应通道间距加感应通道的宽度就对应于监测精度,当然感应通道 CH1 由于紧贴裂纹孔边,所以其监测精度即为第一条感应通道自身宽度。根据以上结果分析可知,格栅式 PVD 薄膜传感器可定量监测飞机金属结构的孔边裂纹,其性能可满足应用要求。

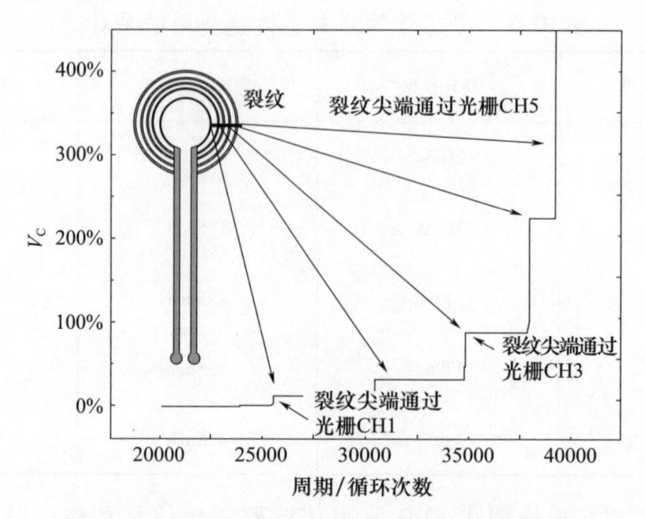

图 10.21　传感器输出信号随载荷循环数的变化情况

10.4　基于 PVD 薄膜传感器的典型金属结构振动疲劳裂纹监测

10.4.1　实验件设计

根据对于金属结构振动疲劳失效案例的分析和课题组对某部已有的振动疲劳损伤的统计分析,发现航空发动机是整个飞机结构中最主要的振动激励源,且共振疲劳失效是航空发动机叶片主要的疲劳失效形式。常见的叶片疲劳断裂失效部位大多位于叶片根部,而叶片掉角故障的应力集中部位位于叶片远端中部,有文献称该阶模态为“双扭弯曲复合”振型。相比于常规一阶振型,该振型下叶片的应力与变形状态更为复杂,产生“弯”与“扭”的耦合变形,因此,对 PVD 薄膜传感器的损伤一致性要求更高。就 PVD 薄膜传感器的制备难度而言,叶片远端型面更为复杂,制备封装难度明显更高,因此本文选取叶片“双扭弯曲复合”振型为研究对象,进行振动疲劳裂纹的监测实验研究。

鉴于使用真实叶片进行疲劳裂纹监测实验存在成本高、激振频率复杂等困难,拟采用模拟实验件进行实验研究。有文献对方板形实验件的非线性振动响应特性进行了研究,并进行了振动疲劳裂纹扩展实验,其实验件形状及尺寸如图 10.22 所示。由几何畸变相似原则,使用该形方板形实验件模拟真实的航空发动机叶片具有一定的可行性,但应该最大限度的模拟真实叶片掉角故障时的应力分布状态和疲劳破坏形式,因此对该型实验件进行有限元振动模态分析,结果如图10.23所示。

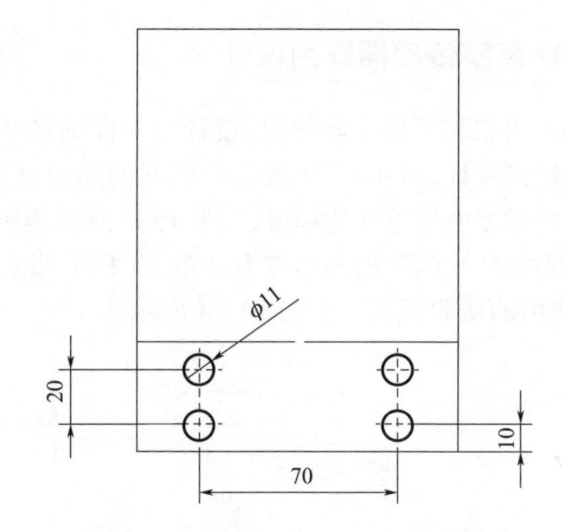

图10.22 方板形实验件尺寸示意图

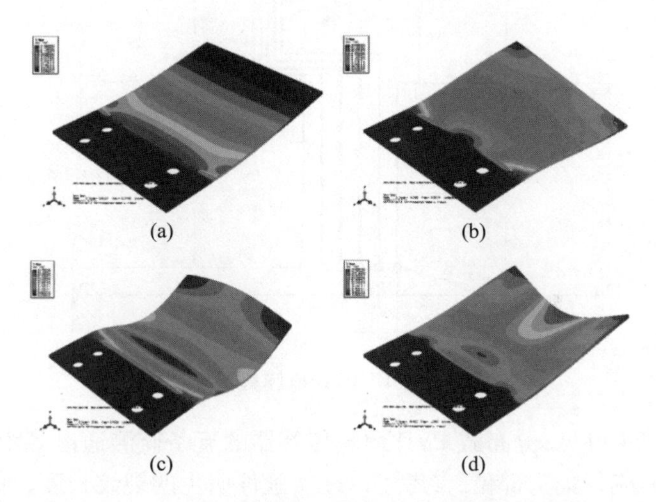

(a) (b) (c) (d)

图10.23 方形实验件前4阶模态仿真结果(见彩图)

图10.23是方板形实验件的前四阶模态的变形应力云图,可见:在前三阶模态,应力集中部位均位于实验件夹持端根部,第四阶模态的应力集中部位位于夹持远端的实验件中部,其应力分布状态与真实叶片的应力集中于远端叶盆中部的情况极为相似;其共振频率为946.03Hz,与实际发动机叶片工作环境中的振动激励频率范围相符;相关文献中已证明最终该型实验件的疲劳破坏形式为高周疲劳破坏。方板形实验件与航空发动机叶片在振动模态应力分布、工作频率范围及疲劳破坏机理上均十分相似,因此,采用方板形实验

件的第四阶模态模拟叶片掉角故障进行振动疲劳裂纹监测实验是实际可行的。

10.4.2 PVD 薄膜传感器阵列设计

PVD 薄膜传感器可根据具体实际情况，设计为不同的形状并制备于结构的危险部位。采用阵列式设计，减小 PVD 薄膜传感器的通道宽度，能够有效地增加疲劳裂纹引起的传感器电位差变化幅度，增强 PVD 薄膜传感器对小裂纹的敏感性。考虑方板形实验件第四阶模态的应力分布，将 PVD 薄膜传感器设计为分布式结构，其制备使用的掩膜板尺寸如图 10.24 所示。

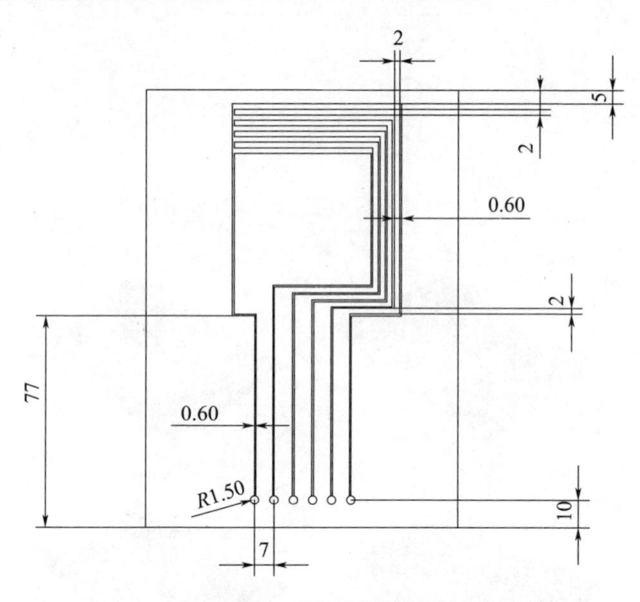

图 10.24　PVD 掩膜板尺寸

由图 10.24 可见，分布式 PVD 薄膜传感器的五条监测通道等距离的分布于方板实验件的应力集中部位，参考了以往实验件萌生的裂纹长度，每个通道之间间隔和通道宽度同为 2mm，以便与标定裂纹扩展的长度。传感器监测区域外引接区域的宽度为 0.6mm，以增大传感器的电阻值，增强传感器对小长度裂纹的敏感性，并降低实验过程中裂纹闭合导致其长度被低估的可能性。五个通道共用一个供电线路，并最终将传感器末端引入实验件固定端，以便于接入多通道裂纹监测系统，防止与传感器连接的导线影响实验件的固有模态。

10.4.3 振动疲劳裂纹监测总体实验方案

模拟叶片实验件的疲劳损伤监测实验是基于直流电位监测原理进行的，其示意图如图10.25所示：其中多通道裂纹监测系统中自带直流电源，R为集成于实验件中的电阻。

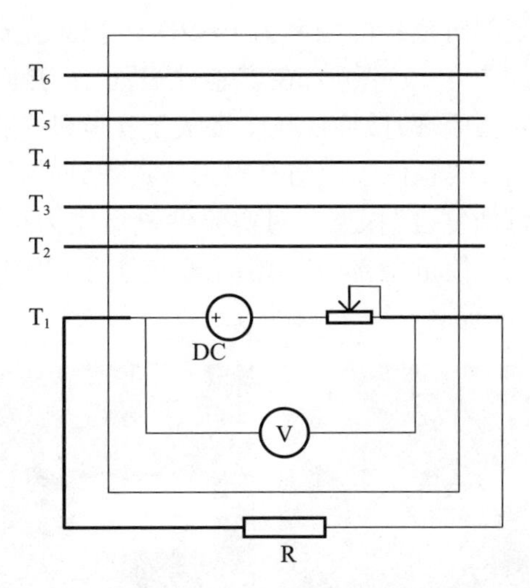

图10.25 监测电路示意图

传感器按照前文中的阵列形状设计和总结的制备工艺参数制备，将制备有PVD薄膜传感器的实验件夹持在振动实验系统上，并接入多通道裂纹监测系统中。实验开始前调节多通道裂纹监测系统的内部阻值，使PVD薄膜传感器两端电位值处于合适范围，根据PVD薄膜传感器的初始输出电位设定匹配的报警阈值，初始化完毕后对PVD薄膜传感器的电位输出信号进行实时记录保存。随后，在方板型第四阶模态进行振动疲劳实验并持续进行手动频率跟踪，直至实验件的第四阶固有模态下降10%，此时判定实验件失效并停止实验，将实验件的裂纹扩展情况与传感器在实验过程中的输出电位信号进行对比分析。

10.4.4 模拟叶片实验件振动疲劳裂纹在线监测实验

振动疲劳裂纹在线监测实验在常温常压状态下进行，首先将PVD薄膜传感器与多通道裂纹监测系统连接完成，构成一个完整的监测——传感系统，多通道裂纹监测系统的初始化参数为：启用0、1、2、3、4五个通道，通道适配串联电阻为9000Ω，采样频率为千赫兹，输出电压为10V。系统搭建完毕后，使用振动实验系统对制备有PVD薄膜传感器的模拟叶片实验件进行加载，并启动多通道裂纹监测系统对PVD薄膜传感器对传感器的输出电位信号进行实时记录采集，振动疲劳裂纹在线监测实验现场如图10.26所示。

在实验件进行振动疲劳实验前，首先对实验件进行 100 ~ 1200Hz 大范围扫频，得到实验件第四阶模态的频率为 1081Hz，随后缩小扫频范围至 1000 ~ 1200Hz，得到实验件第四阶模态的频率为 1079Hz。扫频完成后在得到的第四阶模态处施加低量级（约为 0.2g）激励，在实验件表面均匀地撒上适量沙粒，观察沙粒的移动，根据沙形法原理，最终沙粒将聚集于实验件该振动模态下的位移驻点处。如图 10.27 所示，实验件沙形与有限元仿真得到的位移云图结果吻合，确定实验件处于“双扭弯曲复合”振型。对实验件进行应力标定，随后调整振动实验系统输出量级和频率，使危险部位初始加载应力为 130MPa，随后手动跟踪使实验件在该模态下进行激振。

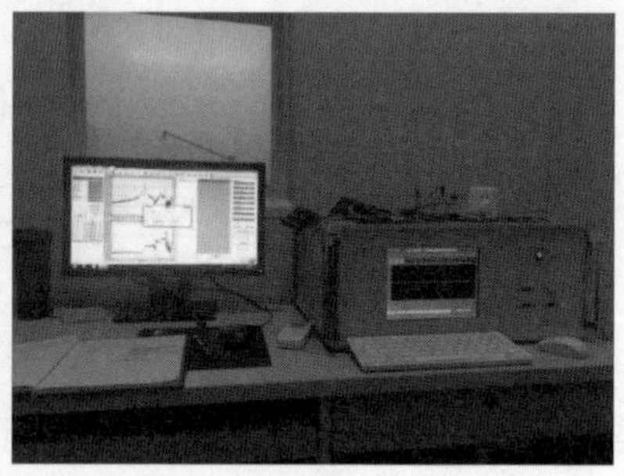

图 10.26　振动疲劳裂纹在线监测实验现场

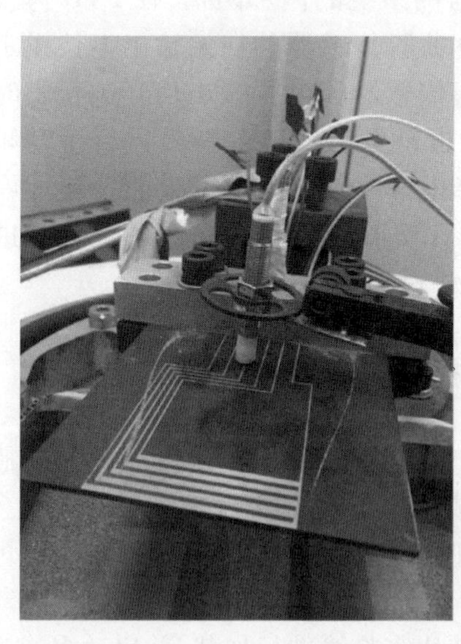

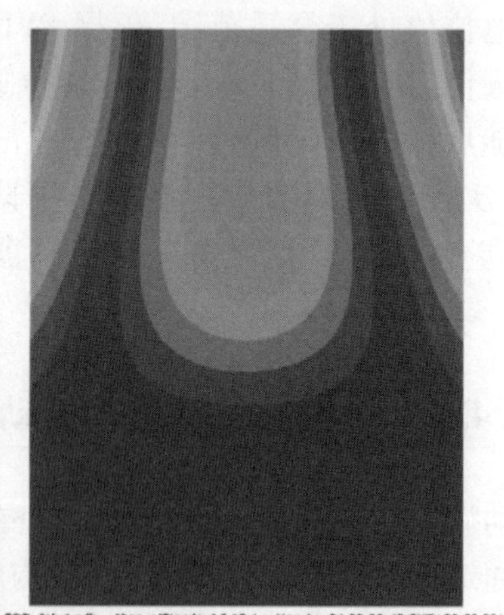

图 10.27　沙形法示意图（见彩图）

最终实验件固有频率下降超过疲劳失效判定的 10% 阈值，且下降速度超过手动跟踪速度，停止实验，实验结束时实验件的第四阶固有频率为 967Hz。

实验过程中多通道结构裂纹在线监测系统界面如图10.28所示,其中黄、紫、绿、红、蓝五种颜色的信号曲线分别对应CH0、CH1、CH2、CH3、CH4五个通道的PVD薄膜传感器的输出电位值。图10.28(a)为系统刚刚初始化完毕后的界面,此时各通道的输出电位信号十分稳定,几乎没有任何波动,界面上方的通道信号灯均显示为绿色,表示没有警告;图10.28(b)中黄色信号曲线的波动幅度突然增大,但主曲线位置仍保持在低电位处,同时CH0通道信号灯变为黄色,根据电位监测原理,分析认为此信号表示裂纹已萌生并在PVD薄膜传感器的该通道监测范围内扩展;图10.28(c)中黄色信号曲线的波动幅度进一步扩大,且主曲线位置位于高电位处,CH0通道信号灯变为红色,而其余通道的信号灯仍显示为绿色,分析认为此时裂纹已经扩展通过CH0通道的监测区域,但尚未进入CH1通道的监测范围,根据传感元几何设计参数可知此时裂纹长度为2~4mm;图10.28(d)中紫色曲线波动幅度增大,黄色曲线间断性波动,分析认为此时裂纹已扩展进入CH1通道的监测范围,CH0监测范围的裂纹宽度略有增加,使得载荷谷值时,传感器信号不再导通,此时裂纹长度超过4mm;图10.28(e)中紫色信号增加并保持在高值,CH0和CH1通道的信号灯均显示为红色,其余通道均为绿色,这意味着裂纹已扩展出CH1通道的监测范围,裂纹长度超过6mm;图10.28(f)中绿色信号突然增并保持高值,CH2信号灯突然由绿色变为红色,这说明裂纹快速扩展过CH2通道,此时裂纹长度超过10mm;由图10.28(g)可见,红、蓝两条信号线突然增加至高值,所有信号保持高值并停止波动,五个信号灯全部变成红色,分析可能是因为在振动疲劳实验后期裂纹在极短时间内迅速扩展一段距离,可能对应于在实验后期观察到的实验件的振动固有频率在很短时间内发生陡降,类似于拉压疲劳中实验件突然断裂的过程。

停止实验后,将模拟叶片实验件取下,可见实验件表面沿自由端边处产生了一条长裂纹,与有限元仿真的危险部位吻合,除裂纹萌生部位外,PVD薄膜传感器其余部位和引线封装处均保持完好。局部放大可发现:在实验件夹持端,由与夹具作用,PVD薄膜传感器的封装保护层出现变色及压痕,使用万用表检查,发现表面绝缘状态良好,变色区域为封装保护层表层在夹具作用下产生轻微磨损,封装保护层整体完整,仍然具有保护及绝缘作用;观察裂纹区域可以发现,在自由端边缘裂纹根部,PVD薄膜与实验件阳极氧化层结合良好,但阳极氧化薄膜沿裂纹边沿发生轻微脱落失效,在裂纹尖端可以发现,沿裂纹边沿处PVD薄膜与阳极氧化膜与铝合金基体紧密结合,同时裂纹完整贯穿PVD薄膜传感器,实验件上下表面裂纹形貌相似,长度相同,约为19mm左右,恰好穿过最内侧的PVD薄膜传感器监测通道。实验后观察到的裂纹形貌如图10.29所示。

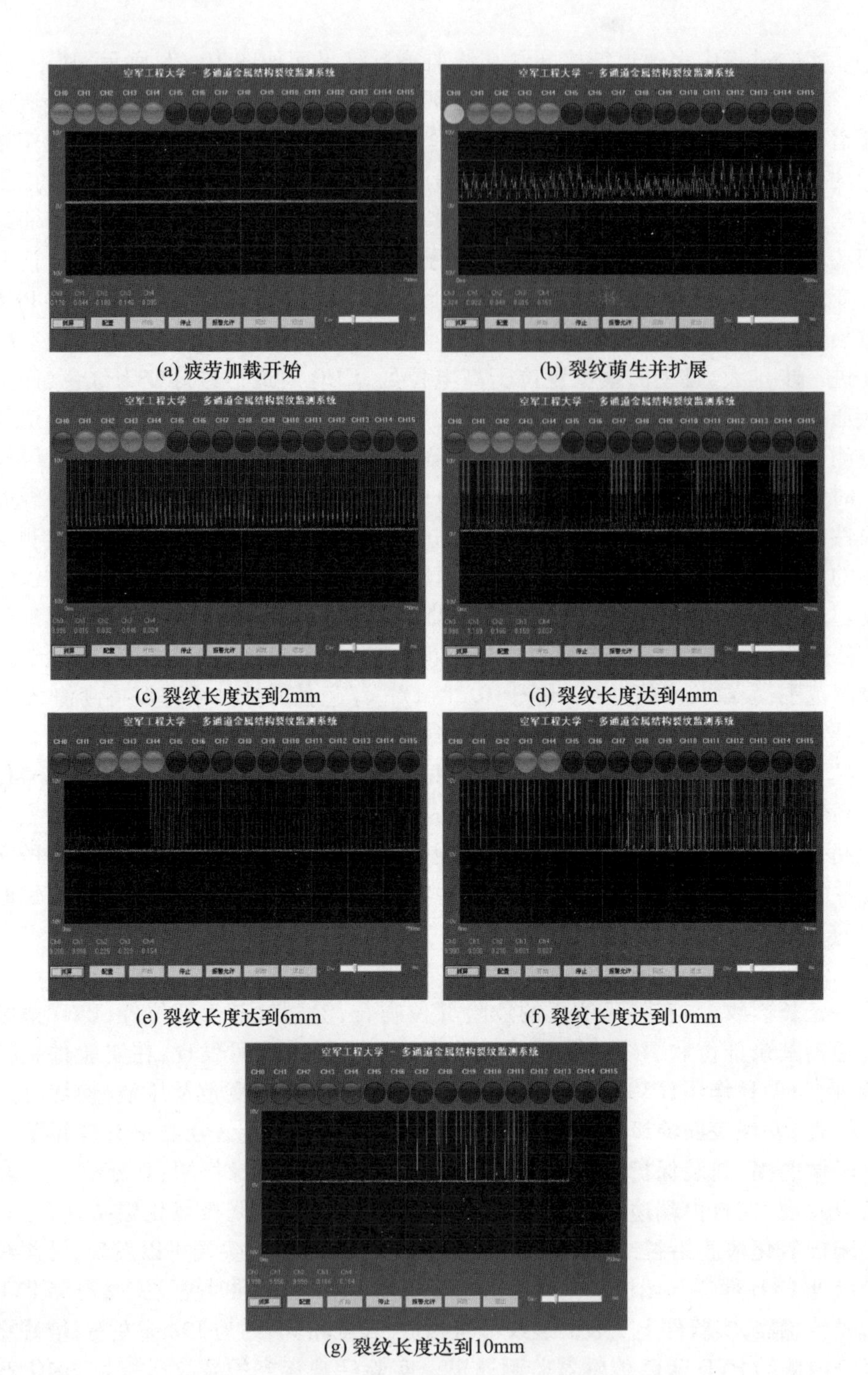

(a) 疲劳加载开始

(b) 裂纹萌生并扩展

(c) 裂纹长度达到2mm

(d) 裂纹长度达到4mm

(e) 裂纹长度达到6mm

(f) 裂纹长度达到10mm

(g) 裂纹长度达到10mm

图 10.28　多通道结构裂纹在线监测系统界面(见彩图)

图10.29　实验后观察到的裂纹形貌

实验过程中PVD薄膜传感器的完整输出信号曲线如图10.30所示。可见每一通道的电位差信号曲线在一个完整的裂纹监测曲线中可以被分为三个典型的特征部分:第一部分为电位差在低值以极小幅度震荡,这一部分对应裂纹尚未萌生或扩展进入传感器通道相应区域;第二部分为电位差突然上升并大幅度震荡,分析认为这一部分对应裂纹扩展进入传感器相应通道内,此时裂纹宽度较窄,在振动位移最大处传感器内的裂纹张开使电位差升高,而在振动位移最低处实验件因弹性导致裂纹部分闭合,致使电位差降低;第三部分为电位差停止增长并稳定在高电位,这一部分对应裂纹已经扩展通过该通道监测区域并扩展到一定宽度,造成所在通道断路。

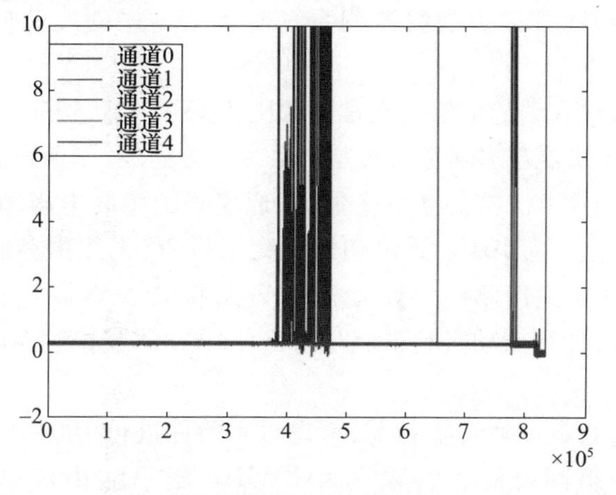

图10.30　PVD薄膜传感器的完整输出信号曲线(见彩图)

可见PVD薄膜传感器的电位输出信号曲线与实验件裂纹扩展情况和多通道裂纹监测系统的监测情况吻合较好。通过对以上实验结果的分析,振动疲劳裂纹在线监测实验可得到以下结论。

(1)PVD薄膜传感器阵列可以承受振动环境的考验,在振动载荷环境下能够保持结构与功能的完整性,具备在振动环境下应用的潜力;

(2)PVD薄膜传感器对于结构的振动疲劳损伤同样具有优良的损伤一致性,能够实现与基体材料同步损伤;

(3)PVD薄膜传感器与多通道裂纹监测系统在实验中工作正常,能够实现对模拟叶片实验件的振动疲劳损伤进行从萌生到扩展的全过程监测,可结合传感器通道设计参数和不同通道的信号状态估算裂纹长度;

(4)在裂纹扩展尖端PVD薄膜传感器及阳极氧化膜与金属基体结合紧密,但在边沿位移较大处出现阳极氧化膜失效断裂的现象,封装保护层出现轻微磨损,在实验条件下未影响裂纹监测,但绝缘隔离层与封装保护层的工艺仍然需要改进,以适应实际金属结构的恶劣工作条件。

10.4.5 振动疲劳裂纹原位检测实验

飞机及航空发动机的实际结构往往构成复杂,组装拆卸耗时耗力,但有些关键部位可能位于结构内部,通过肉眼无法直接观测,甚至有些部位内部空间狭小且结构紧密,连小尺寸的探头也难以进入,这就限制了涡流、磁粉、渗透等传统的无损检测手段的应用。PVD薄膜传感器在与结构一体化集成方面具有先天的优势,与多通道裂纹监测系统分离后,PVD传感器的布置与信号引接不占用任何的空间,故在此进行模拟叶片实验件的振动疲劳裂纹原位检测实验,旨在验证PVD薄膜传感器和多通道裂纹监测系统对于结构振动疲劳损伤原位检测的能力。

振动疲劳裂纹在线监测实验在常温常压状态下进行,按照实验方案设计,首先将PVD薄膜传感器与多通道裂纹监测系统连接完成,多通道裂纹监测系统的初始化参数为:启用0、1、2、3、4五个通道,通道适配串联电阻为9000Ω,采样频率为1kHz,输出电压为10V。系统初始化完毕后,首先使用多通道裂纹监测系统采集一段PVD薄膜传感器的输出信号,随后将PVD薄膜传感器与多通道裂纹监测系统分离,使用振动实验系统对制备有PVD薄膜传感器的模拟叶片实验件进行加载。

在实验件进行振动疲劳实验前,首先对实验件进行100~1200Hz大范围扫频,得到实验件第四阶模态的频率为1055Hz,随后缩小扫频范围至1000~1200Hz,得到实验件第四阶模态的频率为1057Hz。扫频完成后使用沙形法确定实验件处于“双扭弯曲复合”振型无误。首先对实验件进行应力标定，随后调整振动实验系统输出量级和频率，使危险部位初始加载应力为130MPa，随后手动跟踪使实验件在该模态下进行激振。

最终实验件固有频率下降超过疲劳失效判定的10%阈值，停止实验，实验结束时实验件的第四阶固有频率为943Hz。此时将PVD薄膜传感器重新接入多通道裂纹监测系统采集一段PVD薄膜传感器的输出信号。

振动疲劳实验前后多通道裂纹监测系统界面对比如图10.31所示，图10.31(a)为系统刚刚初始化完毕后接入PVD薄膜传感器的界面，此时各通道的输出电位信号十分稳定，几乎没有任何波动，界面上方的通道信号灯均显示为绿色，表示没有警告；图10.31(b)为振动疲劳实验过后将PVD薄膜传感器再次接入重新初始化CH0至CH4通道多通道裂纹监测系统时的界面，可发现CH0、CH1、CH2对应信号曲线突然升至高电位，CH3、CH4输出电位曲线仍保持在低电位处，同时CH0、CH1、CH2通道信号灯变为黄色，根据PVD薄膜传感器阵列的几何参数和电位监测原理可推测裂纹可能扩展至10mm处。

停止实验后，将模拟叶片实验件取下，可见实验件表面沿自由端边处产生了一条长裂纹，裂纹长度为14mm，其尖端位置位于传感器与监测系统CH3相连接的通道内，裂纹形貌如图10.32所示。结合多通道裂纹监测系统的判定结果可知，对于除CH3以外的通道，PVD薄膜传感器的原位检测结果均能准确反映该通道监测区域内的裂纹状态，分析认为，系统对CH3的原位检测结果产生误判是因为Cu薄膜具有较好的延展性，实验件在静止状态下裂纹尖端闭合紧密，造成该通道导通，形成漏报信号。

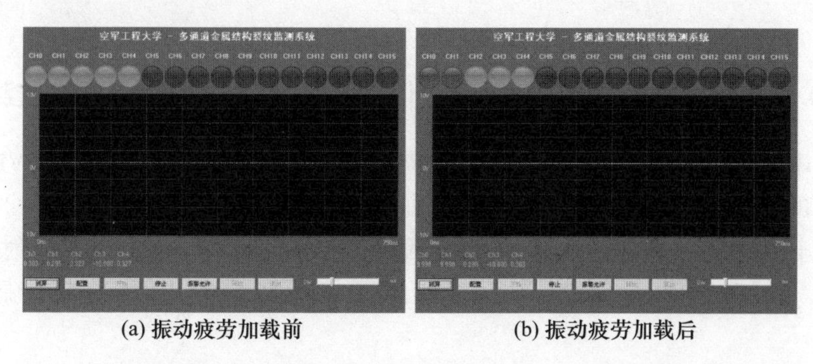

(a) 振动疲劳加载前　　(b) 振动疲劳加载后

图10.31　振动疲劳实验前后多通道裂纹监测系统界面对比

通过对以上实验结果的分析，振动疲劳裂纹原位检测实验可得到以下结论。

(1)PVD薄膜传感器阵列与多通道裂纹监测系统在初始化完毕后具有较好的稳定性，传感器的接入与分离未影响整个检测系统功能与结构的完整性；

(2)振动疲劳实验前后采集到的电位信号区别明显,大多数通道可以准确反映结构的损伤状态;

(3)对于裂纹尖端,由于结构裂纹闭合紧密和PVD薄膜延展性过强等因素产生了漏报,因此损伤传感层的设计与制备还有待改进。

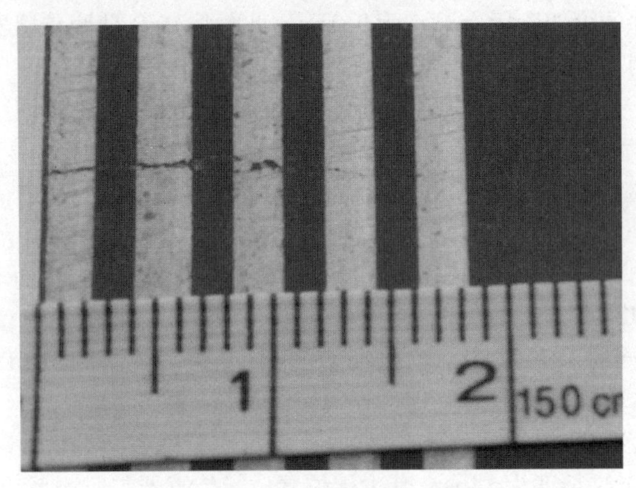

图10.32　原位检测实验裂纹形貌

10.5　模拟服役环境下基于PVD的金属结构模拟件疲劳裂纹监测实验

10.5.1　模拟紫外线辐射和高、低温环境下试样的疲劳裂纹监测实验

在中心孔板试样表面制备同心环状PVD薄膜传感器,将制备有PVD薄膜传感器的试样置于如图10.33所示的高低温湿热环境箱(带紫外辐射),采用紫外线辐射实验、热冲击实验和低温环境实验模拟日光中紫外线辐射、飞机超音速飞行时热冲击、高空飞行时低温环境等因素对PVD薄膜传感器的影响。

首先,将如图10.34所示的实验流程(紫外线辐射实验→热冲击实验→低温环境实验)循环进行20次,此时试样及PVD薄膜传感器形貌如图10.35所示。采用光学显微镜观察试样表面的PVD薄膜传感器形貌,并未发现薄膜脱层或薄膜裂纹,PVD薄膜传感器外观良好;采用万用表检测PVD薄膜传感器线路的通断,判断传感器线路正常导通,初步证实PVD薄膜传感器功能完好。

图 10.33　带紫外辐射的高低温湿热环境箱

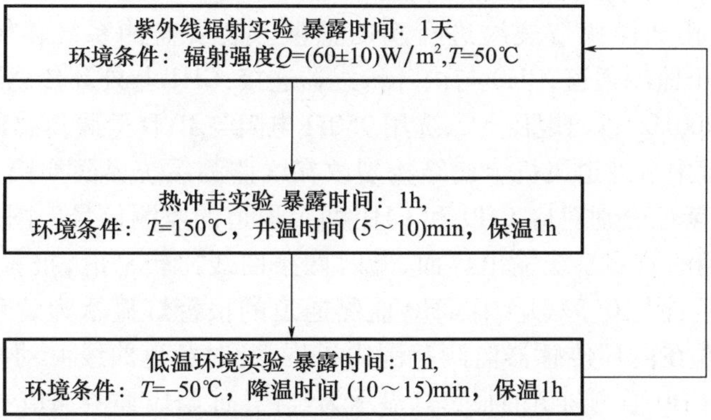

紫外线辐射实验 暴露时间：1天
环境条件：辐射强度Q=(60±10)W/m^2,T=50℃

↓

热冲击实验 暴露时间：1h,
环境条件：T=150℃，升温时间 (5～10)min，保温1h

↓

低温环境实验 暴露时间：1h,
环境条件：T=–50℃，降温时间 (10～15)min，保温1h

图 10.34　紫外线辐射、高低温环境实验流程图

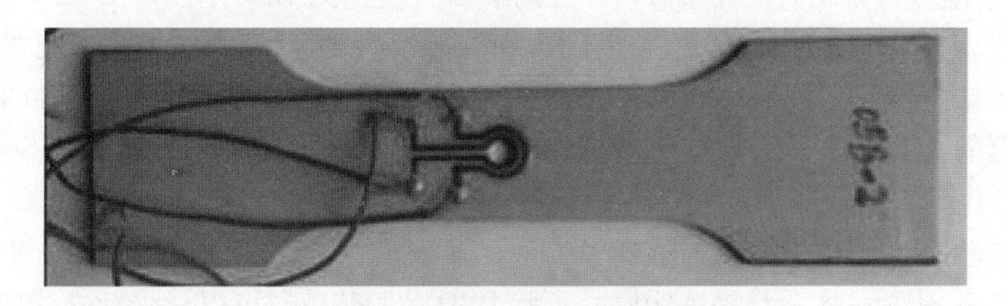

图 10.35　环境实验结束后试样的形貌

然后，开展基于该同心环状 PVD 薄膜传感器的试样疲劳裂纹监测实验，如图 10.36 所示。实验载荷谱为等幅载荷谱，其参数如下：加载频率 f 为 20Hz，应力比 R 为 0.05，峰值载荷 σ_{max} 为 150MPa。

图 10.36　紫外线辐射和高、低温环境实验后试样的疲劳裂纹监测实验现场

开始加载后，启动裂纹监测系统采集同心环状 PVD 薄膜传感器输出电位差信号，对中心孔试样疲劳裂纹进行实时监测。裂纹监测系统设置如下：启用 CH0、CH1 两个监测通道，CH0 与内环传感器连接，CH1 与外环传感器连接；采样频率设置为 200Hz；输出电压 5V；选用 950Ω 电阻与 PVD 薄膜传感器串联。

监测过程中多通道飞机金属结构裂纹在线监测系统界面如图 10.37 所示，其中，黄色和紫色分别对应 CH0 和 CH1 两个通道的监测信号。图 10.37(a)为监测实验初期的监测系统输出界面，此时两条曲线比较平滑，报警灯均保持初始状态的绿色；图 10.37(b)中 CH0 监测通道的报警灯显示为黄色，这意味着裂纹已萌生并在内环传感器监测范围内扩展，此时黄色曲线波动幅度增大；图 10.37(c)中 CH0 监测通道的报警灯显示为红色，而 CH1 监测通道的报警灯仍为绿色，这意味着裂纹已扩展出内环传感器的监测范围，但尚未进入外环传感器监测范围，根据传感器几何设计参数可知此时裂纹长度达到 1mm；图 10.37(d)中紫色曲线波动幅度增大，CH1 监测通道的报警灯显示为黄色，这意味着裂纹已扩展进入外环传感器监测范围，此时裂纹长度达到 2mm；图 10.37(e)中 CH0 和 CH1 监测通道的报警灯均显示为红色，这意味着裂纹已扩展出外环传感器的监测范围，裂纹长度达到 3mm。

实验全过程中完整的同心环状 PVD 薄膜传感器输出电位差信号曲线如图 10-38 所示。实验结果证明同心环状 PVD 薄膜传感器可以承受紫外线辐射和高、低温环境的考验，能够实现对该环境下服役结构的疲劳裂纹进行有效监测。

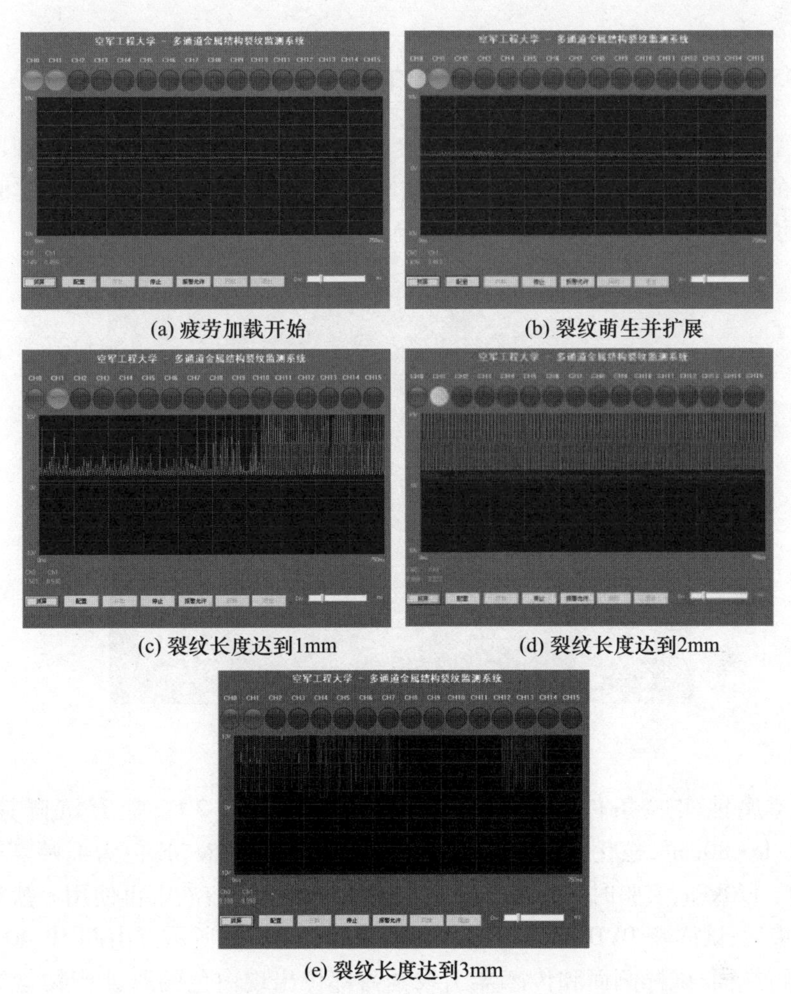

(a) 疲劳加载开始　(b) 裂纹萌生并扩展

(c) 裂纹长度达到1mm　(d) 裂纹长度达到2mm

(e) 裂纹长度达到3mm

图 10.37　多通道结构裂纹在线监测系统界面(见彩图)

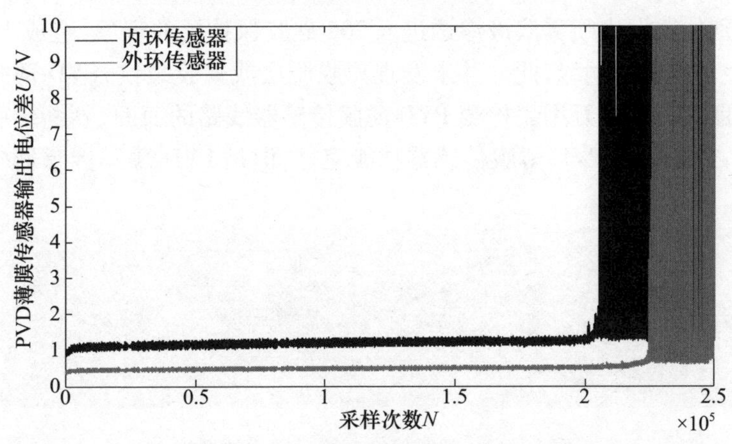

图 10.38　同心环状 PVD 薄膜传感器输出电位差信号曲线(见彩图)

10.5.2 模拟腐蚀环境下试样的疲劳裂纹监测实验

在中心孔板试样表面制备同心环状 PVD 薄膜传感器，将制备有 PVD 薄膜传感器的试样置于如图 10.39 所示的盐雾腐蚀实验箱，采用盐雾腐蚀实验模拟大气环境腐蚀对 PVD 薄膜传感器的影响。

图 10.39 盐雾腐蚀实验箱

盐雾腐蚀实验条件如下：盐雾箱内温度为 40 ± 2℃，盐雾沉降速度为 1 ~ 2mL/h · 80cm^2，氯化钠溶液浓度为 50 ± 5g/L，喷雾溶液 pH 值为 4，喷雾气源压力为 70 ~ 170kPa，实验时间为 1000h，已经使用过的喷雾溶液不再使用。盐雾腐蚀实验结束后，试样及 PVD 薄膜传感器的形貌如图 10.40 所示。由图 10.40 可见，试样夹持端面、试样侧面和传感器引线暴露部位出现白色的腐蚀产物氢氧化铝 $Al(OH)_3$（或 $Al_2O_3 \cdot 3H_2O$），PVD 薄膜传感器表面虽然没有白色的腐蚀产物，但是在极个别位置发生喷雾溶液渗透进入 705 硅胶保护层的现象，造成 PVD 薄膜腐蚀，产生了微量的铜绿，此外并未发现薄膜脱层或薄膜裂纹，PVD 薄膜传感器外观大体良好。采用万用表检测 PVD 薄膜传感器线路的通断，判断传感器线路正常导通，初步证实 PVD 薄膜传感器功能完好，但是 PVD 薄膜传感器电阻值有一定增大。

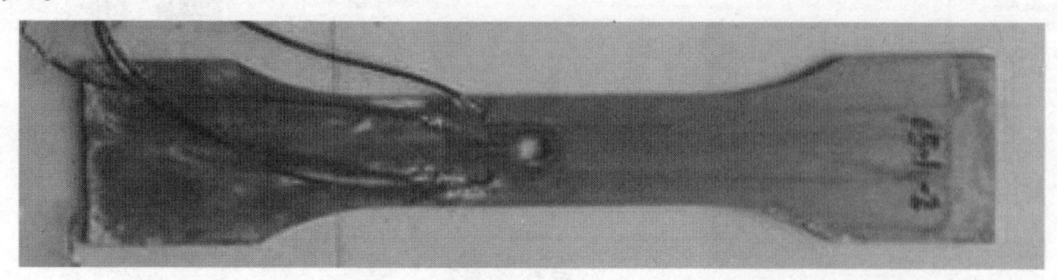

图 10.40 盐雾腐蚀环境后试样的形貌

开展基于该同心环状PVD薄膜传感器的试样疲劳裂纹监测实验,如图10.41所示。实验载荷谱为等幅载荷谱,其参数如下:加载频率f为20Hz,应力比R为0.05,峰值载荷σ_{max}为150MPa。

图10.41　盐雾腐蚀实验后试样的疲劳裂纹监测实验现场

开始加载后,启动裂纹监测系统采集同心环状PVD薄膜传感器输出电位差信号,对中心孔试样疲劳裂纹进行实时监测。裂纹监测系统设置如下:启用CH0、CH1两个监测通道,CH0与内环传感器连接,CH1与外环传感器连接;采样频率设置为200Hz;输出电压5V;选用1950Ω电阻与PVD薄膜传感器串联。

监测过程中多通道飞机金属结构裂纹在线监测系统界面如图10.42所示,其中,黄色和紫色分别对应CH0和CH1两个通道的监测信号。图10.42(a)为监测实验初期的监测系统输出界面,此时两条曲线比较平滑,报警灯均保持初始状态的绿色;图10.42(b)中CH0监测通道的报警灯显示为黄色,这意味着裂纹已萌生并在内环传感器监测范围内扩展,此时黄色曲线波动幅度增大;图10.42(c)中CH0监测通道的报警灯显示为红色,而CH1监测通道的报警灯仍为绿色,这意味着裂纹已扩展出内环传感器的监测范围,但尚未进入外环传感器监测范围,根据传感器几何设计参数可知此时裂纹长度达到1mm;图10.42(d)中紫色曲线波动幅度增大,CH1监测通道的报警灯显示为黄色,这意味着裂纹已扩展进入外环传感器监测范围,此时裂纹长度达到2mm;图10.42(e)中CH0和CH1监测通道的报警灯均显示为红色,这意味着裂纹已扩展出外环传感器的监测范围,裂纹长度达到3mm。

实验全过程中完整的同心环状PVD薄膜传感器输出电位差信号曲线如图10-43所示。实验结果证明同心环状PVD薄膜传感器可以承受腐蚀环境的考验,能够实现对腐蚀环境下服役结构的疲劳裂纹进行有效监测。

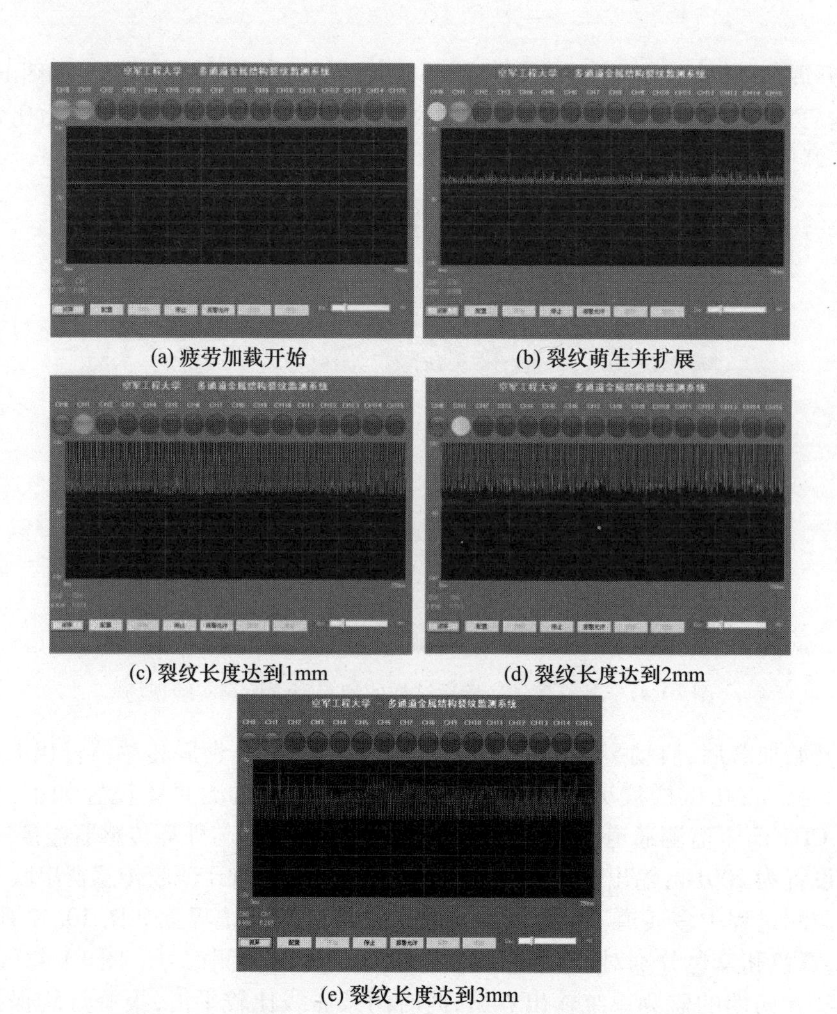

(a) 疲劳加载开始　(b) 裂纹萌生并扩展

(c) 裂纹长度达到1mm　(d) 裂纹长度达到2mm

(e) 裂纹长度达到3mm

图 10.42　多通道结构裂纹在线监测系统界面(见彩图)

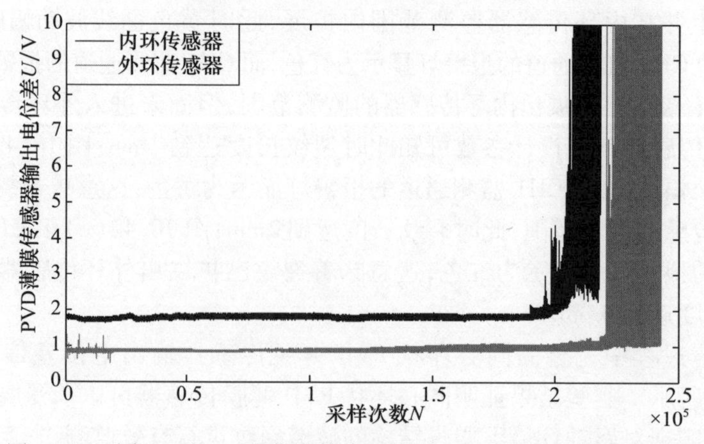

图 10.43　同心环状 PVD 薄膜传感器输出电位差信号曲线(见彩图)

10.5.3 模拟耦合服役环境下试样的疲劳裂纹监测实验

为了考核PVD薄膜传感器能否承受紫外线辐射、腐蚀和高、低温环境的考验，本小节将开展模拟耦合服役环境下飞机金属结构模拟件的疲劳裂纹监测实验。

在中心孔板试样表面制备同心环状PVD薄膜传感器，将制备有PVD薄膜传感器的试样依照如图10.44所示的实验流程（紫外线辐射实验→热冲击实验→低温环境实验→盐雾腐蚀实验）循环进行20次，此时试样及PVD薄膜传感器形貌如图10.45所示。由图10.45可见，试样腐蚀情况与图10.40中的腐蚀情况类似，夹持端面、试样侧面和传感器引线暴露部位出现白色的腐蚀产物氢氧化铝$Al(OH)_3$（或$Al_2O_3 \cdot 3H_2O$），PVD薄膜传感器表面极个别位置存在微量的铜绿，此外并未发现薄膜脱层或薄膜裂纹，PVD薄膜传感器外观大体良好。采用万用表检测PVD薄膜传感器线路的通断，判断传感器线路正常导通，初步证实PVD薄膜传感器功能完好，但是PVD薄膜传感器电阻值有一定增大。

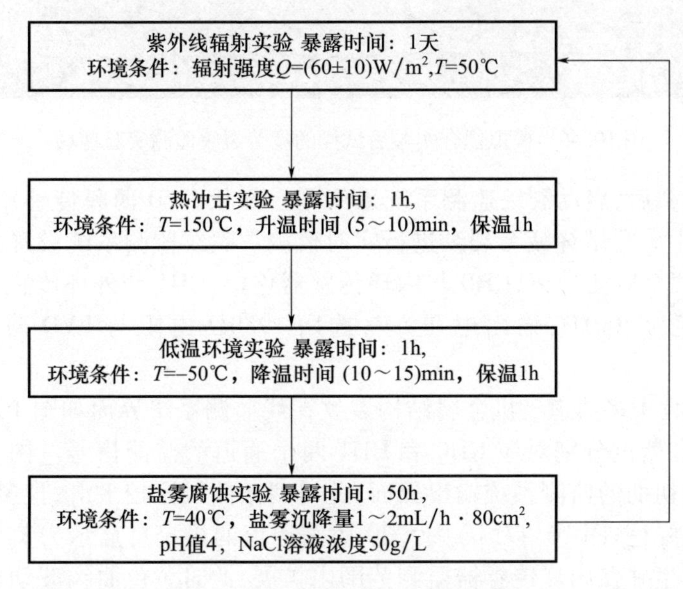

图10.44 耦合环境实验流程图

开展基于该同心环状PVD薄膜传感器的试样疲劳裂纹监测实验，如图10.46所示。实验载荷谱为等幅载荷谱，其参数如下：加载频率f为20Hz，应力比R为0.05，峰值载荷σ_{max}为150MPa。

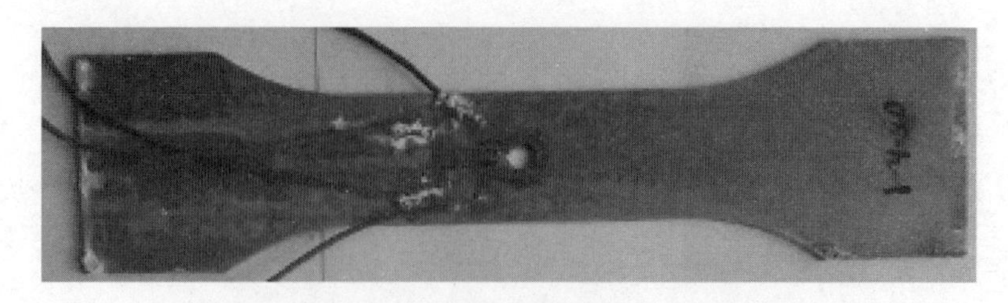

图 10.45 耦合环境实验结束后试样的形貌

图 10.46 模拟耦合实验后试样的疲劳裂纹监测实验现场

开始加载后，启动裂纹监测系统采集同心环状 PVD 薄膜传感器输出电位差信号，对中心孔试样疲劳裂纹进行实时监测。裂纹监测系统设置如下：启用 CH0、CH1 两个监测通道，CH0 与内环传感器连接，CH1 与外环传感器连接；采样频率设置为 200Hz；输出电压 5V；选用 1950Ω 电阻与 PVD 薄膜传感器串联。

监测过程中多通道飞机金属结构裂纹在线监测系统界面如图 10.47 所示，其中，黄色和紫色分别对应 CH0 和 CH1 两个通道的监测信号。图 10.47(a) 为监测实验初期的监测系统输出界面，此时两条曲线比较平滑，报警灯均保持初始状态的绿色；图 10.47(b) 中 CH0 监测通道的报警灯显示为黄色，这意味着裂纹已萌生并在内环传感器监测范围内扩展，此时黄色曲线波动幅度增大；图 10.47(c) 中 CH0 监测通道的报警灯显示为红色，而 CH1 监测通道的报警灯仍为绿色，这意味着裂纹已扩展出内环传感器的监测范围，但尚未进入外环传感器监测范围，根据传感器几何设计参数可知此时裂纹长度达到 1mm；图 10.47(d) 中紫色曲线波动幅度增大，CH1 监测通道的报警灯显示为黄色，这意味着裂纹已扩展进入外环传感器监测范围,此时裂纹长度达到 2mm;图 10.47(e)中 CH0 和 CH1 监测通道的报警灯均显示为红色,这意味着裂纹已扩展出外环传感器的监测范围,裂纹长度达到 3mm。

实验全过程中完整的同心环状 PVD 薄膜传感器输出电位差信号曲线如图 10.48 所示。实验结果证明同心环状 PVD 薄膜传感器可以承受紫外线辐射、腐蚀和高、低温耦合环境的考验,能够实现对耦合环境下服役结构的疲劳裂纹进行有效监测。

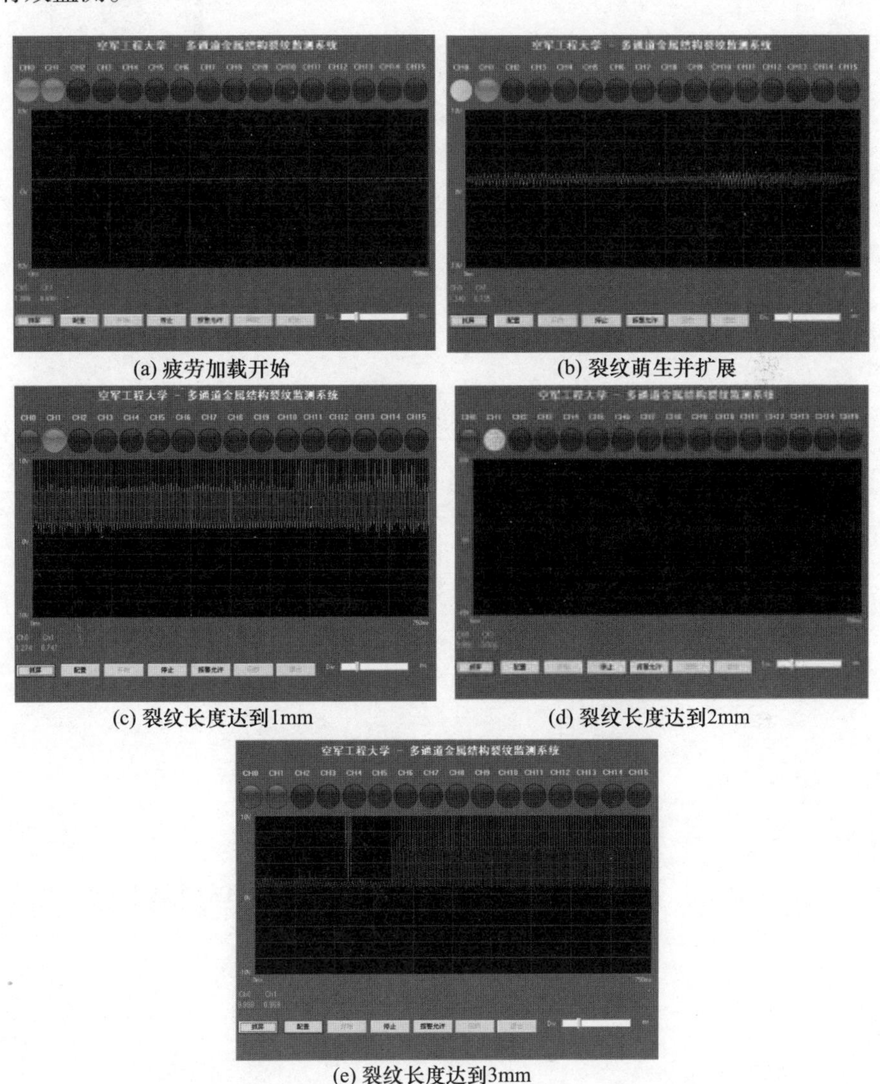

(a) 疲劳加载开始　(b) 裂纹萌生并扩展

(c) 裂纹长度达到1mm　(d) 裂纹长度达到2mm

(e) 裂纹长度达到3mm

图 10.47　多通道结构裂纹在线监测系统界面(见彩图)

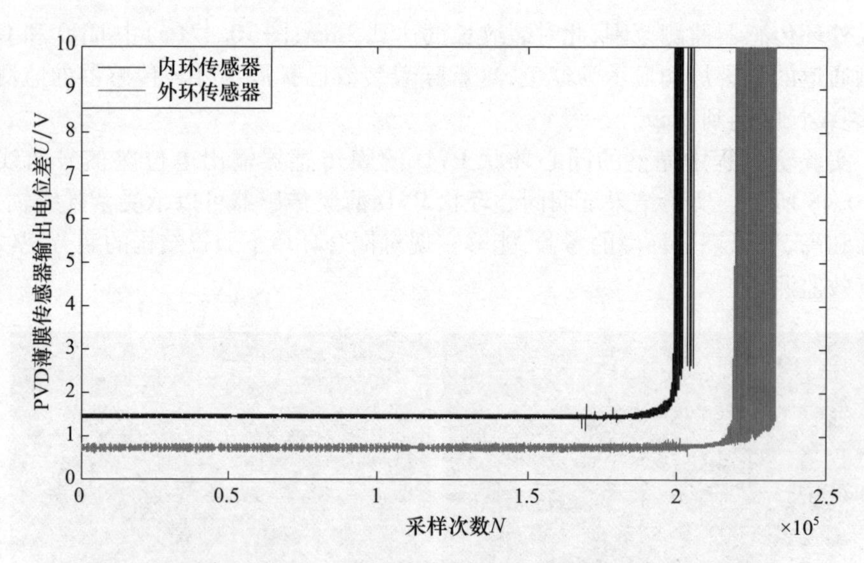

图 10.48　同心环状 PVD 薄膜传感器输出电位差信号曲线(见彩图)

第 11 章　PVD 薄膜传感器检测概率测定与分析

同各种裂纹监测手段一样,PVD 薄膜传感器在监测或检测裂纹时受到制备工艺、环境等多种复杂因素的影响,结果必定存在随机性及分散性。为了准确地量化评估 PVD 薄膜传感器对于疲劳损伤的监测能力,本章主要进行 PVD 薄膜传感器裂纹检测概率曲线的测定与分析工作。首先,论述结构安全性和实际工程应用对检测技术可靠性的定量化表征提出的必然需求。随后进行 PVD 薄膜传感器裂纹检出概率测定实验,绘制其实验室条件下检测概率曲线(POD 曲线)。最后根据实验数据拟合出了 PVD 薄膜传感器裂纹检测概率函数模型。

11.1　检测技术可靠性的定量化表征

随着损伤容限设计思想的发展与普及,对裂纹的监测有了更明确的目的性:通过监测裂纹预估结构的剩余强度和寿命,并以此为依据对飞机结构进行检查修复,确保其适航性与安全性。但这一目的的实现,必然要以裂纹监测结果可靠性的定量化表征为基础。

11.1.1　结构安全性对检测技术的要求

自飞机问世以来,为了保证其结构的安全性,飞机结构的设计思想发生了巨大的变化,而检测技术的最终目的是通过及时发现损伤以避免结构的突然失效而造成灾难性后果。除了经济型和飞机综合性能等要求,单从结构安全的角度来看,飞机结构设计思想主要经历了以下发展历程,无损检测技术也在这个过程中受到推动:在 20 世纪前期,飞机结构均按照静强度标准设计,此时无损检测的目的就是筛选出缺陷损伤严重影响飞机结构静强度的零部件,未考虑结构的寿命问题。随着飞机飞行性能越来越优异,薄翼型由于升阻比高在飞行器设计中被广泛采用,但随之产生了在气动力下弹性形变增大的问题,于是刚度要求被加入飞机结构设计准则中,以防止较大变形影响飞机的飞行性能。第二次世界大战后,世界各国的军用以及民用飞机的服役使用强度和时间均有较大提高,相继出现了诸如“彗星号事件”等多起因疲劳破坏而引发的灾难性事故,因此,除考虑静强度准则与刚度准则外,抗疲劳的安全寿命设计思想被纳入飞行器设计要求,此时无损检测的目的为及时发现结构的疲劳损伤,以采取及时的修理措施,但同时人们也意识到无损检测技术存在一定的可靠性范围,不能保证不出现漏检情况,一旦疲劳裂纹出现漏检,在结构服役时其会迅速扩展并造成结构脆断。为了解决漏检缺陷问题,形成了基于断裂力学的损伤容限设计思想和对无损检测技术可靠性定量化表征的需求。

损伤容限设计思想首次考虑了新的结构中存在的原始缺陷,但这些缺陷及其在将来一段无修服役时间内的扩展需要控制在一定限度之内,使结构的剩余强度满足使用要求。换言之,损伤容限思想对于无损检测或者结构健康监控技术提出了更为明确的要求:在结构损伤状态达到低于最低剩余强度要求前,将裂纹检出并加以修复,恢复结构的承载能力,一般使用临界裂纹长度值来表征结构的剩余强度,故该要求明确为:在裂纹长度扩展到临界裂纹长度之前将其检出。实际服役中结构强度和裂纹长度与无损检测的定量联系如图 11.1 所示,从图中可以看出,提高结构剩余强度及使用寿命的关键在于提高检测技术的水平,而检测水平的关键指标就是检测技术的可靠性。

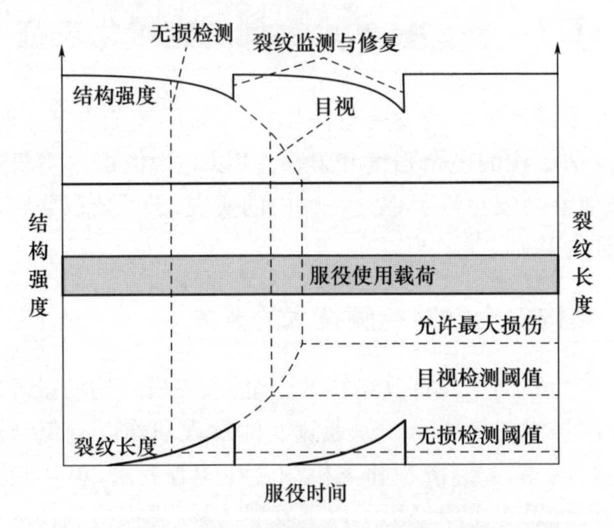

图 11.1　无损检测与结构强度及裂纹长度关系示意图

11.1.2　检测技术裂纹检出概率曲线

任何一种检测技术都不能保证对于某种状态下的裂纹百分之百将其检出,因此,需要对检测技术的可靠性进行定量化的表征。当检测条件一定时,无损检测技术对裂纹的检测行为具有不确定性,即从统计学上定义,裂纹被检出是一个随机事件,我们把该随机事件发生的概率称为裂纹检出概率。具体定义为:在确定的条件(环境条件、检测手段、检测仪器、实验件材料、形状、表面状态、裂纹类型、人员技术水平)下,对于某一固定尺寸为 a 的裂纹,在一次独立的检测行为中将其检出的概率称为裂纹检出概率,记为 $P(D/a)$。当其他条件不变时,裂纹检出概率 $P(D/a)$ 会随 a 的变化而改变,因此,将 a 作为变量 $P(D/a)$ 作为自变量可做出裂纹检出概率曲线。一般来说,在检测技术能够检出的裂纹长度范围内,$P(D/a)$ 随 a 单调递增。故此,$P(D/a) \sim a$ 曲线能够较为全面地反映检测技术对于不同长度裂纹的检出能力,其在某一点的概率值大小定量化描述了在该条件下检测技术的可靠性。裂纹检出概率曲线的绘制与测定需要依据检测实验的数据,后面将结合PVD薄膜传感器裂纹检出概率的测定介绍基于统计理论的裂纹检出概率曲线的绘制方法。

11.1.3 裂纹检出概率的工程应用

(1)评估与指导改善检测系统的检测能力。

例如,在20世纪70年代中期,美国空军通过绘制不同场站、基地关于同一批带疲劳裂纹损伤的零件的裂纹检出概率曲线来比较和检查这些检测系统的能力,经分析,对于长达12.7mm的裂纹,各场站平均漏检的概率达到了50%。这样的检测能力会使结构安全存在重大隐患。因此,美军进行了为期一年的整治规划,着重进行了无损检测技术的更新换代和加强人员技能培训。在随后的检查中再次对这些检测系统的裂纹检出概率曲线进行了测定,相对于第一次有了明显的提高。故此,通过对无损检测可靠性的定量表征可以为改进与提升检测系统的监测能力提供依据与方向。

(2)指导制定维修检测规程标准。

现阶段的损伤容限设计思想主要考虑的是裂纹在单个结构的服役使用中对其寿命的影响。但如果需要达到对于结构安全具有较好的控制目的,必须将优异的损伤容限设计与可靠地裂纹检出手段相结合。裂纹检测通常针对机群中的裂纹进行,受裂纹的扩展状态、检查的手段与检查间隔等诸多因素影响。通过测定检测系统对于特定机群在某种检查方案下的裂纹检出概率能够探索出最适用于该情况的检测规程。例如,损伤容限额定值(DTR)用来表征机群中损伤检测的可能性,它代表需要达到一定的裂纹检出概率所需要的最小检测成功次数。波音公司的诸多维修大纲与设计手册就基于DTR系统确定。

(3)指导飞机的定寿延寿和因故退役(RFC)。

对于老旧及经历过大修的飞机而言,其定寿延寿工作需要对其主要结构件进行损伤容限分析。为了确保安全，现阶段对于这一类飞机的定寿工作往往过于保守，如果通过对现有的检测技术的可靠性进行定量表征，并通过增加适合于损伤容限分析的补充检查，以此为依据来制定合理的定寿周期，可对于老旧及维修后结构进行针对性的评估，使之充分发挥其服役潜力。

11.2 PVD薄膜裂纹检出概率测定

工程界对检测方法可靠性的定量表征指标多依据裂纹检出概率曲线，通过制定一系列的实验条件标准，测定检测方法在一定条件下的裂纹检出概率曲线，以指导检测方法在飞机设计、维修中的使用和评估。

11.2.1 裂纹检出概率测定实验

现有的检测概率实验方案中，研究对象均为传统无损检测方法。一般按照相应的标准，制备一定数量的带裂纹与不带裂纹实验件。然后用规定的无损检测手段，在规定的条件下（包括工作环境、照明度、检测人员技术水平等）下，对以上实验件进行反复检测，最终得到不同裂纹长度下的裂纹检出数与漏检数等数据。

但PVD薄膜与基体结构一体化集成度高，对裂纹的监测主要基于其与基体结构优良的损伤一致性，其对于结构裂纹的监测贯穿于其萌生与扩展全过程，是在线且连续的。因此，对于同一实验件反复检测的结果是不独立的。起初先拟定了在拉压载荷下PVD薄膜传感器的裂纹检测概率测定方案。

实验开始前调节多通道裂纹监测系统的内部阻值，使PVD薄膜传感器两端电位值处于合适范围，根据PVD薄膜传感器的初始输出电位设定匹配的报警阈值，初始化完毕后对PVD薄膜传感器的电位输出信号进行实时记录。采用MTS810型液压伺服疲劳实验机，以15Hz的加载频率，在峰值载荷$\sigma_{max}=150$MPa、应力比$R=0.05$条件下对试样加载常幅疲劳载荷。直至多通道裂纹监测系统中出现报警信号后，立即停止实验，采用课题组自主研制的组合式读数摄像平台（带显微镜、数显游标卡尺）测量此时的名义裂纹长度作为单次监测实验的最小检出裂纹长度。

针对PVD薄膜传感器监测振动裂纹的特殊情况，在该裂纹检测概率测定方案上进行了改进，得到PVD针对振动疲劳裂纹的检测概率测定方案。

首先将制备有PVD薄膜传感器的实验件夹持在振动实验系统上，并接入多通道裂纹监测系统中。实验开始前调节多通道裂纹监测系统的内部阻值，使PVD薄膜传感器两端电位值处于合适范围，根据PVD薄膜传感器的初始输出电位设定匹配的报警阈值,初始化完毕后对PVD薄膜传感器的电位输出信号进行实时记录。随后在方板型第四阶模态进行振动疲劳实验并持续进行手动频率跟踪,直至多通道裂纹监测系统中出现报警信号后,立即停止实验,采用课题组自主研制的组合式读数摄像平台(带显微镜、数显游标卡尺)测量此时的名义裂纹长度作为单次监测实验的最小检出裂纹长度。

实验过程中读数使用的组合式读数摄像平台(带显微镜)如图11.2所示,根据数显游标电子卡尺说明书,其分辨率为0,01mm,量程为100mm,读数误差为±0.02mm。实验过程中观测到的裂纹形貌如图11.3所示。

图11.2　组合式读数摄像平台

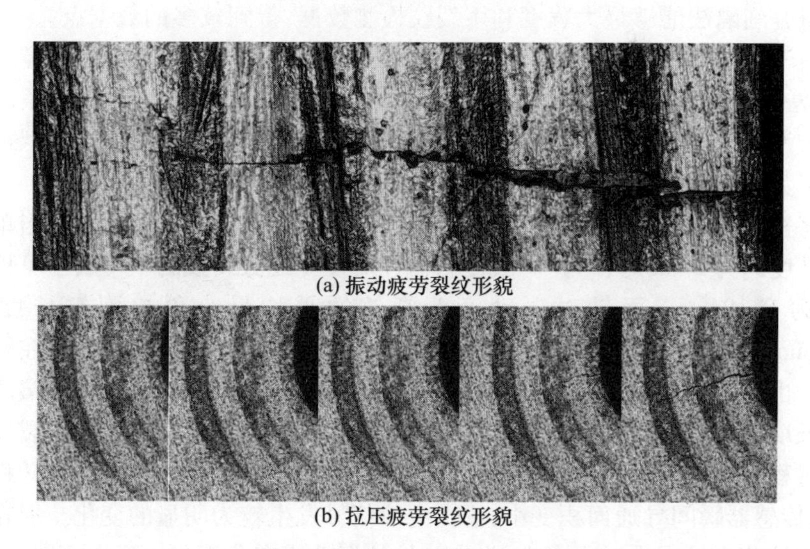

(a) 振动疲劳裂纹形貌

(b) 拉压疲劳裂纹形貌

图11.3　读数平台观测裂纹形貌

11.2.2 检测结果统计与 POD 曲线绘制

对裂纹检测结果的统计处理方法主要有如下方法。

(1)等裂纹尺寸间隔法。

该方法是将整个实验过程中的裂纹尺寸范围内,使用相同的间隔宽度划分若干个尺寸间隔范围,在每个范围内分别计算裂纹的检出概率,此后利用每个间隔范围内的上端点作为横坐标值绘制 $P(D/a) \sim a$ 曲线值。但该数据处理方法对裂纹检测数据量的要求较高,否则会出现最终绘制的 $P(D/a) \sim a$ 曲线值出现不真实的大幅波动。

(2)等子样容量法。

该方法是同样是将整个裂纹检测范围划分为若干个尺寸间隔,但划分该尺寸间隔的依据是使每个间隔内对于裂纹检测的有效次数相等,故划分的尺寸间隔可能具有不同的宽度,这样一来可以消除子样容量引起的 $P(D/a) \sim a$ 曲线失真,但可能出现曲线局部间隔过大的问题。

(3)重叠间隔法。

重叠间隔法一般将上述划分的尺寸间隔在宽度上采取一定比例的重叠,这些裂纹尺寸间隔可以是等宽或不等宽的,重叠比例可依据实际情况调整。例如,若采用50%的重叠比例,以 $m_0, m_1, m_2 \cdots, m_k$ 为重叠处理前尺寸间隔的 k 个分点,则重叠处理后的裂纹尺寸间隔为

$$[m_0, m_1], \left[\frac{m_0+m_1}{2}, \frac{m_1+m_2}{2}\right], [m_1, m_2], \left[\frac{m_1+m_2}{2}, \frac{m_2+m_3}{2}\right], \cdots$$

重叠间隔法能够最大程度利用裂纹检测数据,得到较多的数据点。

由于 PVD 薄膜传感器对金属结构裂纹的监测贯穿于其萌生、扩展的全过程,无法人为预制指定长度的裂纹并进行独立重复的检测实验。进行振动疲劳裂纹监测实验的周期较长,所得数据量较小,且为了充分利用有效实验数据,采取如下数据处理方式。

将实验结果统计为最小检出裂纹长度分布图如图 11.4 所示,可见当单个通道的宽度同为 2mm 时,PVD 薄膜传感器针对拉压疲劳裂纹的平均最小可检裂纹长度为 0.194mm,而针对振动疲劳裂纹的平均最小可检裂纹长度达到 1.058mm。由于镀膜工艺、裂纹测量误差等影响,最小可检裂纹长度存在较大分散性。由图 11.4 可以明显看出,PVD 薄膜传感器针对振动疲劳裂纹的最小检出裂纹长度明显增大,且更加分散。初步分析原因为加载方式不懂造成裂纹萌生扩展过程中的张开程度不同,拉压载荷条件下当实验件受拉时裂纹张开程度较大,使传感器瞬间导通面积变小,输出电位信号发生较为明显的变化。但在振动疲劳裂纹萌生扩展的过程当中,由实验件的振动模态分析与沙形法可知,实验件

变形方式在裂纹扩展平面内,即实验件达到振动最大位移处时,裂纹仍处于闭合紧密测状态,此情况在裂纹长度较小时尤为明显,因此,造成 PVD 薄膜传感器对于振动疲劳裂纹的敏感性相对于拉压疲劳裂纹有明显下降。

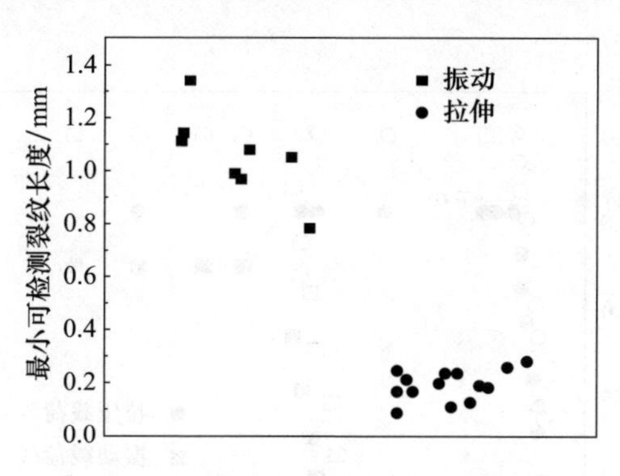

图 11.4　最小可检裂纹尺寸分布

将上述所有最小可检裂纹长度都依次作为裂纹尺寸间隔的分段端点,所有最小可检裂纹长度小于该长度的数据,在该间隔范围内的数据均为成功检出,反之则记为未成功检出,统计出各裂纹尺寸间隔内的裂纹检出次数 S_n(每一尺寸间隔内独立裂纹检测次数 n 均按照实验件总件数 15 件计),取裂纹区间上左端点值代表裂纹区间的裂纹长度,即得到裂纹监测概率分析的原始数据。

将 PVD 薄膜传感器在指定长度裂纹下的裂纹检测作为一次随机实验,则在 n 件实验件的独立检测实验中,检出裂纹的次数 S 为一随机变量,该随机变量服从二项分布,即

$$P_n(S=S_n)=C_n^{S_n}p^{S_n}q^{n-S_n} \tag{11.1}$$

$$\hat{P}=\frac{S_n}{n} \tag{11.2}$$

式中:p 为成功检出裂纹的概率;$q=1-p$ 为未检出裂纹的概率。

$\hat{P}$ 为 p 的点估计值,但由于实验范围有限,为了确保结构安全,通常需要求出置信水平为 $1-\alpha$ 时 p 的置信下限 pL,参照有关文献中的数据处理方法,利用 F 分布函数采用以下简化公式求解较为精确地 p_{L} 值:

$$f_1=2(n-S_n+1) \tag{11.3}$$

$$f_2=2S_n \tag{11.4}$$

$$P(F_{f_1,f_2}>X)=\alpha \tag{11.5}$$

$$p_{\mathrm{L}}=\frac{f_2}{f_2+Xf_1} \tag{11.6}$$

式(11.3)~式(11.6)中:f_1 为 F 分布的上自由度;f_2 为 F 分布的下自由度;X 为

F 分布的上侧百分位点。

本研究取 $1-\alpha=95\%$ 的置信水平，根据式(11.3)～式(11.6)即可求出对应裂纹长度下的检测概率置信下限值，拟合散点即得到检测概率曲线如图11-5所示。

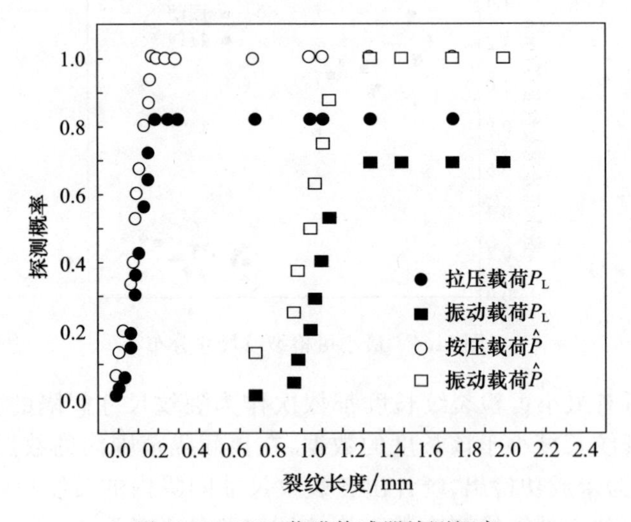

图11.5 PVD薄膜传感器检测概率

由图11.5可知，在拉压疲劳载荷下PVD薄膜传感器小尺寸的裂纹检出概率较高，共15件实验件均成功检测出裂纹，平均最小可对于检裂纹长度达到0.194mm，其中最大的最小可检裂纹长度仅为0.28mm。在95%置信水平下，对长度大于0.28mm的裂纹检出概率可达81.89%。在振动载荷下PVD薄膜传感器小尺寸的裂纹检出概率较高，共8件实验件均成功检测出裂纹，平均最小可对于检裂纹长度达到1.056mm，其中最大的最小可检裂纹长度仅为1.34mm。在95%置信水平下，对长度大于1.34mm的裂纹检出概率可达68.77%。

11.3 PVD薄膜传感器裂纹检测概率模型

在实际应用中，由于各种检测手段的原理和检测水平存在一定差异，不同检测手段在不同条件下的规律和变化趋势各异。为了方便检测手段的选择应用和性能评估，需要建立能够较好拟合所得概率曲线的数学模型。

11.3.1 现有检测概率模型

国内外学者根据以往经验和已有的检测数据，提出了若干拟合 $P(D/a)\sim a$

曲线的函数模型。

(1)Silk 函数。

$$P(D/a)=\begin{cases}(1-k)(1-e^{-c(a-a_1)}) & a\geqslant a_1\\ 0 & a<a_1\end{cases} \tag{11.7}$$

(2)Staat 函数。

$$P(D/a)=(1-k)(1-e^{-ca}) \qquad a\geqslant 0 \tag{11.8}$$

(3)Urabet 函数。

$$P(D/a)=\begin{cases}1-e^{-c(a-a_d)} & a\geqslant a_1\\ 0 & a<a_1\end{cases} \tag{11.9}$$

(4)Jiao 函数。

$$P(D/a)=\begin{cases}1-e^{-\frac{a}{n}} & a\geqslant 0\\ 0 & a<0\end{cases} \tag{11.10}$$

(5)Granson 函数。

$$P(D/a)=\begin{cases}1-e^{-\left[\frac{a-a_d}{\lambda}\right]^U} & a\geqslant a_1\\ 0 & a<a_1\end{cases} \tag{11.11}$$

(6)Ichikawa 函数。

$$P(D/a)=\begin{cases}1-e^{-\left[\frac{a}{\lambda}\right]^U} & a\geqslant 0\\ 0 & a<0\end{cases} \tag{11.12}$$

(7)Nakatsuji 函数。

$$P(D/a)=\begin{cases}\left[1-\dfrac{a}{\lambda}\right]^c & a\geqslant 0\\ 0 & a<0\end{cases} \tag{11.13}$$

(8)Yang 函数。

$$P(D/a)=\begin{cases}0 & a<a_1\\ \left[\dfrac{a-a_1}{a_2-a_1}\right]^m & a_1\leqslant a\leqslant a_2\\ 1 & a>a_2\end{cases} \tag{11.14}$$

式(11.7)~式(11.14)中:c 为模型参数;k 为常数;a 为裂纹长度;a_1 为最小可检裂纹尺寸;a_2 为最大可检裂纹尺寸;λ 为传感器尺度参数;U 为传感器形状参数。

由这些函数模型可知,对于各类无损检测手段而言,除传感器自身参数外,最小可检裂纹尺寸是使对裂纹检出概率曲线模型而言最重要的参数,一般低于该极限时不考虑裂纹被检出,但采用 PVD 薄膜传感器的检测数据拟合以上函数模型均出现了较大误差,分析主要原因是 PVD 薄膜传感器采用间隔通道布置,且数据的处理与获取均基于对裂纹的在线监测实验,导致这些函数模型不能良好的拟合其检测特性。

11.3.2 基于 Boltzmann 的裂纹检测概率模型

Boltzmann 函数模型被最早用来描述分子动力学系统中各种状态的概率分布,Boltzmann 函数关于自变量单调递增,且存在上限,满足作为裂纹检测概率模型的基本条件。其函数曲线大致分为滞后期、上升期和平稳期三部分,如图 11.6 所示。通过调整参数可改变函数模型在各部分的增长趋势。由于 PVD 薄膜传感器采用分通道间隔式布置,其裂纹检出概率曲线在滞后期与上升期间具有较强的离散型,经过分析,最终总结出如下分段函数模型:

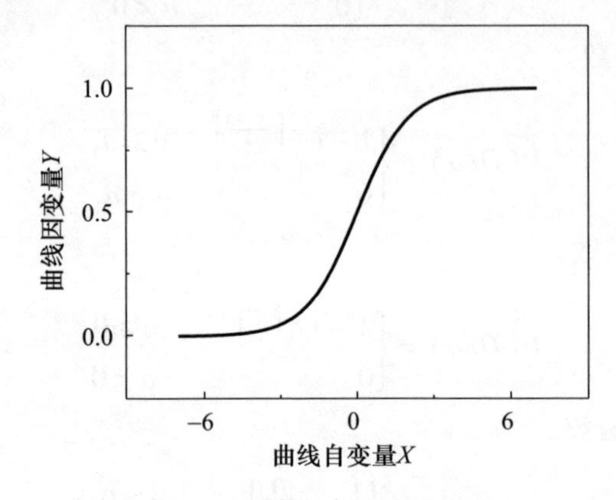

图 11.6 Boltzmann 函数曲线

$$P(D/a)=\begin{cases}P_0+\dfrac{P_1-P_0}{1+\mathrm{e}^{\frac{(a-\lambda)}{da}}} & a\geqslant a_1\\ 0 & a<a_1\end{cases} \tag{11.15}$$

式中:P_0 为最小检出概率;P_1 为最大检出概率;a 为裂纹长度;a_1 为最小可检裂纹尺寸;λ 为传感器尺度参数;da 为分析步长。

11.3.3 模型的优良性评估

基于 Boltzmann 函数建立 PVD 薄膜传感器的裂纹检出概率模型后,采用该函数模型拟合了 PVD 薄膜传感器裂纹检出概率数据,如图 11.7 所示。

从拟合结果直观来看,Boltzmann 函数的滞后期,上升期和平稳期较好地模拟了 PVD 薄膜传感器检测概率的变化趋势。

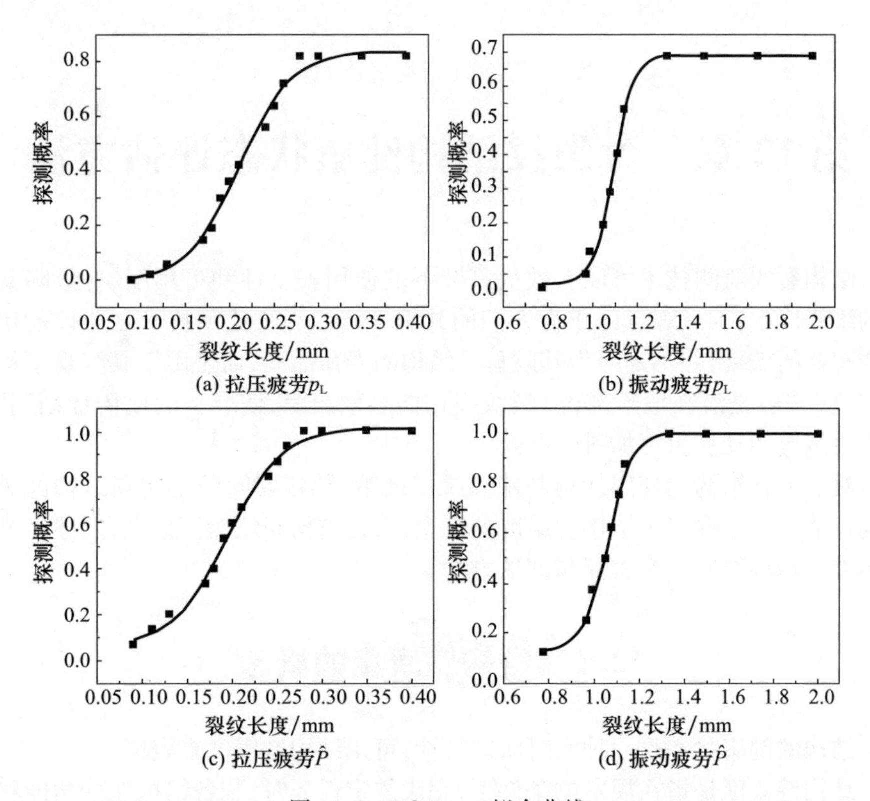

图11.7　Boltzmann拟合曲线

进一步使用Origin软件自带的分析模块,计算四条曲线的校正决定系数R^2,该决定系数可以评价拟合方程的优劣,其主要原理是通过坐标变化后采用回归处理的方式求解Boltzmann函数的各参数值,回归计算中出现小于0或者大于1的概率值取值0或者1,结果见表11.1,对于振动及拉压情况下的裂纹检测概率点估计值及置信下限均有极佳的拟合效果,校正决定系数普遍在0.99以上。可见,基于Boltzmann函数的裂纹检测概率模型与实际数据具有较高的一致性。

表11.1　Boltzmann函数拟合求解参数结果

参数	P_0	P_1	λ	da	R^2
拉压疲劳p_L	0	0.84051	0.2112	0.02933	0.9913
振动疲劳p_L	0.01843	0.68957	1.09485	0.04463	0.99622
拉压疲劳$\hat{P}$	0.0636	1	0.19461	0.03069	0.99303
振动疲劳$\hat{P}$	0.12841	1	1.06001	0.05497	0.99195

第 12 章　含裂纹结构健康状态评估方法

结构裂纹监测技术可以有效提高装备的使用安全性和可用度、有效降低结构的维修成本,这一观点已成为人们的共识。结构裂纹监测技术之所以能实现这些有益的效果,并不是因为其改善了结构的寿命品质,而是由于其实现了被监测部位(一般是潜在危险部位)裂纹损伤的有效跟踪,使装备的使用计划制定、维修决策等活动变得更加科学有效。

对于装备结构的使用计划制定和维修决策,其首要问题是实现结构健康状态的评估。本章提出了结构健康度的概念,根据结构裂纹监测信息,阐述了基于健康度的结构健康状态表征与评估方法。

12.1　结构健康度的概念

结构的健康状态是一种实时状态特性,可用结构健康度来表征。

结构健康度是指在规定的条件下,完成规定任务时,装备结构保持功能状态完好的程度,其取值范围从 0 ~ 1。当健康度为零时,说明结构处于断裂状态;当健康度为 1 时,说明结构处于 100% 健康状态。

结构的健康度可由下式表示:

$$H_s(t) = \frac{S_a(t)}{S_d(t)} \tag{12.1}$$

式中:t 为时间变量;$H_s(t)$ 为结构的健康度,是时间的函数;$S_a(t)$ 为结构在工作状态 t 时,健康特征参数的实际值;$S_d(t)$ 为结构在功能状态完好时,健康特征参数的期望值。

结构健康度又可以分为结构基本健康度和结构任务健康度。结构基本健康度反映的是结构实际功能状态完好程度,而任务健康度反映的是结构在完成任务时所表现出来的功能状态完好程度。一般由于余度技术(例如损伤容限设计理念中的“破损安全”设计技术)的应用,结构的任务健康度总是大于或者等于基本健康度。

需要区分清楚的是,对于“没有损伤”的合格结构可以认为是“健康”的,但结构是“健康”的并不代表结构是“没有损伤”的。例如,结构的寿命可以简单地分为裂纹萌生寿命和裂纹扩展寿命两部分,如果以结构裂纹长度作为结构健康度的评判参数,在结构没有开裂时可以认为是“健康”的,但是随着服役载荷的持续作用,结构的剩余寿命仍在不断的衰减,结构是“存在损伤”的。

结构健康度有如下特征。

(1)可测性。对于结构的健康特征参数是能够进行量化处理,可以直接可测或间接可测的。

(2)可预测性。可以根据过往的数据,能够在一定范围内对结构健康度在将来可能发生的变化进行分析和推断。

(3)多层次性。对于结构健康度的概念,当其用于不同层次的结构时可以表征不同的含义,一般可分为结构细节健康度、结构整体健康度、结构组件健康度、整机结构健康度、机队结构健康度等层次。

(4)相对性。一方面,不同结构或不同结构细节的健康特征参数期望值可以是不相同的,而是与结构的材料、工艺、构型等因素相关;另一方面,相同结构或结构细节在不同的使用条件下(例如任务变化导致载荷工况发生变化),其健康特征参数期望值也是不同的。

(5)概率性。一方面,裂纹监测传感器的裂纹检出率和检测精度是客观存在的,其检测得到的健康特征参数的实际值本身服从一定的概率分布;另一方面,装备的实际服役情况和使用载荷不是固定不变的,服从一定的概率分布,导致健康特征参数的期望值也服从一定的概率分布。传感器的检测概率和载荷分布概率相互独立,因此,结构健康度也必然具有概率性的特点。

健康度的概念也可用于其他系统和层次,如机械系统、电子系统、机电系统、装备整体等。

12.2 结构细节健康度的表征与评估

由于装备结构具有“多层次性”,其对应的结构健康度也具有多层次性的特点。一般来说,上一层次的结构健康度评估是以下层的结构健康状态信息为基础的。因此,研究结构健康度的评估问题首先是应确定最底层的结构健康度——结构细节健康度的表征与评估方法。

12.2.1 结构细节健康度的表征

对于装备结构而言,裂纹损伤是其最主要的失效模式。因此,针对某一具体的结构细节,其健康特征参数可用裂纹损伤特征量来表征。根据结构健康度的“可测性”特征,采用直接测量值或间接测量值均可用来表征结构细节的健康度。

结构细节裂纹损伤的直接测量值即裂纹长度,可由结构健康监测传感器直接测得;结构细节裂纹损伤的间接测量值可以是裂纹扩展寿命,可以由测得的裂纹长度经计算后得到。

本节将对这两种结构细节健康度的表征方法进行分析。

(1)基于裂纹长度的结构细节健康度表征。

基于裂纹长度的结构细节健康度可由下式表示:

$$H_{sd}(t)=1-\frac{a(t)}{a_c(t)} \tag{12.2}$$

式中:t 为时间变量;$H_{sd}(t)$ 为结构细节的健康度,是时间的函数;$a(t)$ 为结构细节在 t 时的实际裂纹长度;$a_c(t)$ 为结构细节的临界裂纹长度。

在未出现裂纹时,即 $a(t)=0$,结构细节的健康度为1,为最大值;当裂纹扩展至临界裂纹长度发生断裂时,即 $a(t)=a_c(t)$,结构细节的健康度为0,发生失效。

(2)基于裂纹扩展寿命的结构细节健康度表征。

基于裂纹扩展寿命的结构细节健康度可由下式表示:

$$H_{sd}(t)=1-\frac{N(t)}{N_c(t)} \tag{12.3}$$

式中:t 为时间变量;$H_{sd}(t)$ 为结构细节的健康度,是时间的函数;$N(t)$ 为结构细节在 t 时的裂纹长度对应的裂纹实际扩展寿命;$N_c(t)$ 为结构细节的裂纹扩展总寿命。

在未出现裂纹时,即 $N(t)$,结构细节的健康度为1,为最大值;当裂纹扩展至临界裂纹长度发生断裂时,$N(t)=N_c(t)$,结构细节的健康度为0,发生失效。

需要特别说明的是,裂纹实际扩展寿命 $N(t)$ 并不是由裂纹监测传感器直接测量得到的,而是经实际裂纹长度 $a(t)$ 间接推算的。在由 $a(t)$ 推算 $N(t)$ 时,所使用的载荷谱必须与计算结构裂纹扩展总寿命 $N_c(t)$ 时所采用的载荷谱保持一致。换言之,裂纹实际扩展寿命 $N(t)$ 与裂纹扩展总寿命 $N_c(t)$ 必须在同一载荷基准下计算得到,否则不具有可比性。

(3)两种结构细节健康度表征方式的对比。

从上文可以看出,基于裂纹长度和裂纹扩展寿命均可用于表征结构细节健康度(根据结构失效模式的不同,也可基于其他损伤特征量来表征),上述两种表征方式均符合结构健康度可测性、可预测性、多层次性、相对性和概率性的特征,均具有合理性,但其应用的特点有所不同,分析如下。

结构裂纹的扩展速率符合先慢后快的规律,以某锪孔结构的裂纹扩展实验为例,其实验现场和裂纹扩展 $a-N$ 曲线如图12.1所示,其中,a 为裂纹长度,N 为载荷谱加载的谱块数。

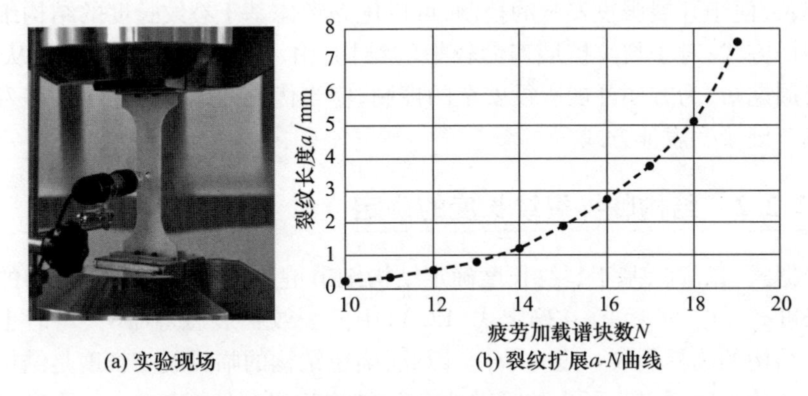

(a) 实验现场　(b) 裂纹扩展a-N曲线

图 12.1　典型锪孔结构细节裂纹扩展实验

如果结构在服役过程中的载荷强度不变、使用频繁程度不变,假设其每工作一年所受到的载荷循环数为 4 个谱块。则根据式(12.2)和式(12.3)的计算,两种不同表征方式下的结构细节健康度变化规律如图 12.2 所示。

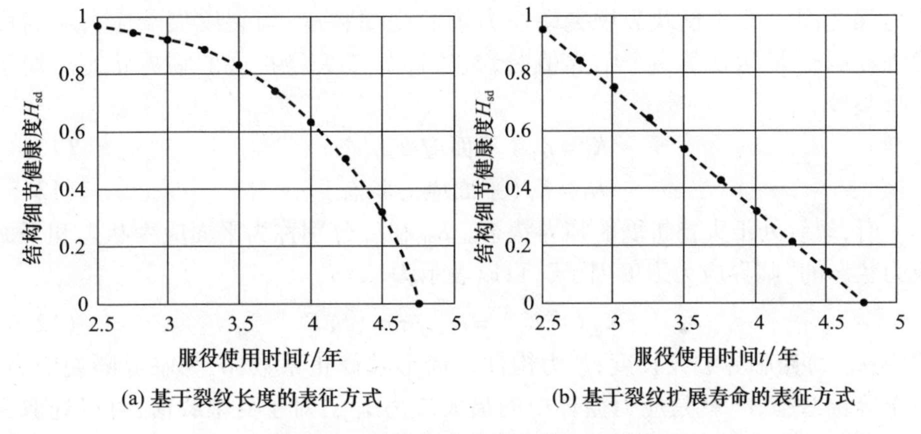

(a) 基于裂纹长度的表征方式　(b) 基于裂纹扩展寿命的表征方式

图 12.2　结构细节健康度的变化规律

通过图 12.2 可以看出,虽然基于裂纹长度和基于裂纹扩展寿命均可用于表征结构细节健康度,但其变化规律不同。基于裂纹长度的结构细节健康度变化规律是先快后慢,而基于裂纹扩展寿命的结构细节健康度变化规律是均匀变化。

总的来说,基于裂纹长度的结构细节健康度表征方式优点是在测量上直观、便于计算;缺点是在后期变化速率较快,不便于结构服役安全的控制;基于裂纹扩展寿命的结构细节健康度表征方式优点是变化规律相对稳定,便于开展维修决策控制,缺点是无法直接测量,需要进行裂纹扩展寿命的计算。

因此,对于裂纹扩展寿命较长的结构,由于其结构细节健康度从 0 ~ 1 的发展周期长,便于开展服役安全的控制,可以优先考虑基于裂纹长度的结构细节健康度表征方式;对于裂纹扩展寿命较短的结构,由于其结构细节健康度从 0 ~ 1 的发展周期短,为方便开展服役安全的控制,应当优先考虑基于裂纹扩展寿命的结构细节健康度表征方式。

12.2.2 结构临界裂纹长度的确定

根据式(12.2),基于裂纹长度确定结构细节健康度时需要确定结构的临界裂纹长度$a_c(t)$。实际上,在确定式(12.3)中的裂纹扩展总寿命$N_c(t)$时也必须先确定结构的临界裂纹长度 $a_c(t)$。因此,确定结构的临界裂纹长度是结构细节健康度评估过程中必不可少的环节之一。结构临界裂纹长度$a_c(t)$的确定方法属于结构损伤容限的研究范畴,目前人们已开展了大量的研究,本书中仅对其基本方法进行介绍。

结构的临界裂纹长度即结构断裂时对应的裂纹长度。目前,人们普遍接受的结构断裂准则为 Irwin 于 20 世纪 50 年代提出的"K 断裂准则"。即采用应力强度因子 K 来反映裂纹尖端应力场的强弱程度,当裂纹尖端应力场的应力强度因子 K 达到某一个临界值时,裂纹即处于失稳扩展的临界状态。对于Ⅰ型裂纹,

$$K_{\mathrm{I}} = K_{\mathrm{IC}}\text{(平面应变状态)} \tag{12.4}$$

$$K_{\mathrm{I}} = K_{\mathrm{C}}\text{(平面应力状态)} \tag{12.5}$$

时,裂纹处于失稳扩展的临界状态。K_{IC}和K_{C}分别称为平面应变状态和平面应力状态的"临界应力强度因子",可以表示为

$$K_{\mathrm{IC}}\text{(或}K_{\mathrm{C}}\text{)} = \sigma_c \sqrt{\pi a_c(t)}\,F \tag{12.6}$$

式中:$a_c(t)$为临界裂纹长度;F 为构件几何形状修正系数;σ_c为临界断裂应力。对于等幅载荷,σ_c就是应力循环中的最大应力$\sigma_{\max}$;对于变幅载荷,可以选取为损伤容限极限载荷的应力,即最大工作载荷应力;如结构细节中有残余应力,也应考虑到σ_c中。

根据式(12.6),结构临界裂纹长度

$$a_c(t) = \frac{1}{\pi}\left(\frac{K_{\mathrm{IC}}\text{(或}K_{\mathrm{C}}\text{)}}{F \cdot \sigma_c}\right)^2 \tag{12.7}$$

12.2.3 结构裂纹扩展寿命的确定

根据式(12.3),基于裂纹扩展寿命的结构细节健康度表征方法需要评估裂纹的实际扩展寿命 $N(t)$和裂纹扩展总寿命$N_c(t)$。$N(t)$对应的是实际裂纹长度$a(t)$的扩展寿命,$N_c(t)$对应的是临界裂纹长度$a_c(t)$的扩展寿命。$a(t)$可通过

结构裂纹监测传感器获取，$a_c(t)$的确定方法在12.2.2节中已进行介绍。因此，本小节主要介绍根据裂纹长度a确定裂纹扩展寿命N的方法，重点介绍等幅载荷下的裂纹扩展模型及裂纹扩展寿命的计算方法。

（1）等幅载荷下的裂纹扩展模型。

裂纹扩展速率$\mathrm{d}a/\mathrm{d}N$是材料性能、结构构型、裂纹长度、环境和载荷谱应力水平的函数，对于在可检裂纹与临界裂纹之间的裂纹长度来说，在$\mathrm{d}a/\mathrm{d}N \sim Z \cdot K_{\max}$双对数坐标上大部分裂纹扩展速率呈线性部分，等幅裂纹扩展模型（线性模型）的裂纹扩展速率用Walker公式表达为

$$\frac{\mathrm{d}a}{\mathrm{d}N}=C(Z\cdot K_{\max})^{n} \tag{12.8}$$

式（12.8）中各参数含义如下。

①最大应力强度因子$K_{\max}$。

$$K_{\max}=F\cdot\sigma_{\max}\sqrt{\pi a} \tag{12.9}$$

式中：$\sigma_{\max}$为最大工作应力；F为综合修正因子；a为裂纹长度。

②最小应力因子Z。

$$Z=\begin{cases}(1-R)^{m} & 0<R<1\\(1-R)^{q} & R\leqslant 0\\0 & R=1\end{cases} \tag{12.10}$$

式中：R为应力比。

③材料的裂纹扩展性能参数。

C、n、m、q为材料的裂纹扩展性能参数，它们是由材料的等幅裂纹扩展实验数据导出的。m和q分别为考虑正、负应力比对裂纹扩展速率影响的材料常数；C是裂纹扩展速率曲线在双对数坐标上的截距；n是裂纹扩展速率曲线在双对数坐标上的斜率。在n值相同的条件下，C值越小表示材料阻止裂纹扩展的抗力越大。

（2）等幅载荷下的裂纹扩展寿命计算方法。

对式（12.8）积分可以得到

$$N=\int_{n_0}^{n}\mathrm{d}N=\int_{a_0}^{a}C^{-1}\,(Z\cdot K_{\max})^{-n}\mathrm{d}a \tag{12.11}$$

将式（12.9）代入上式可得

$$N=\frac{2}{C\,(F\cdot\sigma_{\max}\sqrt{\pi})^{n}(n-2)}\left(\frac{1}{a_0^{\frac{n-2}{2}}}-\frac{1}{a^{\frac{n-2}{2}}}\right)(n\neq 2) \tag{12.12}$$

$$N=\frac{1}{C\,(F\cdot\sigma_{\max}\sqrt{\pi})^{n}}(\ln a-\ln a_0)\,(n=2) \tag{12.13}$$

12.3 多细节结构健康度的评估

对于单细节结构或只从某一特定细节破坏失效的结构,其结构健康度与结构细节健康度相同,同时,其基本健康度等于任务健康度。然而,装备结构健康度具有“多层次性”,一般可分为结构细节健康度、结构整体健康度、结构组件健康度、整机结构健康度、机队结构健康度等层次。前文中介绍了结构细节健康度的表征与评估方法,对于结构整体健康度、结构组件健康度、整机结构健康度等,可以统一归为多细节结构健康度的范畴,主要区别在于细节数量的多少。本节将对多细节结构健康度开展分析。

12.3.1 多细节结构的健康状态信息融合方式

结构健康状态评估的信息处理流程如图12.3所示,可以包括三个层次:原始数据的获取(信息获取层)、信号处理分析(特征层)、状态监测和健康评估(状态评估层)。上述三个层次是一个动态积累和传播的信息链路,三个层次中每一层都存在着其特有的数据信息。

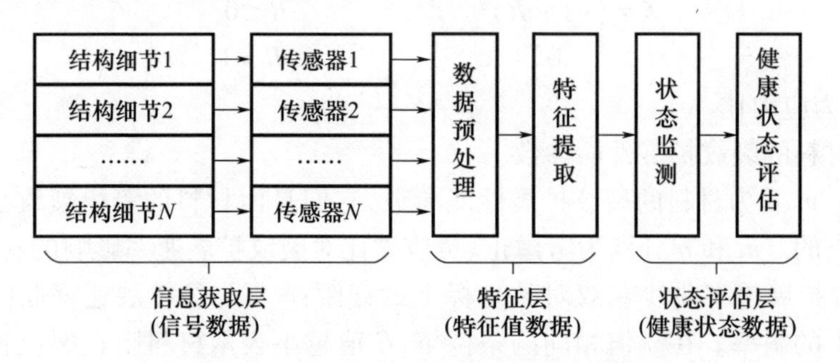

图12.3 结构健康状态评估的信息处理流程

多细节结构的健康状态数据信息必然来自于其包含的各个结构细节的健康状态数据信息。在由各个结构细节健康状态数据向多细节结构健康状态数据融合转化的过程中,根据图12.3的层次性特点,可以分为不同的信息融合方式:信号级融合、特征级融合和状态级融合三类,如图12.4所示。

结构健康状态信息的信号级融合如图12.4(a)所示。这种方式是将各传感器的原始信号(如电流信号、电阻信号等)直接融合,而后基于融合后的数据进行特征提取和健康状态评估,以得到多细节结构的健康状态描述。

结构健康状态评估的特征级融合如图12.4(b)所示。在这种融合方式中,先是将各传感器的原始信号进行特征提取,得到特征信号(如裂纹长度、载荷大小等),而后将各特征信号进行融合,再以融合后的特征信号为准开展多细节结构的健康状态评估。

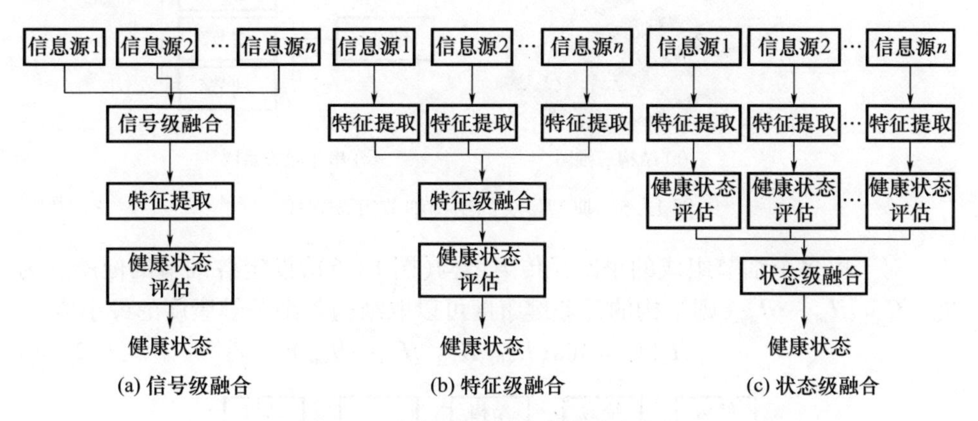

图 12.4　结构健康状态信息融合方式

结构健康状态评估的状态级融合如图 12.4(c)所示。在这种融合方式中,每个信息源在本地进行数据预处理、特征提取和健康状态评估,分别建立各结构细节健康状态的初步描述,然后对各个结构细节健康状态进行融合,开展多细节结构的健康状态评估。

12.3.2　基于状态级融合的多细节结构健康度评估

对于装备复杂结构健康监控对象,其健康状态的信息融合可能同时存在 12.3.1 节所述的多种融合方式。对于信号级融合,可采用模糊理论、灰色理论、粗糙集等不确定性理论方法开展研究;对于特征级融合,可将各特征信息融合成单一的联合特征向量,运用模式识别的方法对联合特征向量进行处理。下面主要讨论基于状态级融合的多细节结构的健康度评估方法。

(1)结构细节的串并联关系分析。

以图 12.5(a)所示的典型耳片结构为例,对结构细节的组合方式进行阐述。图中为具有 4 个结构细节的耳片,传载路径是将载荷由细节 1 处传递至细节 2、3、4 处。若细节 1 处断裂,则结构传载路径中断,结构失效;若细节 2、3、4 中的任何 1 处断裂,仍可由其他细节发挥着传载作用。对于细节 2、3、4 而言,其属于相互并联关系,细节 1 与其他 3 个细节的组合为串联关系,如图 12.5(b)所示。

(2)多细节结构的任务健康度评估。

结构任务健康度反映的是结构在完成任务时所表现出来的功能状态完好程度。

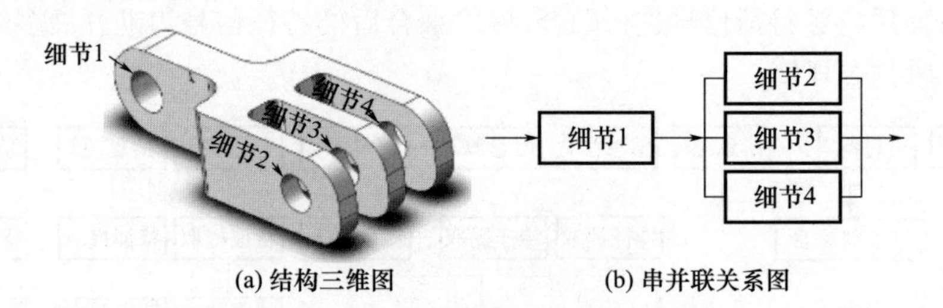

(a) 结构三维图　　(b) 串并联关系图

图 12.5　典型接头的结构细节组合方式

对于由多个细节组成的单路径传力结构(图 12.6),设定各细节的健康度为 H_{sd1}、H_{sd2}、$H_{sd3}\cdots H_{sdn}$,则结构的任务健康度可以取结构各细节健康度的最小值:

$$H_s(t)=\min(H_{sd1}、H_{sd2}、H_{sd3}\cdots H_{sdn}) \tag{12.14}$$

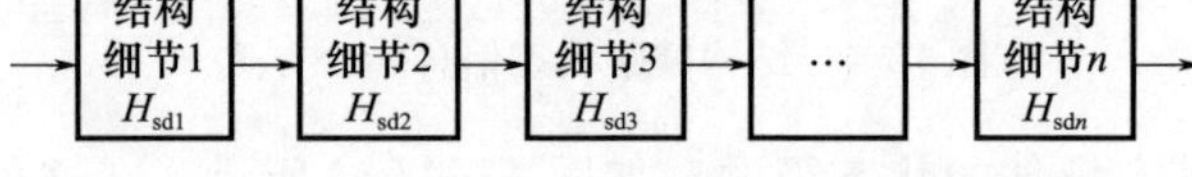

图 12.6　多细节结构的任务健康度串联模型

对于由多个细节组成的多路径传力结构(图 12.7),其任务健康度可以取为系统各细节健康度的最大值:

$$H_s(t)=\max(H_{sd1}、H_{sd2}、H_{sd3}\cdots H_{sdn}) \tag{12.15}$$

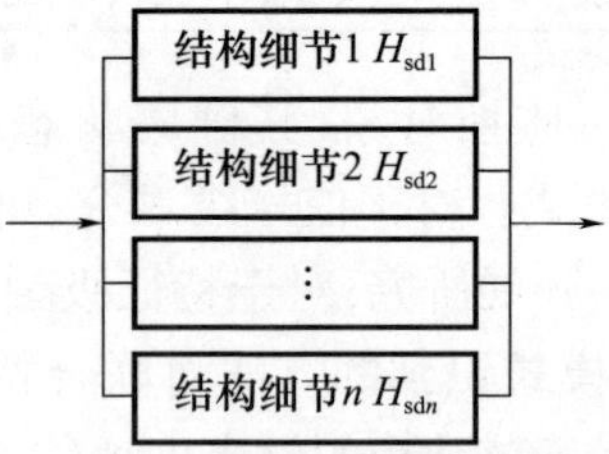

结构细节1 H_{sd1}
结构细节2 H_{sd2}
⋮
结构细节n H_{sdn}

图 12.7　多细节结构的任务健康度并联模型

对于由多个结构细节组成的既含有单路径传力又含有多路径传力的复杂结构,其结构任务健康度可以由串并联模型计算得到,先将其每一组并联部分的健康度取各组成细节的最大值,从而化简成串联模型,再取各传力环节健康度的最小值。以图 12.5 结构为例,其结构健康度为

$$H_s(t)=\min[H_{sd1}、\max(H_{sd2}、H_{sd3}、H_{sd4})] \tag{12.16}$$

(3)多细节结构的基本健康度评估。

无论是单路径传力结构、多路径传力结构还是混合路径传力结构,其基本健康度反映的是都是结构实际功能状态完好程度,与传力路径的串并联关系无关,可以用式(12.14)计算评估。

需要说明的是,无论是多细节结构的任务健康度评估还是基本健康度评估,纳入考虑的应是在装备完成任务时结构传力路径上的结构细节健康度,与装备完成任务不相关的结构细节健康度不应纳入评估。

12.4 基于健康度的结构健康状态评价

在给出装备结构健康度的概念及评估方法的基础上,可以依据健康度(基本健康度或者任务健康度)数值的不同,将装备结构的健康状态划分为健康、亚健康以及不健康三种状态。当结构的健康状态为健康时,则其不需要维修就可以继续服役工作;当其健康状态为亚健康时,其可以继续服役工作,但要求此时需要制定维修计划;当其健康状态为不健康时,则不可以继续服役工作了,此时必须按已经制定好的维修计划对装备结构进行维修,以恢复其使用完整性(或者军用装备的作战完整性)。

以飞机的某结构件为例,根据其重要性和结构特征设定基本健康度为 90% ~100% 时,此时结构健康,不需要进行修理;当结构基本健康度为 30% ~ 90% 时,此时结构处于亚健康状态,需要制定维修计划;当结构基本健康度低于 30% 时,此时结构不健康,需要马上进行修理,如图 12.8 所示。需要说明的是,对于不同的结构件,由于其结构健康度演化规律不同、对装备服役安全的影响不同、维修费用不同等原因,对其健康状态的划定区间范围可以是不同的。

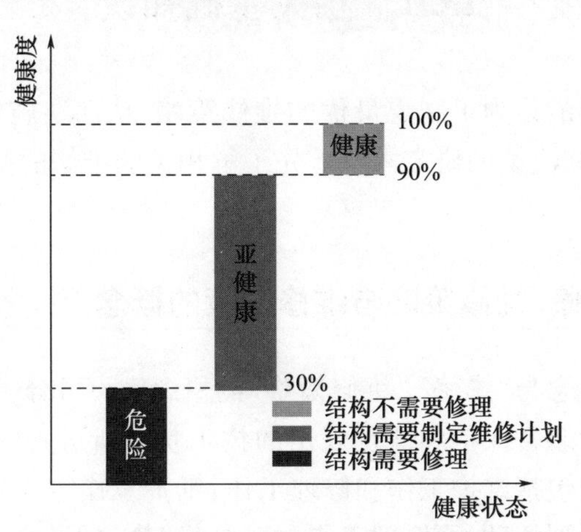

图 12.8 结构健康状态的划分(见彩图)

第13章　基于健康状态的结构视情维修决策方法

在服役使用过程中,装备结构的失效形式主要是疲劳断裂。以民用飞机为例,据调查,在1985—2010年,美国共发生了1532起客机事故,其中386次属于灾难性事故,主要原因是金属结构发生疲劳断裂导致的结构失效。实际上,根据损伤容限设计思想,在结构中存在疲劳裂纹是正常的,但在服役使用过程中,应避免因裂纹扩展至临界长度导致的结构断裂破坏或功能失效。因此,需要根据结构的损伤状态开展合理的维修决策。

随着结构裂纹监测传感器的出现,实现了在装备服役期间对关键结构裂纹损伤的实时监测,也推动了结构维修策略由原有的定时维修向视情维修转变。本章以结构裂纹监测传感器的应用为背景,介绍基于健康度的结构视情维修决策方法。

13.1　相关基础知识

维修决策的目的是为了制定最优的维修策略,从而实施最为合适的维修活动。因此,开展维修决策的研究需要首先了解相关的维修的基本方式、维修策略的分类等基础知识。

13.1.1　维修、维修策略与维修决策的概念

维修决策的概念与“维修”“维修策略”的概念密不可分。

维修是指为使装备保持和恢复规定的技术状态所进行的技术和管理活动。维修的技术工作又包括维护工作和修理工作,维护工作主要是指“保持”装备规定技术状态的一系列活动,而修理工作主要是指“恢复”装备规定技术状态的一系列活动。在实际维修工作中,装备的维护工作和修理工作并不能完全割裂开来,维护过程往往伴随必要的修理,修理过程通常也伴随着维护。装备维修的管理工作是对维修技术工作及其所使用的人力、物力、财力和时间进行组织、计划、监督、检查、控制、调度和内部外部协调等工作的总称。目的是完成维修保障任务和有效地实现维修保障目标。

维修策略是指针对装备性能劣化情况而制定的维修方针，包括决策依据、维修措施及执行时机等几个方面。决策依据是指用于评估产品劣化情况的依据，主要包括寿命、状态和故障等。维修措施是执行维修决策和达到预期效果的手段，一般包括润滑保养、一般检查、详细功能检查、修理、更换和改进设计等多种类型，根据维修深度，可以分为基本维修、中度维修、完全维修等。维修执行时机包括维修间隔或周期的安排、检查间隔和周期的安排等。

维修决策是将现代维修理论和决策科学高度融合，以维修思想为指导，通过维修目标建模和维修参数优化等工作，制定科学合理的维修策略的过程。维修决策的目的是在保证系统安全性和可靠性的前提下，对成本和收益进行综合权衡，确定和调整维修时机、维修任务和维修计划，实现及时、有效和经济的维修。

13.1.2 典型的结构维修方式

对于装备结构的修理，大致上可以分为四类，分别是修整、补强、换段和更换，其修理时间、修理成本和修理效果均有所差异。

(1)修整是指不进行结构强度上的恢复，在结构损伤位置上进行局部的小范围修理，如铰孔、打止裂孔、挫修、破损部位的平整切割、变形部位的整形、填充抹平、安装堵盖等。

(2)补强是指当损伤较重需要恢复结构强度，局部修整不能满足要求时，在局部修整的基础上再进行补片、连接片的安装，使结构强度和刚度得以恢复(或部分恢复)。

(3)换段是指当损伤更为严重，局部区域已没有了修理的必要或可能，甚至传力路径上的结构已基本丧失了承载能力时，需要将此区域完全切割下来，再补上一块形状、尺寸、材料相同的结构，而后使用连接片对其进行连接的修理方法。

(4)更换是指将整个结构件拆除以后换上新件，从而使原有的结构能力得到完全恢复的修理手段，通常用于具有可更换(或串换)的备件，且原件已没有可修理的价值，或者原件在原位修理时时间过长、难度过大，需要拆下修理的情况。

需要说明的是，对于有密封性要求的结构，还需进行相应的密封处理。

图13.1示出了典型梁形件和框形件的典型修整、补强、换段修理方法。

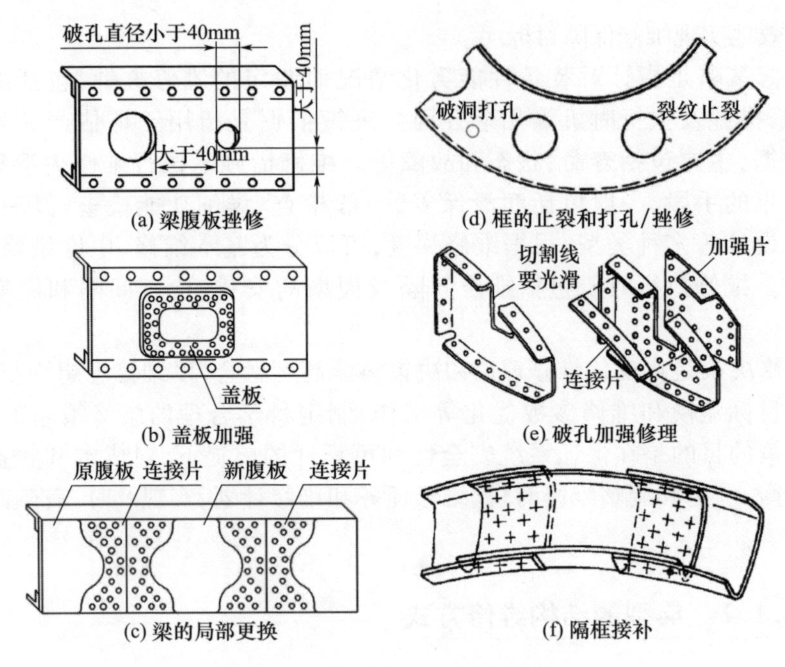

图 13.1　典型结构件的不同修理方式

13.1.3　维修策略的分类

维修技术的发展过程可以看作是人们解决装备故障问题的创造性过程,从不同的角度出发,装备维修有不同的分类方法,从本质上讲,这些维修活动都可以划归为事后维修和预防维修等两种基本类型。

(1)事后维修。

事后维修是在装备发生故障或出现功能失常现象以后进行的维修,不是在故障前采取预防性的措施,而是等到装备发生故障或遇到损坏后,维修人员采取措施使其恢复到规定技术状态所进行的维修活动。事后维修通常又可以分为修复性维修和战场抢修两种方式。

①修复性维修。

修复性维修主要针对的是装备及其部件发生的故障和功能失效现象,又称为排故,主要指维修人员使故障装备恢复到规定技术状态所进行的全部活动,通常包括以下一种或几种维修措施:故障定位、故障隔离、分解、修理、更换、组合、安装、调校以及检测等。

②战伤抢修。

战伤抢修特指维修人员在战时针对装备损伤,采用快速诊断与应急修复技术使之全部或部分恢复必要功能或自救能力而进行的装备战场修理活动。战伤抢修与修复性维修虽然都同属于事后维修的范畴,但由于维修环境、条件、时机、要求和所采取的技术措施等与一般修复性维修不同,因而可把它视为一种独立的维修方式。

(2)预防维修。

预防维修是在根据装备及机件的固有故障规律,依据可靠性理论,在故障发生之前就采取维修和检查措施,从而避免故障发生而采取的一系列维修活动。它一般包括:擦拭、润滑、检查、定期拆修和定期更换等,这些措施的目的是发现并消除潜在故障,避免故障的严重后果,做到防患于未然。根据人们长期积累的经验,预防性维修通常可分为定时维修和视情维修等两种方式。

①定时维修。

定时维修是指依据规定的时间间隔期或固定的累计工作时间,按事先安排的计划进行的维修,其优点是便于安排维修工作,组织维修人力和准备物资,定时维修适用于已知寿命分布规律且确有损耗期的机件设备,这些装备的故障与使用时间有明确的关系,能够工作到预期的时间以保证定时维修的有效性。

②视情维修。

视情维修是维修人员通过一定的状态监控技术对产品可能发生的功能故障的二次效应进行的事前检测、分析和诊断,再根据状态发展情况主动采取的维修措施,以防止产品进一步的故障和失效。视情维修是一种深度维修策略,是随着传感器、油液分析、无损检测等先进技术的发展而形成的主动维修策略,能够有效预防故障,较充分地利用机件的工作寿命,减少维修工作量,提高装备的使用效益。

在有的文献中,还将改进性维修作为一种维修类别。改进性维修是指为改进已定型和部署使用的装备的固有性能、用途或消除设计、工艺、材料等方面的缺陷,在维修过程中对装备实施经过批准的改进和改装,也称为改善性维修。改进性维修的实质是修改装备的设计,可以认为是对维修工作的扩展。

13.2 基于健康状态的结构视情维修决策

结构视情维修方式能够充分利用裂纹监测传感器的监测信息实现结构维修效益的提升。对于某一具体的结构,不同的修理时机对应了不同的结构损伤发展状态,也就对应了不同的结构安全性和结构修理方式,将对装备的服役安全性和修理经济性造成不同的影响,此外,装备的维修计划还必须要与装备的使用计划相协调,这些因素都需要对维修策略进行权衡。

此外,对于装备结构的维修决策,通常包括结构级、整体级及机队级的维修决策,不同层级的维修决策考虑不同的影响因素。例如,整体级考虑装备中不同结构安全性、经济性的协调,机队级考虑不同装备在位率、工厂维修产能等的影响。然而,对于整体级及机队级的维修决策而言,均是建立在结构级维修决策的基础上。结构级的维修决策越清晰合理,整体级及机队级的维修决策效率越高。

本节针对装备的结构级维修决策,将决策过程与资源分为数据层、分析层、决策层、结果层四个层次,通过外场维修决策、安全性影响分析、任务性影响分析、经济性影响分析,综合权衡确定装备结构的维修策略,如图 13.2 所示,从而为装备结构的整体级及机队级维修决策奠定基础。

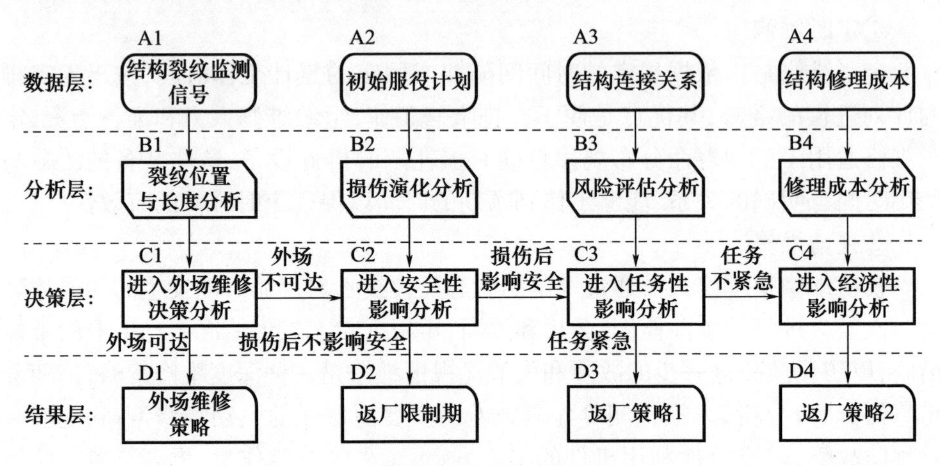

图 13.2　典型结构件的不同修理方式

13.2.1　外场维修决策分析

根据结构裂纹监测传感器的裂纹监测信号,分析确定裂纹所处位置及裂纹长度,根据结构的外场可达可修状态,开展外场维修决策分析,确定外场维修策略或进入下一步的安全性影响分析,如图 13.3 所示。

(1)根据结构健康监测系统监测到的结构裂纹监测信号 A1,通过监测系统的解析分析过程 B1,确定裂纹所在的部件、部件位置及裂纹当前长度。

(2)确定裂纹所在的部件、部件位置的外场可达可修情况。分为外场可达可修、外场不可达可修、外场可达不可修、外场不可达不可修四类。

外场可达可修是指外场可直接针对裂纹位置进行原位修理,针对此类情况,应在外场立即开展修理 D1.1。

外场不可达可修的情况是指裂纹部位不可达,无法对裂纹部位进行原位修理，但可以通过对裂纹所在的整个LRU（外场可更换单元）进行更换实现修理。针对此类情况，应在外场实施备件更换流程D1.2。

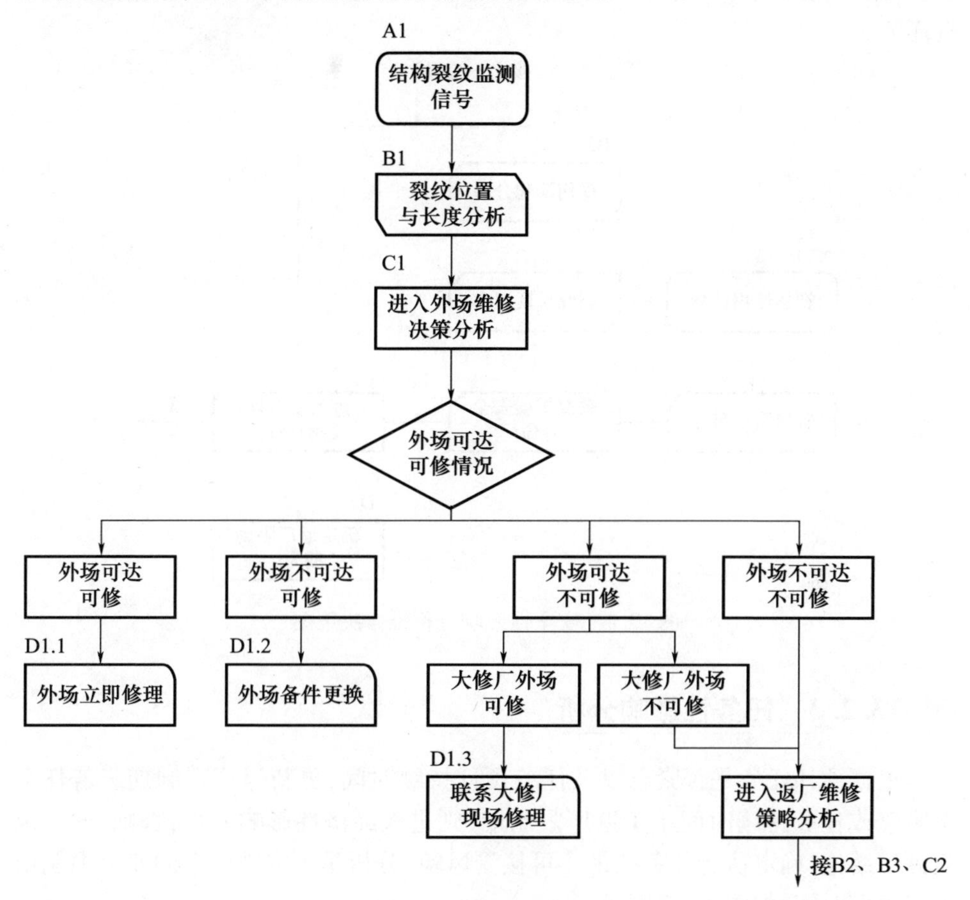

图13.3 外场维修决策方案图

外场可达不可修情况又可分为两类情况进行讨论，一是由于外场维护人员的技术条件不具备，但大修厂可派遣人员到现场开展修理，此类情况应联系大修厂赴现场修理D1.3；二是由于外场设备条件不满足，大修厂人员赴现场也无法修理，此类情况应继续进入返厂维修策略分析。

针对外场不可达不可修的情况，应继续进入返厂维修策略分析。

13.2.2 安全性影响分析

根据装备的初始服役计划（如载荷强度等），进行结构的损伤演化分析，确定结构的返厂限制期并进入下一步的任务性影响分析，如图13.4所示。

进行裂纹的损伤演化分析B2，根据结构的初始使用计划A2.1，开展裂纹扩展速率分析和临界裂纹尺寸分析,确定裂纹扩展安全寿命 t_1,t_1 应满足规定的可靠度与置信度要求,确定返厂限制期为 t_1,并继续进入到下一步的任务性影响分析环节。

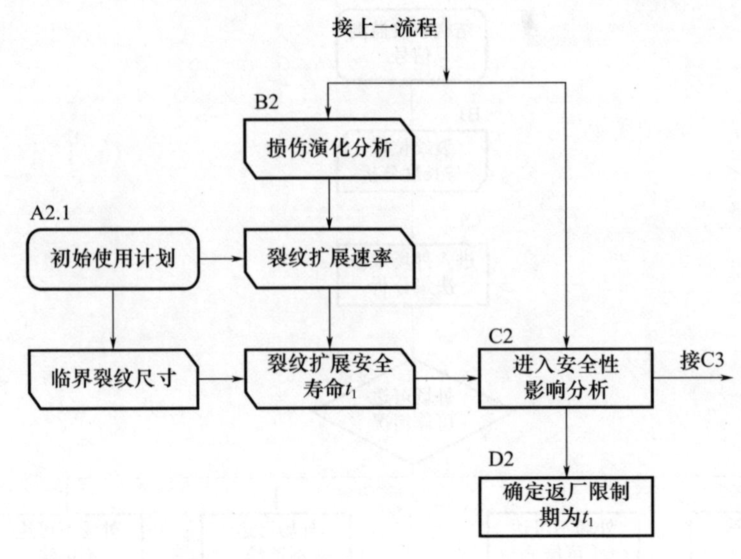

图 13.4　安全性影响分析维修决策图

13.2.3　任务性影响分析

根据预计任务是否紧急以及任务预计持续时间,更新返厂限制期。若任务不紧急或任务持续时间小于返厂限制期,则进入经济性影响分析;否则,通过风险评估结论,确定执行任务的最小可接受风险,分析是否突破原定的安全限制值推迟返厂时间,如图 13.5 所示。

(1)判断装备的预期任务是否紧急,如将装备返厂修理是否会对预期任务的完成情况造成影响。若装备数量充足,将结构开裂装备返厂修理对任务无影响,则继续进入到经济性影响分析。

(2)若装备任务紧急,需要判断预计任务持续时间 t_2 与返厂限制周期 t_1 的大小关系。如果 t_2 大于 t_1,则说明装备的预计服役周期会超过返厂限制周期,无法保证原有的安全性要求。需要根据开裂结构的连接关系,进行结构断裂后的风险评估 B3(如 FEMA,潜在失效模式与后果分析),确定结构断裂的模式及其对装备整体性能的影响,并结合具体的任务要求,确定开裂结构的最小可接受风险,并由此重新分析结构的裂纹扩展安全寿命,确定新的返厂限制期 t_3(由于已降低安全性要求,t_3 的数值是大于 t_1 的),将结构推迟至 $\min(t_2,t_3)$ 返厂并监控使用。

(3)若装备任务紧急,且 t_2 小于 t_1,说明装备的预计服役周期不会超过返厂限制周期,无需降低安全性使用,但需要在后续分析过程中注意,返厂时间应大于等于 t_2,以满足任务要求。之后,继续进入经济性影响分析环节。

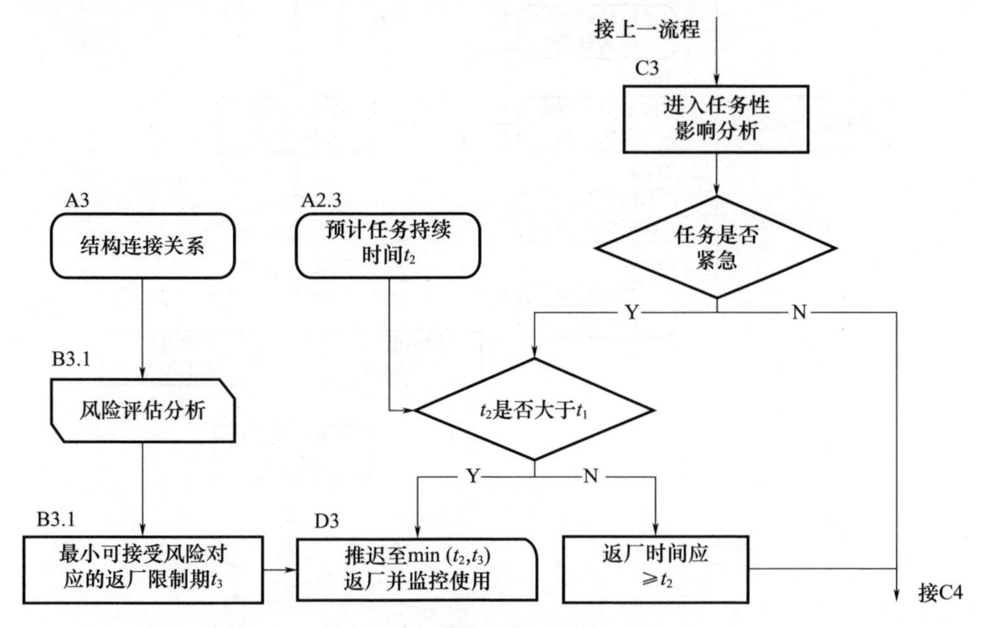

图 13.5　任务性影响分析维修决策图

13.2.4　经济性影响分析

根据结构修理成本进行修理成本分析,建立返厂时间与修理成本的关系模型,确定成本最优的返厂时间,并与之前确定的返厂限制期进行比较,确定最终的返厂周期,如图 13.6 所示。

(1)进行结构修理成本分析,包括修理期间的停机损失、返厂运输成本、提前返厂寿命损失、不同程度损伤的修理成本、其他修理成本等。根据修理成本,建立修理费用和返厂时间的关系模型,根据计入成本的费用项不同,可以分为提前返厂的成本模型和正常返厂的成本模型。根据费用模型,得到成本最优的返厂时间 t_4。

(2)根据成本最优返厂时间 t_4,将 t_4 与预计任务持续时间 t_2 进行比较,如果 t_4 小于 t_2,则装备应优先完成服役任务再返厂,即 t_2 返厂。如果 t_4 大于等于 t_2,需要继续将 t_4 与返厂限制周期 t_1 的值进行比较。如果 t_4 小于等于 t_1,则说明提前返厂是经济的,则在 t_4 时间返厂;否则,为满足安全性要求,应在 t_1 时间返厂。

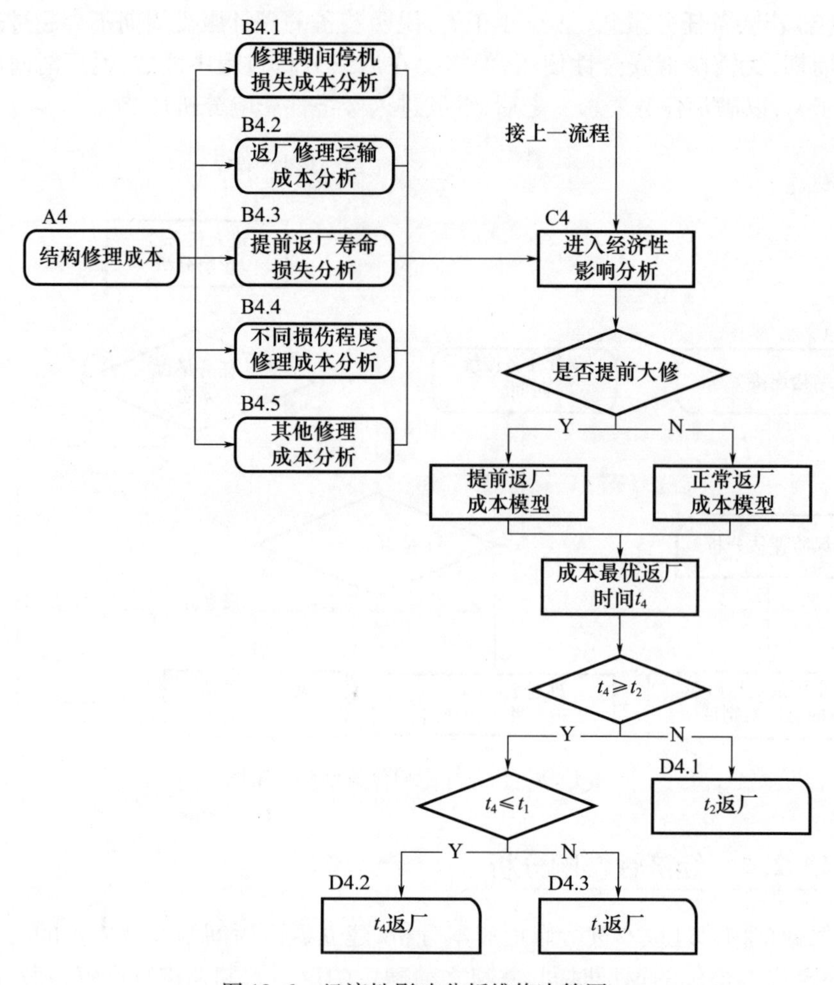

图 13.6　经济性影响分析维修决策图

13.2.5　实施示例

以某飞机机翼大梁结构的维修决策为例，对上述流程的实施过程进行示例说明。本例中，机翼大梁在整体机翼的内部，为外场不可达不可修结构；在机翼大梁的关键疲劳部位，布置有基于 PVD 的微米传感元裂纹监测传感器，传感器可感知到 8mm 以下的裂纹长度，监测精度为 1mm；机翼大梁关键部位的断裂，将引发机翼折断的灾难性事故。

(1)外场维修决策分析。

根据 PVD 传感器的机翼大梁关键疲劳部位裂纹监测信号，经裂纹监测系统的解析处理，确定裂纹长度为 1mm。

由于机翼大梁为外场不可达不可修结构，外场无法处置，需返厂修理，进入到后续的返厂维修策略分析。

(2)安全性影响分析。

基于发现的裂纹所在部位及裂纹当前长度，并结合结构的服役使用计划，开展裂纹扩展速率分析和临界裂纹尺寸分析。

飞机后续执行任务计划以设计载荷状态继续使用。根据机翼大梁的构型及设计最大载荷，预计其临界裂纹长度为13mm。根据设计阶段的仿真及实验分析结论，裂纹的扩展速率公式为 $da/dN = 2.38 \times 10^{-7} \Delta K^{2.83}$，其中，$da/dN$ 为裂纹扩展速率，单位为mm/fh(毫米每飞行小时)，ΔK 为应力强度因子幅值。通过分析，裂纹由1mm扩展至13mm的平均裂纹扩展周期为450fh(飞行小时)。

考虑到裂纹扩展寿命的分散性，取99.9%的可靠度与90%的置信度，计算得到裂纹扩展寿命的分散系数取2。因此，对于机翼大梁关键部位，其裂纹扩展安全寿命 $t_1 = 600/2 = 225$fh，确定返厂限制期为225fh。

(3)任务性影响分析。

飞机需要完成某项战备运输任务，如若返厂大修将严重影响机队的任务进度，分两种情况进行讨论。

(情况1)：预计任务时间 $t_2 = 260$fh，大于返厂限制期225fh，需进行结构的最小可接受风险分析。由于此结构已加装裂纹监测传感器，且能感知到8mm以下的裂纹长度，通过分析，在保证可靠度和置信度没有明显下降的情况下，可以将裂纹扩展寿命分散系数降低到1.5。因此，最小可接受风险对应的返厂限制期 $t3 = 450/150 = 300$fh。取 t_2、t_3 的较小值作为更新后作为返厂限制期，即在飞行260fh完成任务后立即返厂，决策结束。

(情况2)：预计任务时间 $t_2 = 150$fh，小于返厂限制期225fh，继续进入经济性影响分析。

需要说明的是，针对情况1，上述分析流程已完成决策分析，决策结束。针对情况2，后续还要进行经济性影响分析，后续的经济性影响分析过程均是以情况2为分析背景。

(4)经济性影响分析。

进行机翼大梁的修理成本分析，提前返厂与正常返厂相比，停机损失、返厂运输费用是相同的，因此进行费用最优化时可不考虑。提前返厂与正常返厂的费用差别主要在于寿命损失及修理成本的变化。提前返厂的提前期越大，寿命损失越大；但提前期越大，修理成本越低(主要原因是提前期越大，损伤越小，修理费用越低)。

寿命损失成本与提前期长短的关系模型为

$$m = 240 - 1.2n \tag{13.1}$$

式中：m 为寿命损失的折算费用，单位万元；n 为剩余返厂大修周期，单位为飞行小时。

根据预测的裂纹长度与修理费用的关系分析，修理成本与提前期长短的关系模型为

$$\begin{aligned} &\text{整体更换}: m = 50(n > 200) \\ &\text{局部更换}: m = 15(80 < n \leqslant 200) \qquad (13.2) \\ &\text{原位补强}: m = 3(n \leqslant 80) \end{aligned}$$

根据式(13.1)和式(13.2)，可以计算得到，成本最优返厂时间为 $t_4 = 200\text{fh}$ 返厂。

将 t_4 与 t_2 进行比较，由于 $t_2 = 150\text{fh}$，通过比较，$t_4 > t_2$，说明返厂前可以完成预期飞行任务。

将 t_4 继续和 t_1 进行比较，由于 $t_1 = 225\text{fh}$，$t_4 < t_1$，说明如果按照 t_4 时间返厂，未超过安全限制期。因此，返厂时间限制以 t_4 为准，即飞机再飞行 200fh 后返厂。

13.3 单机多结构的维修决策

通常装备是由多个结构组装而成的，不同部位的结构状态演化规律不同，针对装备整体的维修决策必须综合权衡不同部位的损伤情况，即需要开展装备整体级的维修决策。面向装备整体级的维修决策优化，不仅需要对装备中各结构、系统的维修作业进行调度，还需要充分考虑各结构、系统间维修作业的相互影响，全局性地分析各结构、系统间的相互依赖性，以实现整体维修决策目标最优。

13.3.1 单机多结构维修优化策略分类

通常，单机多结构的维修优化策略包括以下几类。

(1)批量维修。

批量维修的优化调度策略的基本思想是按照相同的维修周期对装备中的多个结构同时进行预防性维修。

批量维修由于其策略的简单易行，在工业实践中得到了广泛的应用，但同时也不可避免地造成维修过度带来的浪费，例如，有些装备处于较好的健康状态，却由于合并维修，造成了有效剩余寿命的浪费。

(2)机会维修。

机会维修是指对装备中某结构或系统进行维修时，提前将装备中短时间内需要维修的其他结构或系统一并进行维修或更换，从而减少装备整体的停机维

修次数和停机时间,降低装备维修成本。

机会维修策略通过预设的维修周期对多个结构或系统进行统一更换,在工程应用中具有很强的实践性。但是,一般会对规划好的维修计划造成影响,从长期看可能会增加装备的平均维修成本,并且降低装备在寿命周期中的有效使用时间。因此,只有当装备提前进行维修时的期望成本大于原计划的维修成本时,采用机会维修策略才能节省整个装备的维修成本。

(3)成组维修。

成组维修基于相同类型的多个结构、系统可以通过共享维修资源来节省维修成本的思想,通过对多个结构、系统进行合并维修以降低维修成本。成组维修与批量维修的不同点在于,其并不按照相同的维修其对多个结构、系统进行预防性维修,在维修策略的制定上更加灵活。成组维修策略根据决策方式的不同可以分为静态成组和动态成组。

静态成组是根据装备多结构、系统长期运行的历史状态数据,忽略各结构、系统短期的状态信息,考虑装备在无限决策时间内稳定运行,规划的静态维修策略,且其在装备服役期内不进行调整;动态成组是结合装备中各结构、系统的实时状态信息,以维修成本最小化为目标,对多个结构、系统的维修周期进行动态的调整规划,且每当执行完一次维修活动时,对装备的结构、系统状态信息进行及时的更新,维修决策时间窗口进行不断滚动,以尽可能地反映和跟踪结构、系统健康状态的变化,达到最优的维修效果。

13.3.2 单机多结构维修决策示例

本小节通过一个简化的示例给出了飞机结构关键件的维修策略及寿命限制与全机结构维修策略及寿命限制的关系。

如图13.7所示,设定飞机全机的维修策略及寿命限制由5个疲劳关键件的寿命限制综合确定,5个疲劳关键件中,1#关键件按照安全寿命设计准则设计和管理,2#、3#、4#关键件按照损伤容限/耐久性设计准则设计和管理,5#关键件按照耐久性准则设计和管理。2#件未安装结构裂纹监测传感器,需要设置检查开始时刻,以保证结构服役安全,而4#件在结构关键部位加装了结构裂纹监测传感器,无需设置检查开始时刻。

对图13.7的说明如下。

(1)对结构关键件的限制时刻分为检查开始时刻、结构换新限制时刻(仅针对安全寿命关键件)和结构更改(修理或换新)限制时刻三类,5个关键件的三类限制时刻汇总情况如图13.7的最后一行所示。检查开始时刻是非强制性限制时刻,而在结构换新限制时刻和结构更改限制时刻之前则必须要进行全机大修,或对受损部件进行修理,是否大修以经济性与外场可修复性决定。

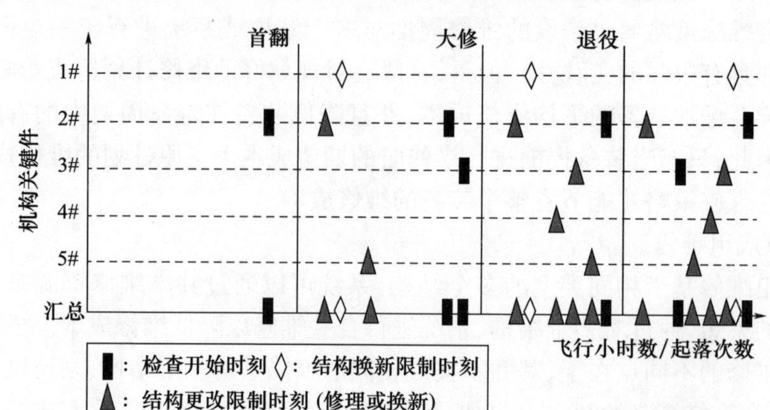

图 13.7　由结构疲劳关键件寿命限制确定全机寿命限制的示意图

(2)在首翻时,1#件要提前换新,2#件和5#件要提前进行结构更改,3#件要提前进行结构检查;由于换新/结构更改提前,大修与首翻的时间间隔必须要小于关键件两次换新/更改之间的时间间隔,即大修时机不仅与关键件一开始确定的限制时刻有关,还受到首翻时刻的影响。

(3)对图 13.7 中的2#关键件,其检查开始时刻与确定的结构修理时刻相距较远,建议在其疲劳关键部位加强检查或安装结构裂纹监测传感器,以保证结构服役安全;若加装结构裂纹监测传感器后,整机的首翻期可以视情推后。

(4)实际上,只要对飞机结构进行不断的修理、换件,则飞机就可以一直使用下去。但是,当多数关键件的结构更改间隔期显著缩短,飞机结构需要广泛、彻底、频繁的修理时,此时的结构修理已不再经济了。通常所给的飞机结构服役/使用寿命限制,实际上是飞机结构的经济寿命。

(5)对一些限制时刻与其他关键件相差很大的关键件(图 13.7 中未列出),由所有关键件来确定飞机全机寿命限制时可能很难做到协调一致,这时需要对这些特殊的关键件更改结构设计或改进寿命预测方法,使其限制时刻与其他关键件靠近。

(6)在飞机首翻或大修时,不仅要对确定飞机结构寿命的关键件进行检查和修理,对其他结构部位也需要按照修理大纲的具体方案执行。

参考文献

[1] 袁慎芳. 结构健康监控[M]. 北京:国防工业出版社,2007.

[2] Gorinevsky D,Gordon G A,Beard S,et al. Design of integrated SHM system for commercial aircraft applications[C]. Stanford 5th International Workshop on Structural Health Monitoring, 2005,1 - 8.

[3] Garcia W,Bair R,Caruso P,et. al. F - 22 Force management:overcoming challenges to maintain a robust usage tracking program[C]. San Antonio:USAF ASIP Conference,2006.

[4] Woodward M R,McConnell J,Burt R J. Structural Prognostics and Health Management for the F - 35 Lighting II[C]. USAF ASIP Conference,Jacksonville,USA,2009.

[5] 张博明,郭艳丽. 基于光纤传感网络的航空航天复合材料结构健康监测技术研究现状[J]. 上海大学学报,2014,20(1):33 - 42.

[6] 薛景锋,宋昊,王文娟. 光纤光栅在航空结构健康监测中的应用前景[J]. 航空制造技术,2012,22:45 - 49.

[7] 王文友,吴克勤,张瑞琳,等. 飞机关键零部件疲劳损伤的声发射实时监测[J]. 无损检测,2009,31(6):481 - 484.

[8] Roach D. Real time crack detection using mountable comparative vacuum monitoring sensors[J]. Smart Structures and Systems,2009,5(4):317 - 328.

[9] Kousourakis A. Mechanical Properties and Damage Tolerance of Aerospace Composite Materials Containing CVM Sensors[D]. Melbourne:RMIT University,2008.

[10] 李家伟,陈积懋. 无损检测手册[M]. 北京:机械工业出版社,2006.

[11] Schlicker D E,Goldfine N J,Miller E L. Eddy currentsensor arrays and system:US,7,385,392[P]. 2008 - 6 - 10.

[12] 邱雷,袁慎芳,王强. 基于 Lamb 波主动结构健康监测系统的研制[J]. 压电与声光, 2009,31(5):763 - 766.

[13] 袁慎芳,邱雷,王强,等. 压电 - 光纤综合结构健康监测系统的研究及验证[J]. 航空学报,2009,30(2):348 - 356.

[14] 马少杰. 飞机结构健康监测的智能涂层技术及分析[D]. 西安:西安交通大学,2006.

[15] Liu M B,Li B B,Li J T,et al. Smart coating sensor applied in crack detection for aircraft[J]. Applied Mechanics and Materials,2013,330:383 - 388.

[16] 李鸿鹏. 基于电位法的结构健康监测微米传感元研究[D]. 西安:空军工程大学,2008.

[17] 崔荣洪. 基于微米传感元的飞机金属结构疲劳损伤关键技术研究[D]. 西安:空军工程

大学,2010.

[18] 侯波. 基于结构一体化 PVD 薄膜传感器的飞机金属结构疲劳损伤监测技术研究[D]. 西安:空军工程大学,2015.

[19] Cui R H, He Y T, Yu Z M, et al. Structural crack monitoring using electrical potential technique and modern surface technology[J]. Chinese Journal of Mechanical Engineering, 2011, 24(4):601 - 605.

[20] He Y T, Cui R H, Li H P, et al. Application of electric potential method on monitoring crack of aluminium film on the paper substrate [J]. Proc ICSMA14, 2007.

[21] Cui R H, He Y T, Yu Z M, et al. Experimental study of the electrical potential technique for crack monitoring of LY12 - CZ plate specimen[C]. Advanced Materials Research, 2010, 118 - 120:231 - 235.

[22] 杜金强. 基于电磁涡流的飞机金属结构疲劳损伤监测关键技术研究[D]. 西安:空军工程大学,2011.

[23] 刘凯. 基于 PVD 薄膜传感器的金属结构振动疲劳损伤监测技术研究[D]. 西安:空军工程大学,2018.

[24] 宋雨键. 基于格栅式 PVD 薄膜传感器的金属结构疲劳损伤监测技术研究[D]. 西安:空军工程大学,2020.

[25] 周懿明. 基于交流式 PVD 薄膜传感器的金属结构裂纹监测技术研究[D]. 西安:空军工程大学,2022.

[26] Du J Q, He Y Q, Cui R H, et al. Simulation analysis of a surface crack monitoring sensor for metallic structures[C]. Applied Mechanics and Materials, 2011, 80:638 - 642.

[27] 侯波,崔荣洪,何宇廷,等. 同心环状薄膜传感器阵列及其飞机金属结构裂纹监测研究[J]. 机械工程学报,2015,51(24):9 - 14.

[28] 侯波,何宇廷,崔荣洪,等. 基于 Ti/TiN 薄膜传感器的飞机金属结构裂纹监测[J]. 航空学报,2014,35(3):878 - 884.

[29] 刘凯,崔荣洪,侯波,等. PVD 薄膜传感器监测强化结构裂纹的可行性研究[J]. 西安交通大学学报,2018,52(07):139 - 145.

[30] 刘凯,崔荣洪,侯波,等. PVD 薄膜传感器裂纹检测概率测定与分析[J]. 材料工程,2019,47(09):160 - 166.

[31] 崔荣洪,刘凯,侯波,等. 耦合服役环境下高耐久性薄膜传感器裂纹监测[J]. 航空学报,2018,39(03):253 - 262.

[32] 宋雨键,崔荣洪,刘凯,等. PVD 薄膜传感器的振动疲劳裂纹监测可行性研究[J]. 西安交通大学学报,2019,53(11):156 - 163 + 170.

[33] 丁华,何宇廷,焦胜博,等. 基于涡流阵列传感器的金属结构疲劳裂纹监测[J]. 北京航空航天大学学报,2012,38(12):1629 - 1633.

[34] 田民波. 薄膜技术与薄膜材料[M]. 北京:清华大学出版社,2006.

[35] 张钧,赵彦辉. 多弧离子镀技术与应用[M]. 北京:冶金工业出版社,2007.

[36] Hou B, He Y T, Cui R H, et al. Crack monitoring method based on Cu coating sensor and electrical potential technique for metal structure[J]. Chinese Journal of Aeronautics, 2015, 28(3):932-938.
[37] 董允. 现代表面工程技术[M]. 北京:机械工业出版社,2000.
[38] 许金泉. 界面力学[M]. 北京:科学出版社,2006.

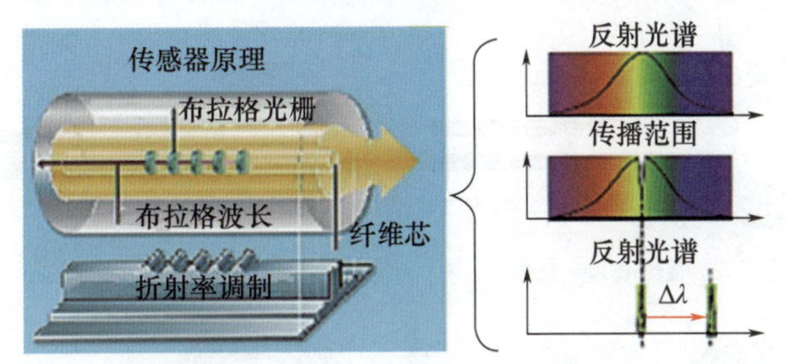

图 1.3　光纤传感器的工作原理

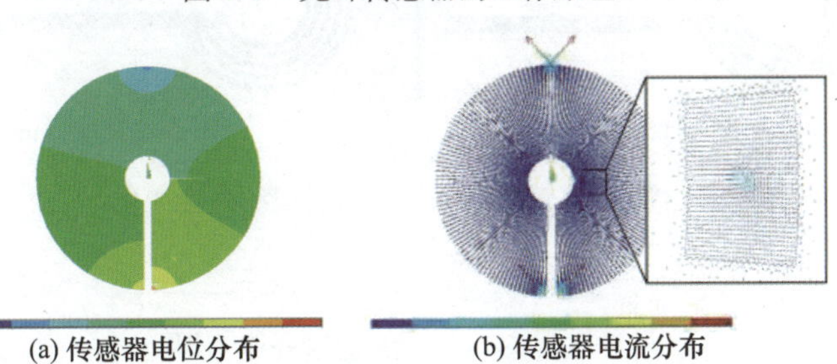

图 3.9　仿真分析结果

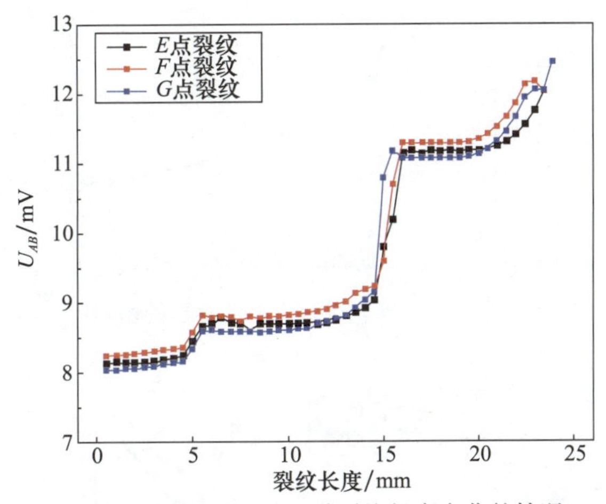

图 4.6　监测电位差 U_{AB} 随裂纹长度变化的情况

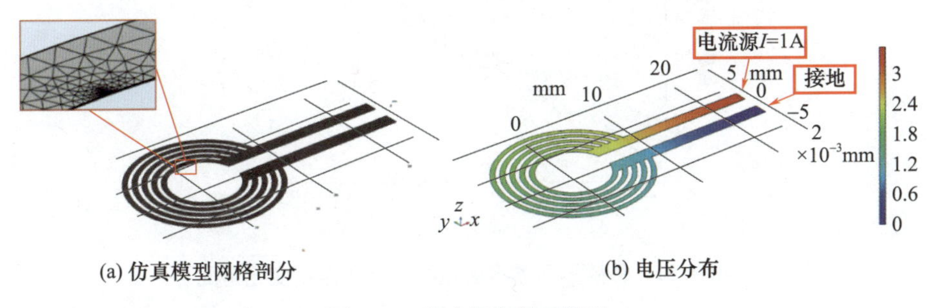

图 4.8　传感器有限元模型

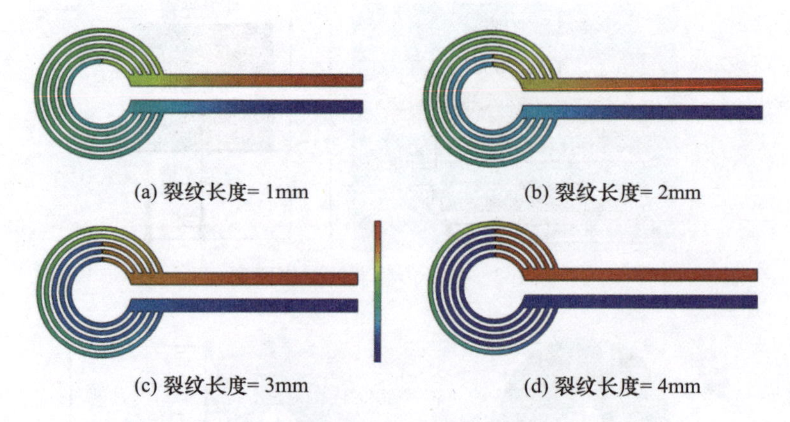

图 4.9　传感器电压分布随裂纹长度变化

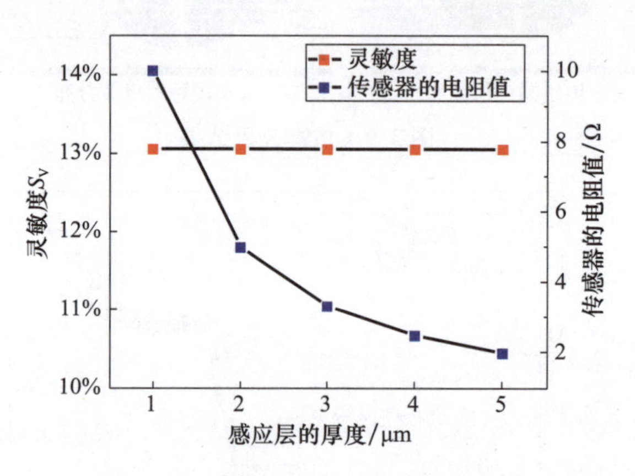

图 4.13　感应层厚度对传感器的影响

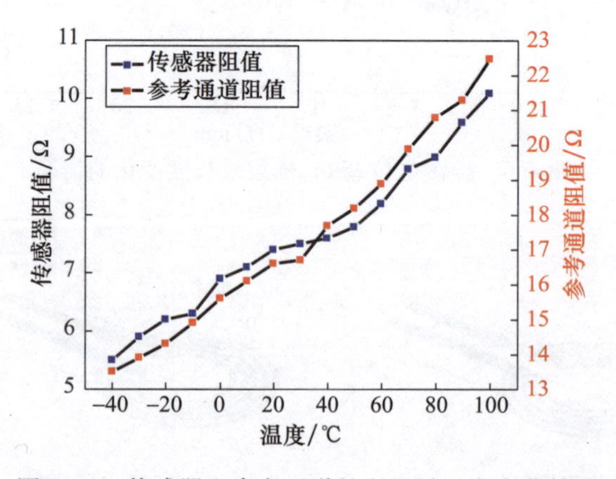

图 4.21　传感器和参考通道的电阻随温度变化情况

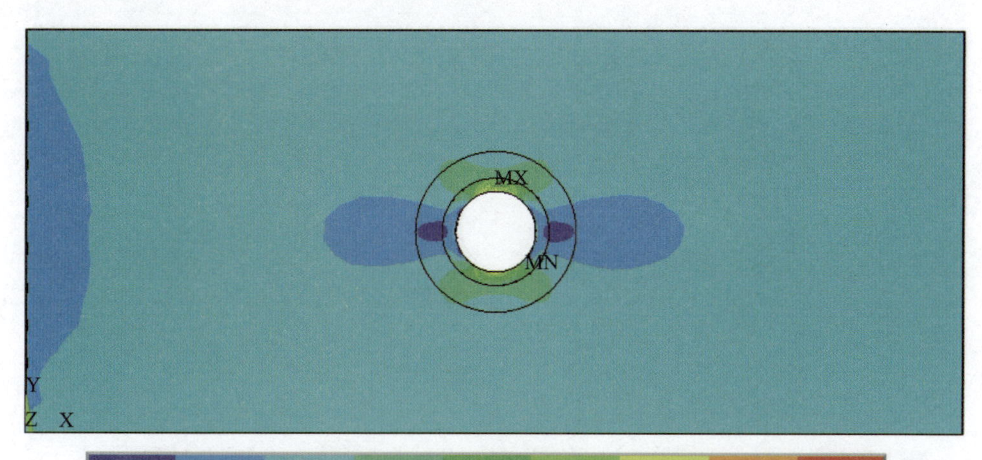

(a) 整体应力云图

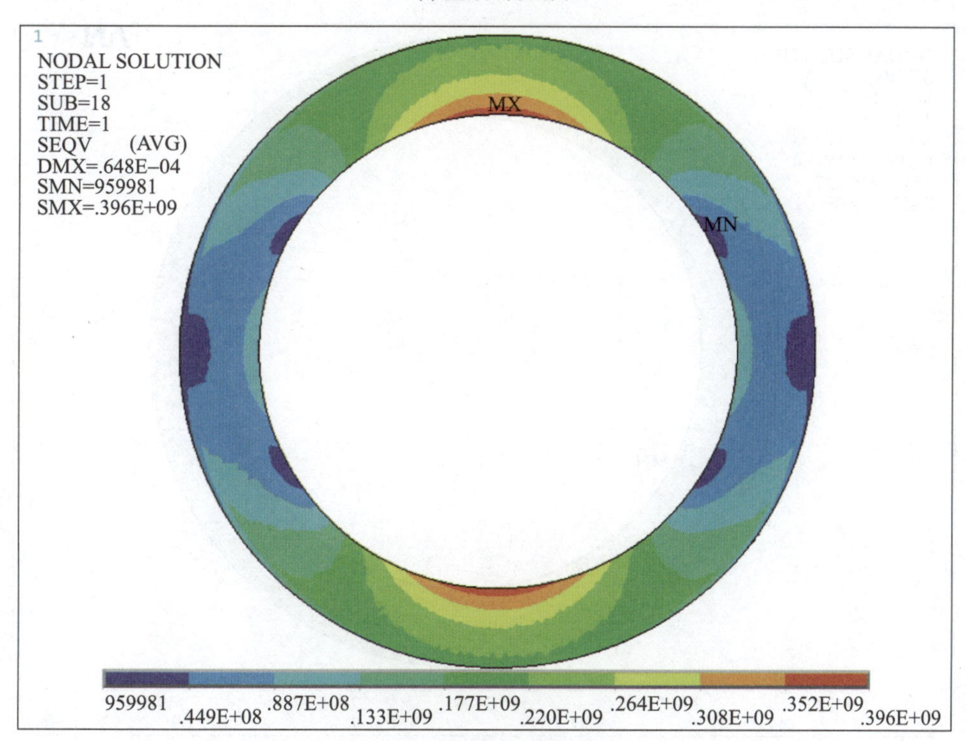

(b) 薄膜应力云图

图 5.12 PVD 薄膜厚度为 5μm 时模型的应力云图

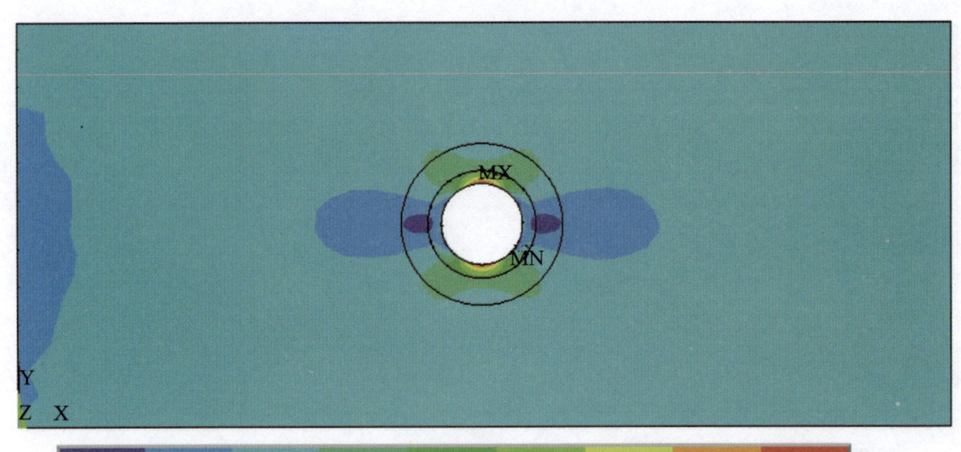

(a) 整体应力云图

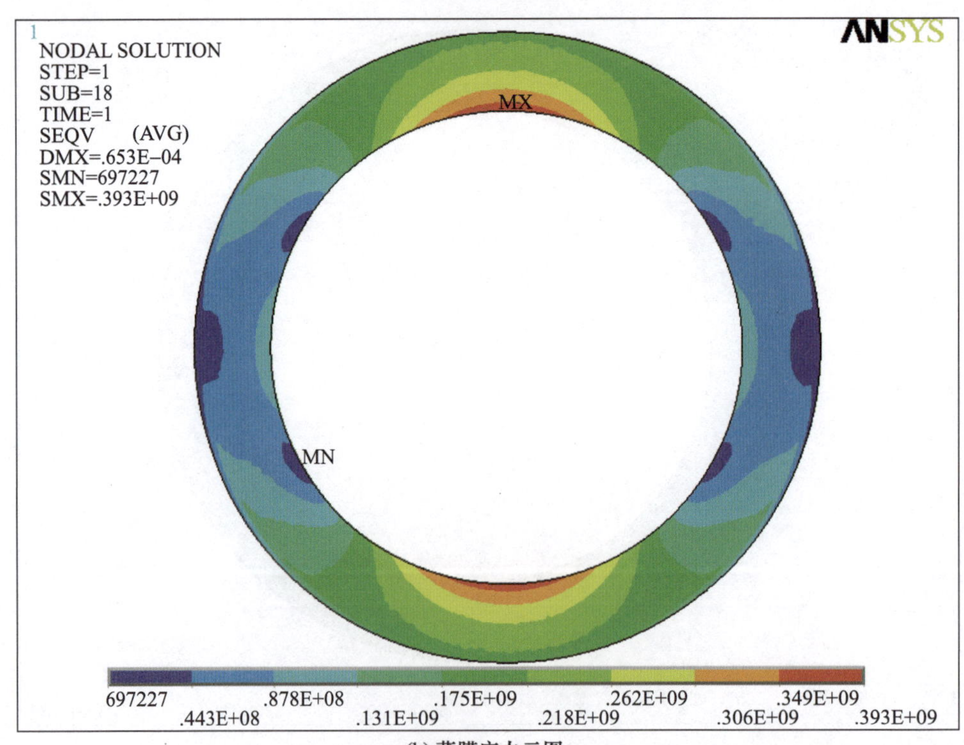

(b) 薄膜应力云图

图 5.13 PVD 薄膜厚度为 10μm 时模型的应力云图

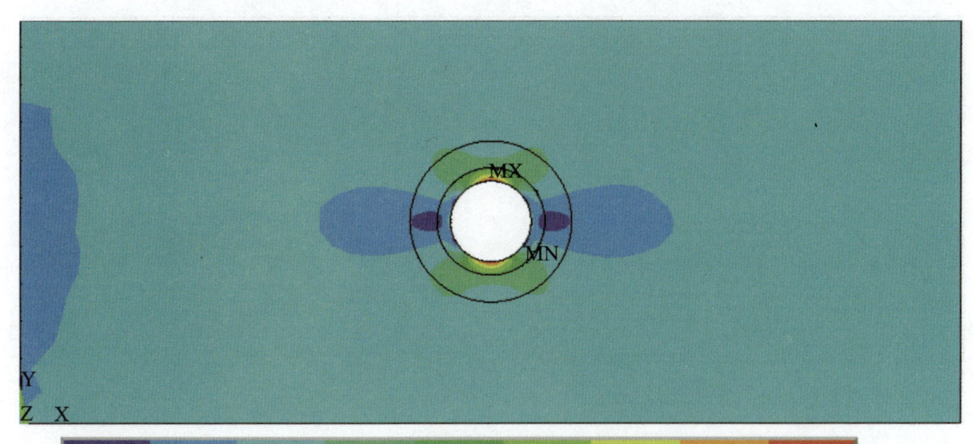

(a) 整体应力云图

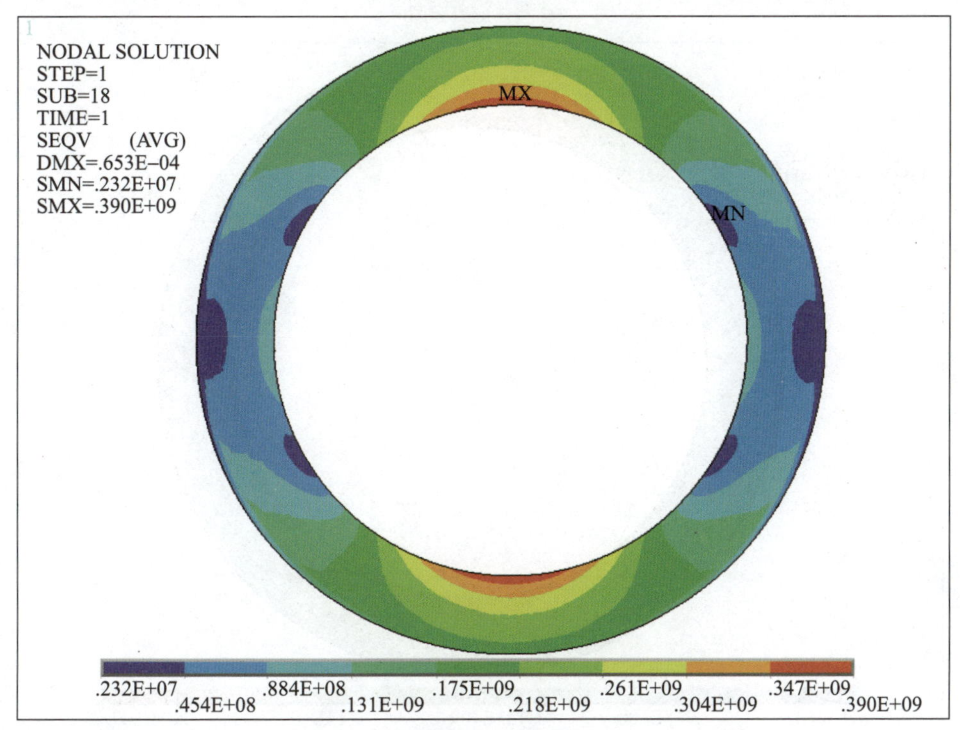

(b) 薄膜应力云图

图 5.14　PVD 薄膜厚度为 20μm 时模型的应力云图

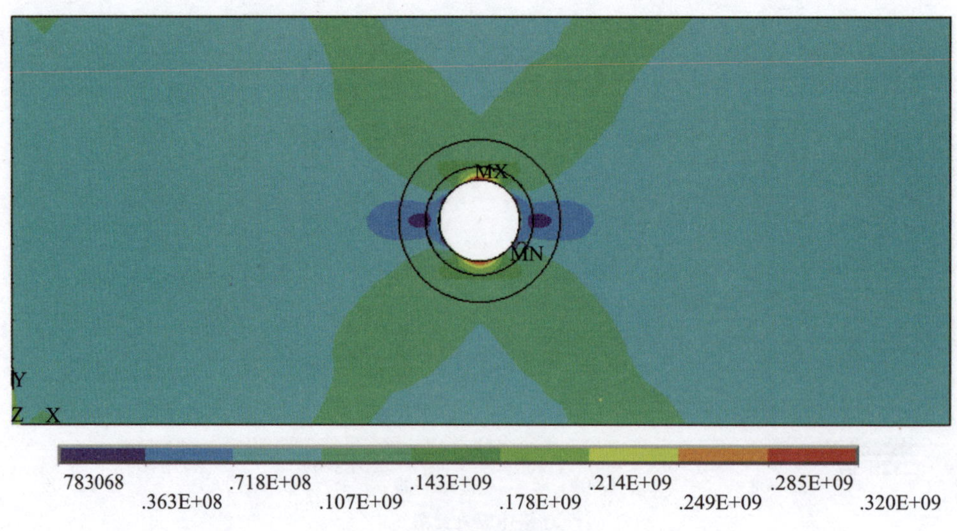

(a) 整体应力云图

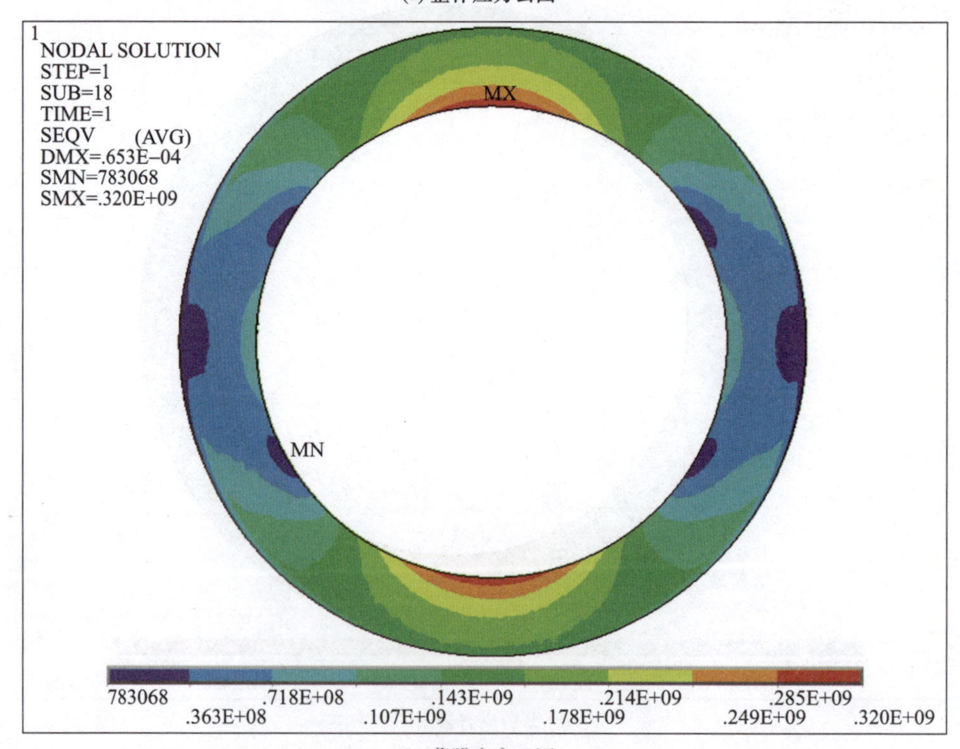

(b) 薄膜应力云图

图 5. 17　PVD 薄膜材料弹性模量为 73. 2GPa 时模型的应力云图

(a) 整体应力云图

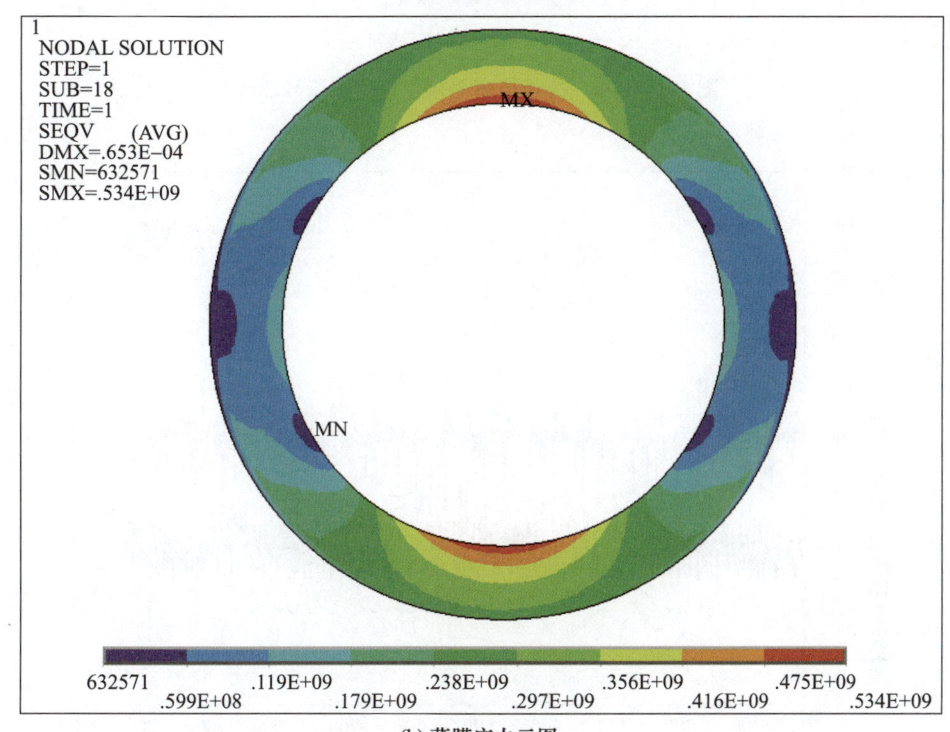

(b) 薄膜应力云图

图 5.18 PVD 薄膜材料弹性模量为 123GPa 时模型的应力云图

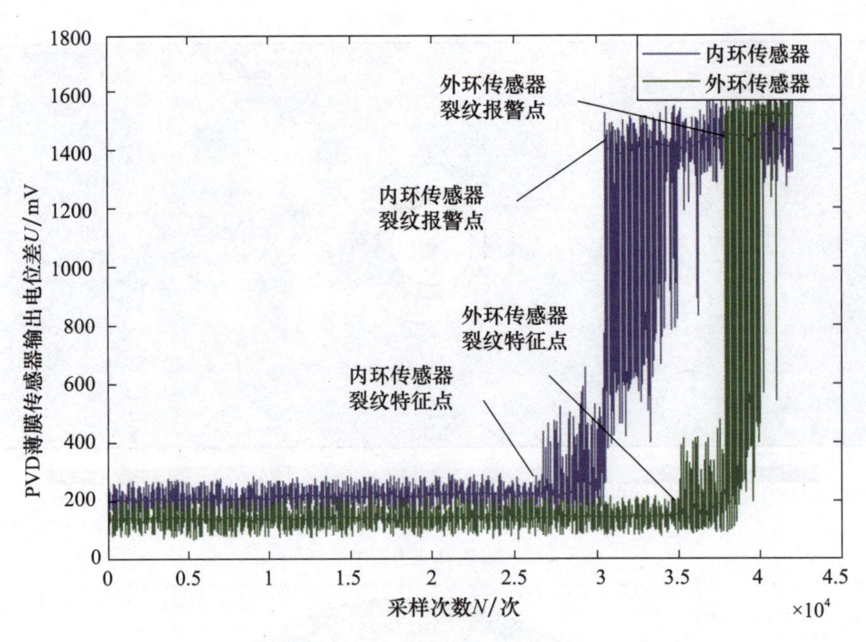

图 10.6　PVD 薄膜传感器输出电位差信号曲线

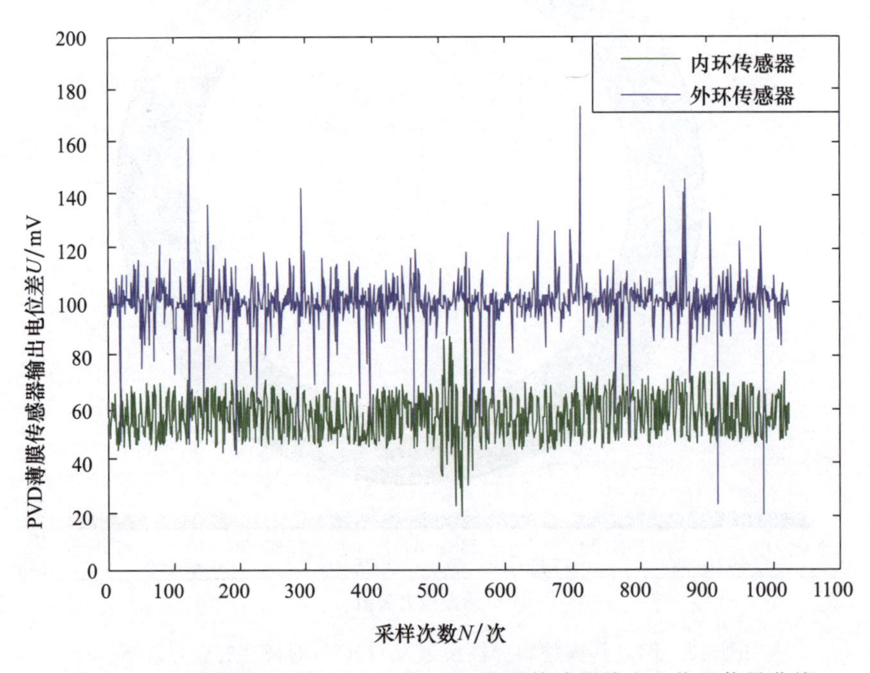

图 10.9　监测实验开始前同心环状 PVD 薄膜传感器输出电位差信号曲线

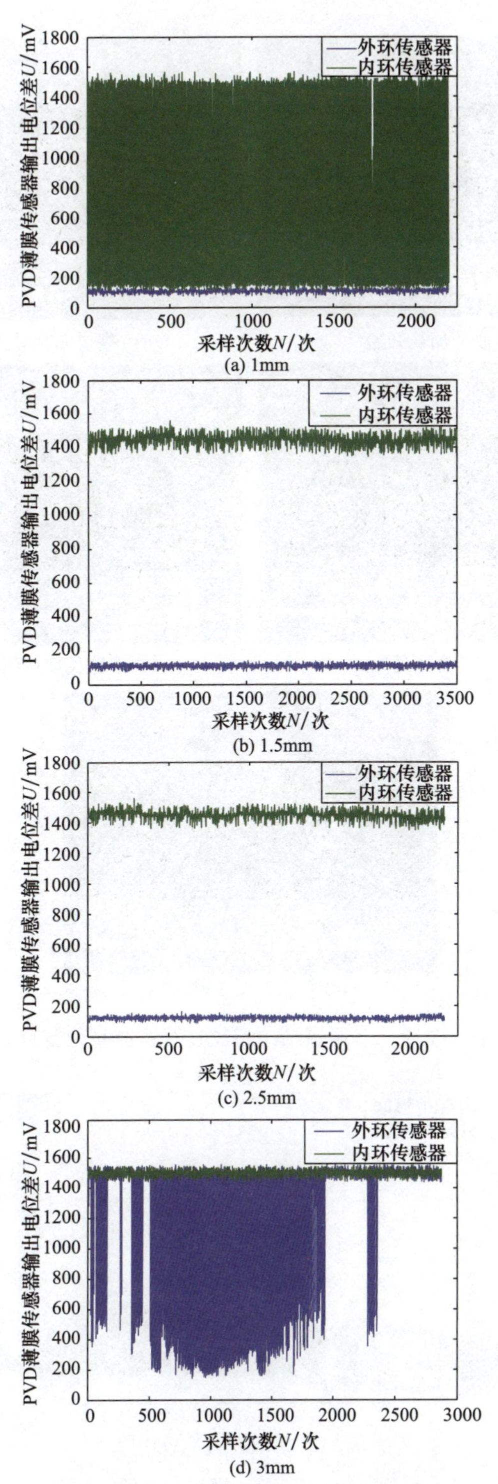

图 10.10　目标名义裂纹长度下同心环状 PVD 薄膜传感器输出电位差信号曲线

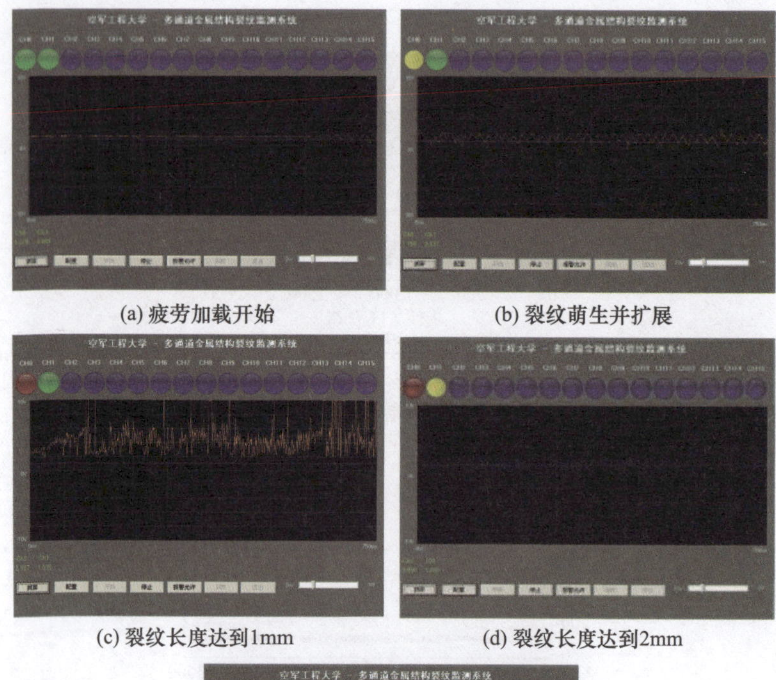

(a) 疲劳加载开始　　(b) 裂纹萌生并扩展

(c) 裂纹长度达到1mm　　(d) 裂纹长度达到2mm

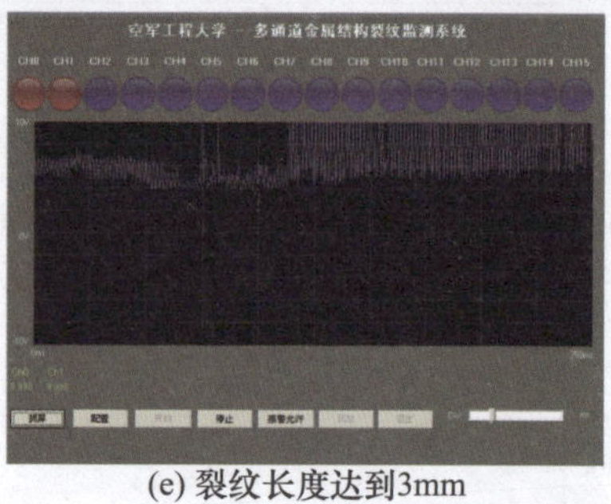

(e) 裂纹长度达到3mm

图 10.13　多通道结构裂纹在线监测系统界面

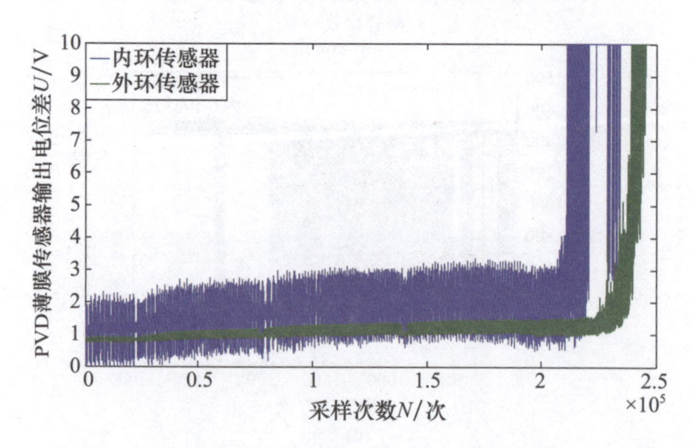

图 10.14　同心环状 PVD 薄膜传感器输出电位差信号曲线

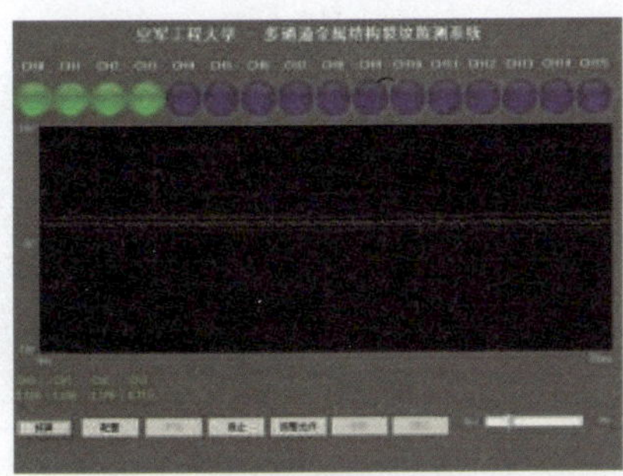

(a) 疲劳加载开始

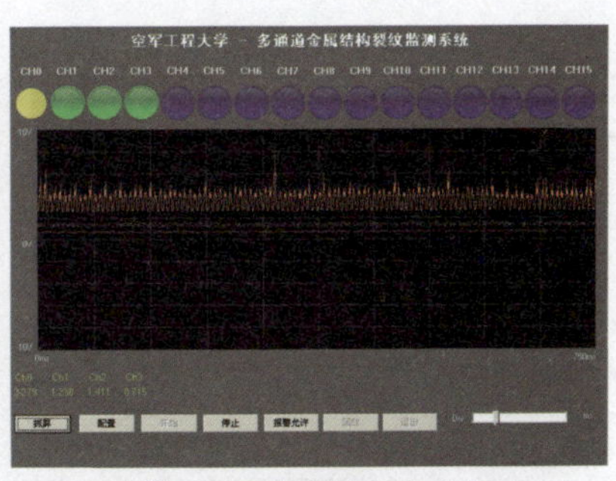

(b) 试样下侧孔边裂纹萌生并扩展

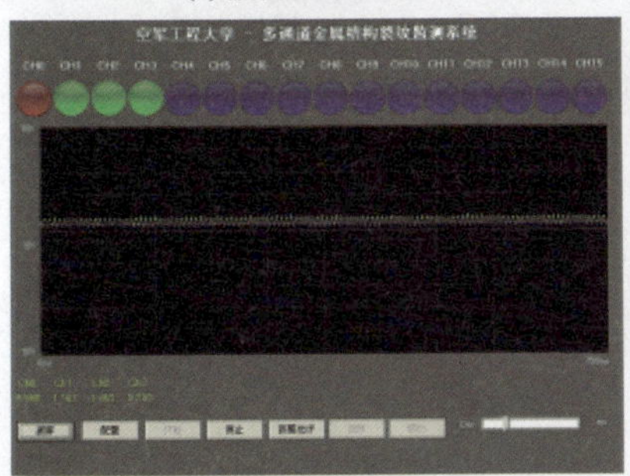

(c) 试样下侧孔边裂纹长度达到1mm

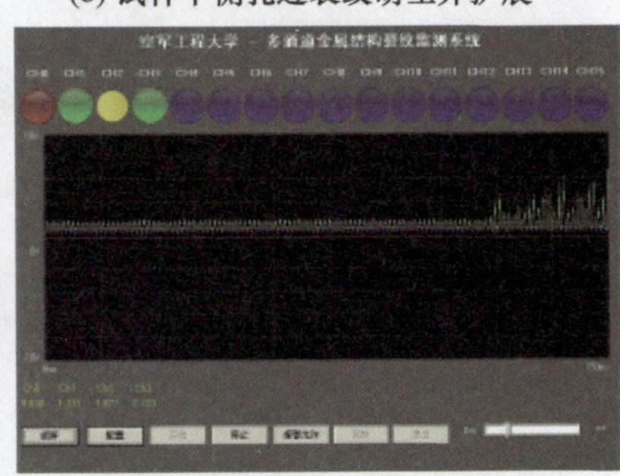

(d) 试样上侧孔边裂纹萌生并扩展

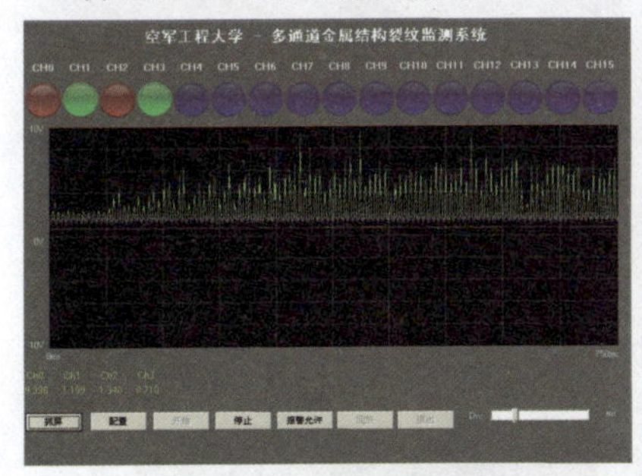

(e) 试样上侧孔边裂纹长度达到1mm

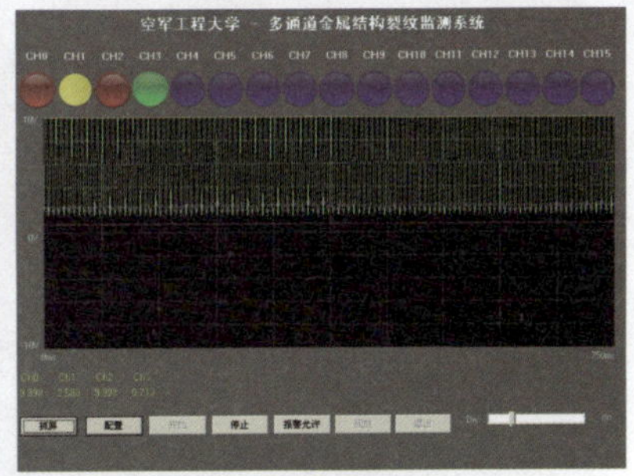

(f) 试样下侧孔边裂纹长度达到2mm

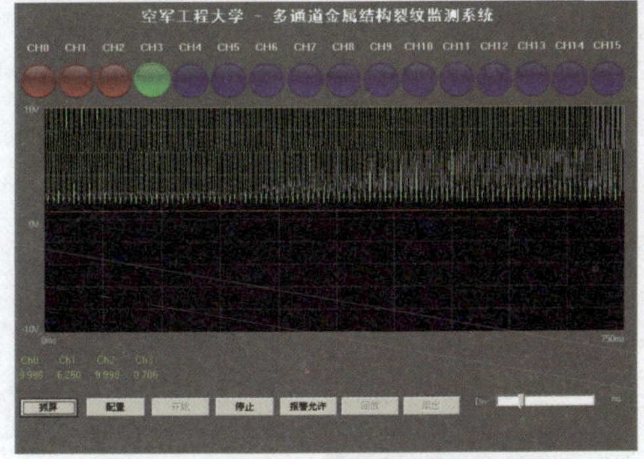

(g) 试样下侧孔边裂纹长度达到3mm

图 10.16　多通道结构裂纹在线监测系统界面

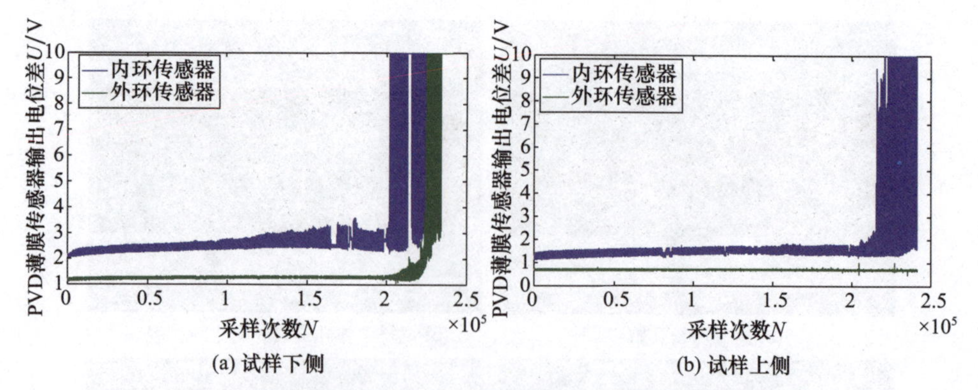

(a) 试样下侧　　(b) 试样上侧

图 10.17　同心环状 PVD 薄膜传感器输出电位差信号曲线

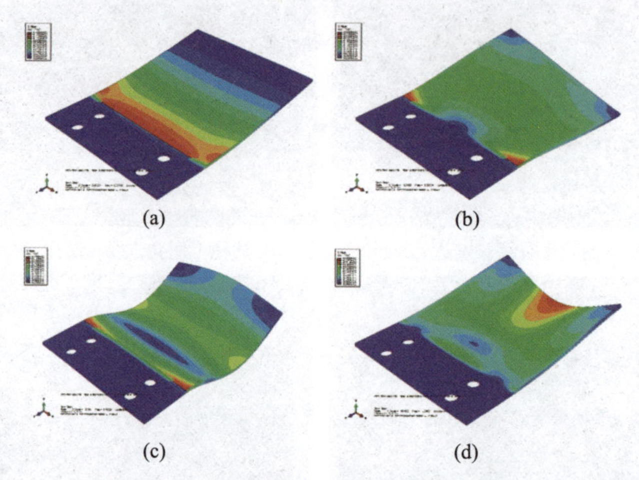

(a)　(b)　(c)　(d)

图 10.23　方形实验件前 4 阶模态仿真结果

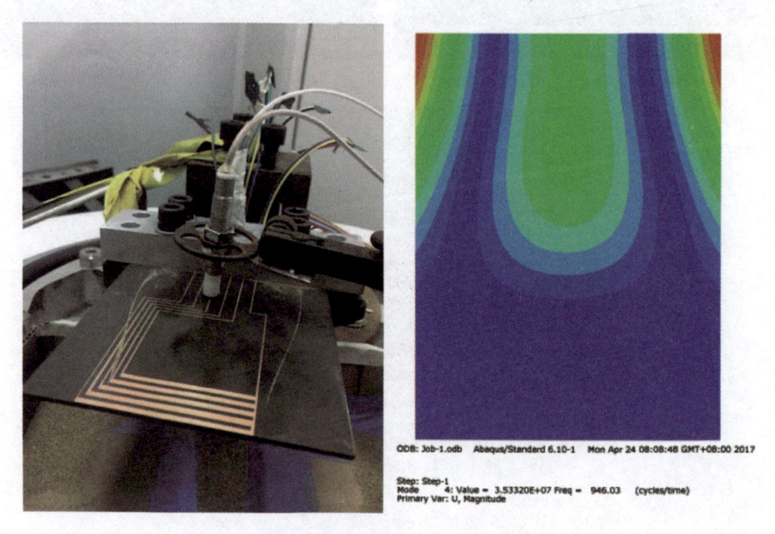

图 10.27　沙形法示意图

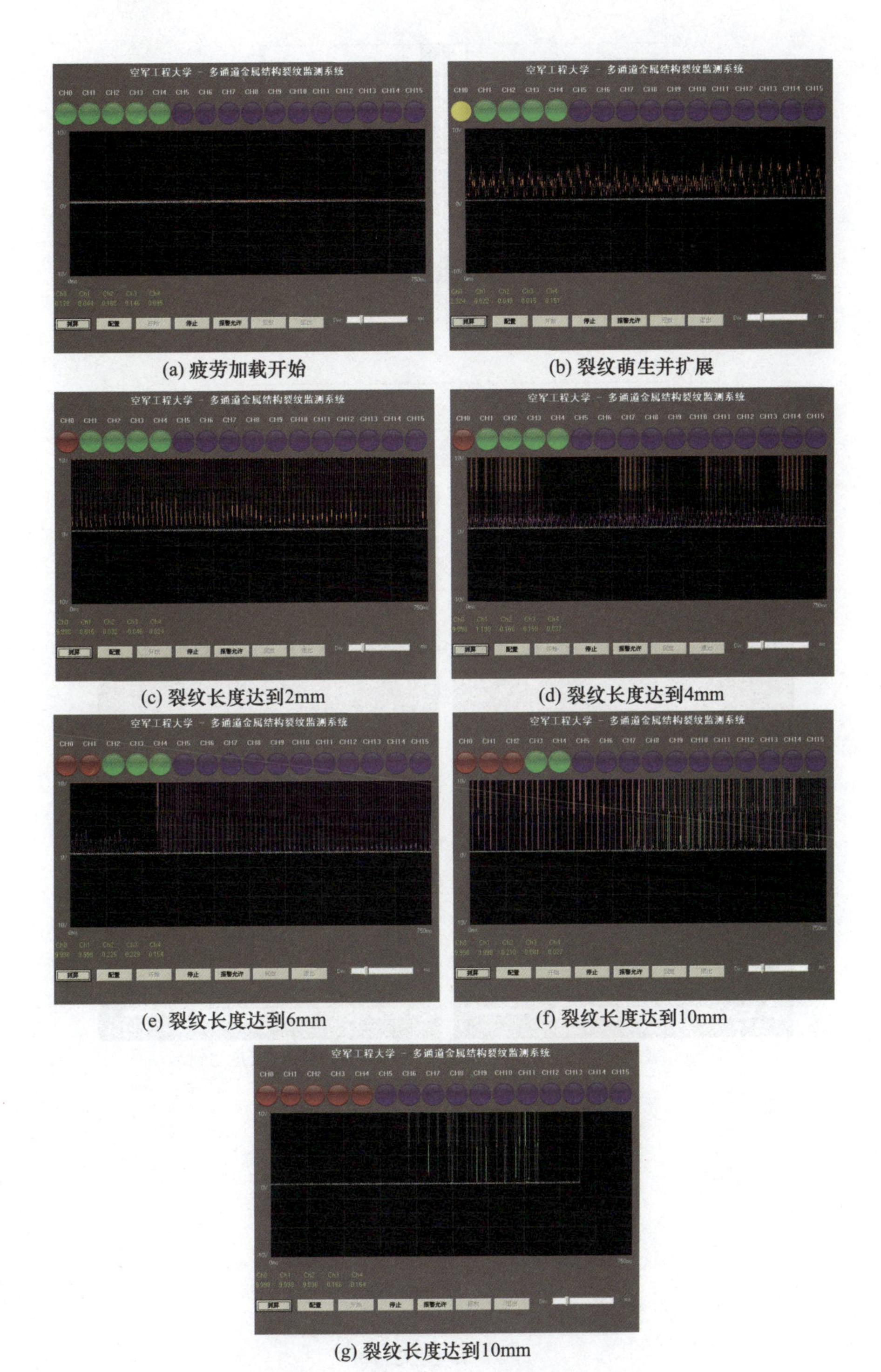

(a) 疲劳加载开始　(b) 裂纹萌生并扩展

(c) 裂纹长度达到2mm　(d) 裂纹长度达到4mm

(e) 裂纹长度达到6mm　(f) 裂纹长度达到10mm

(g) 裂纹长度达到10mm

图 10.28　多通道结构裂纹在线监测系统界面

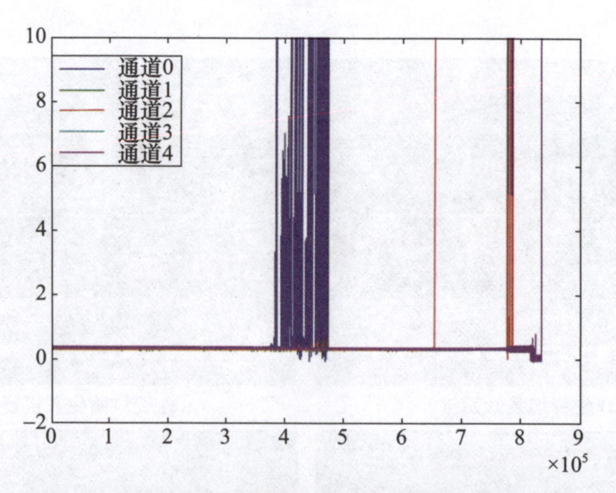

图 10.30　PVD 薄膜传感器的完整输出信号曲线

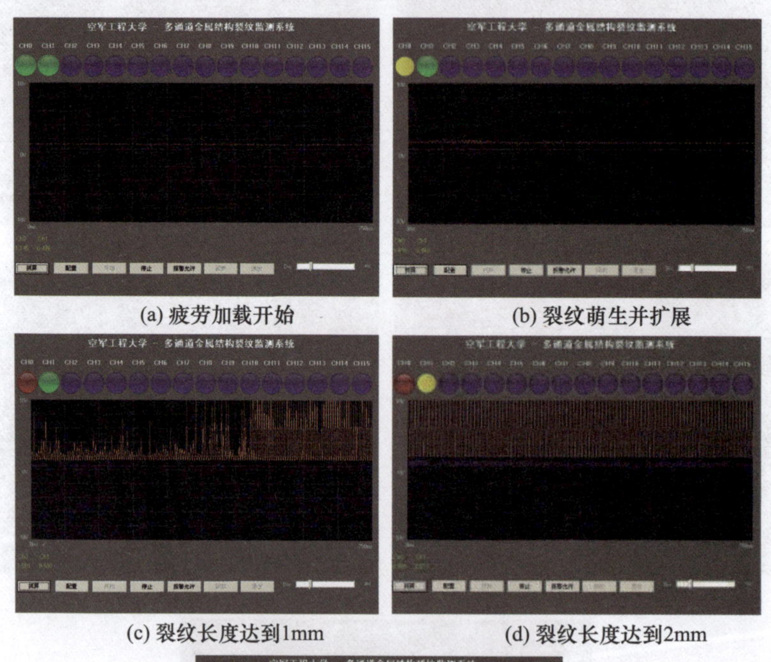

(a) 疲劳加载开始

(b) 裂纹萌生并扩展

(c) 裂纹长度达到1mm

(d) 裂纹长度达到2mm

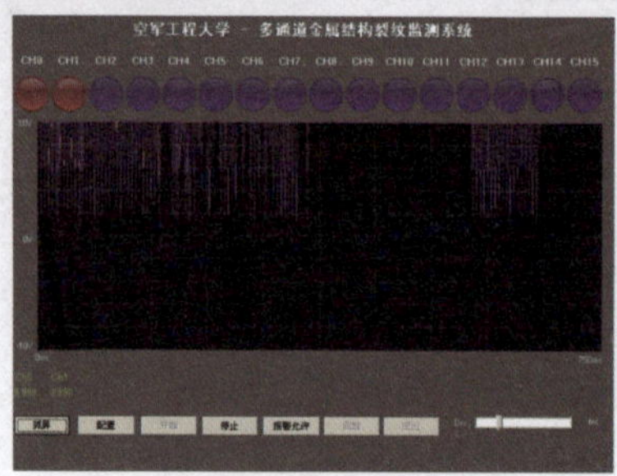

(e) 裂纹长度达到3mm

图 10.37　多通道结构裂纹在线监测系统界面

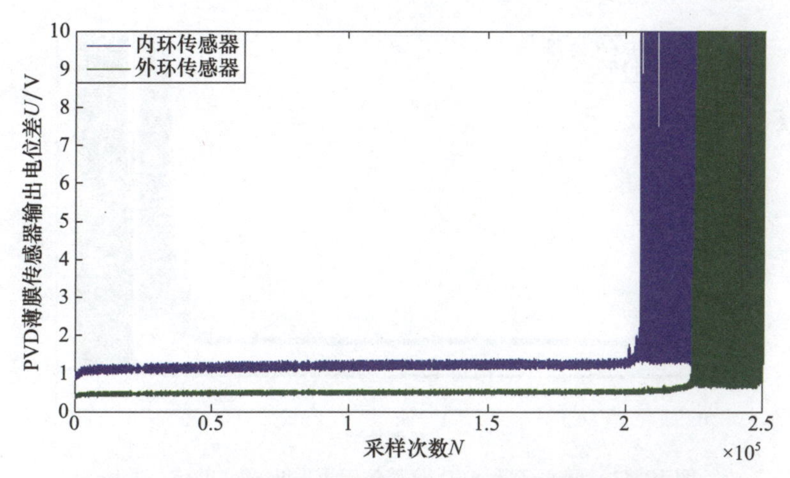

图 10. 38　同心环状 PVD 薄膜传感器输出电位差信号曲线

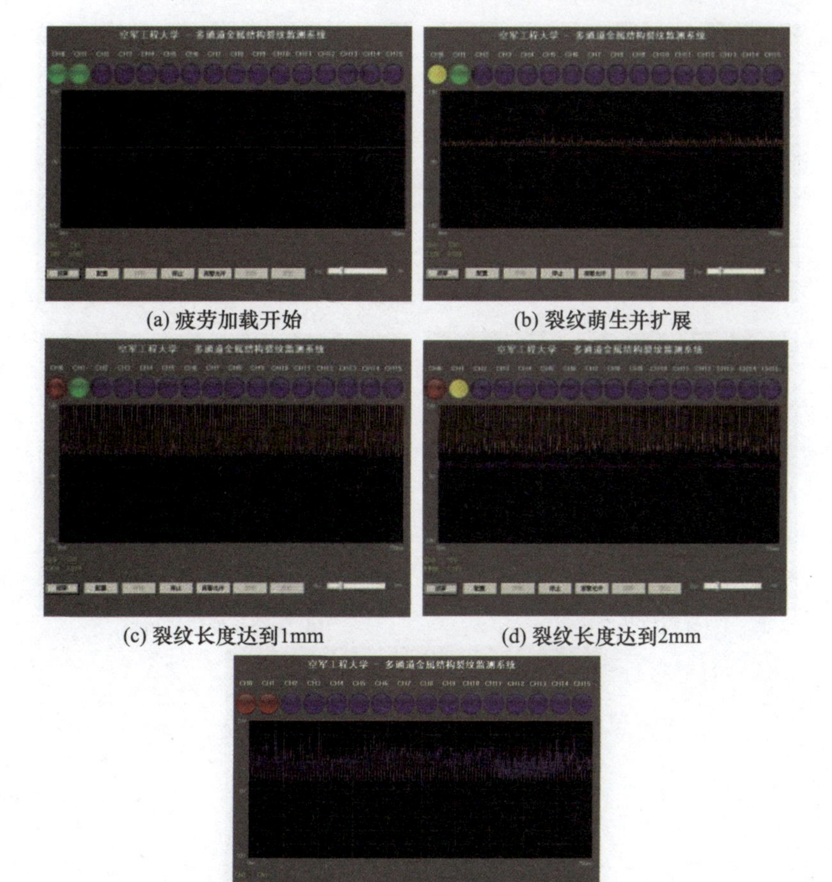

(a) 疲劳加载开始

(b) 裂纹萌生并扩展

(c) 裂纹长度达到1mm

(d) 裂纹长度达到2mm

(e) 裂纹长度达到3mm

图 10. 42　多通道结构裂纹在线监测系统界面

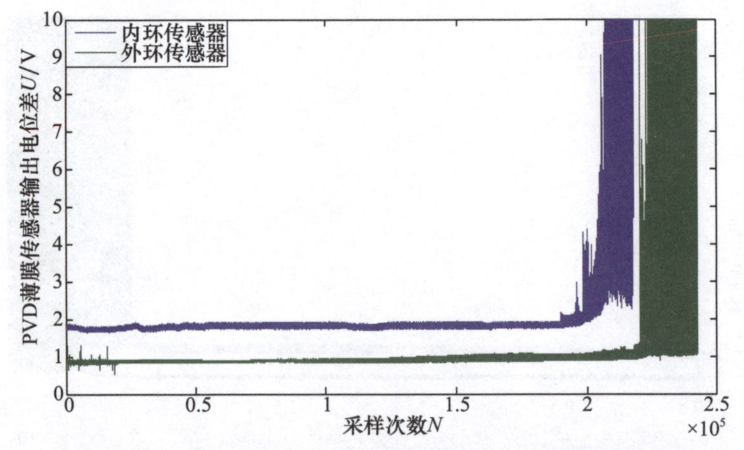

图 10.43　同心环状 PVD 薄膜传感器输出电位差信号曲线

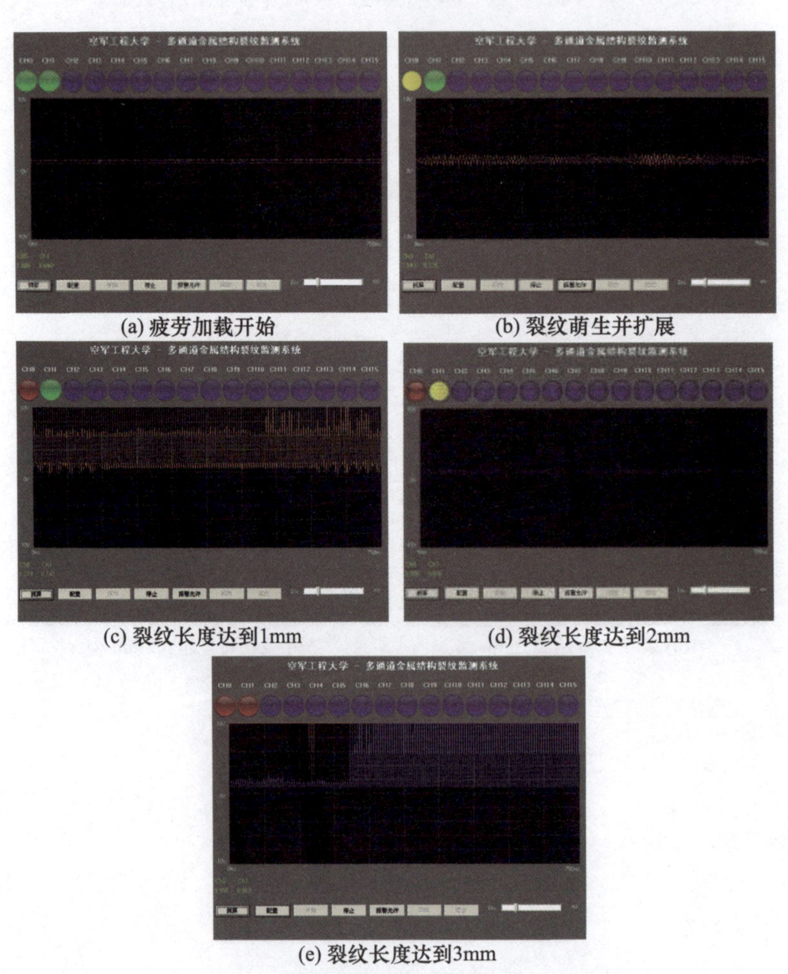

(a) 疲劳加载开始　(b) 裂纹萌生并扩展

(c) 裂纹长度达到1mm　(d) 裂纹长度达到2mm

(e) 裂纹长度达到3mm

图 10.47　多通道结构裂纹在线监测系统界面

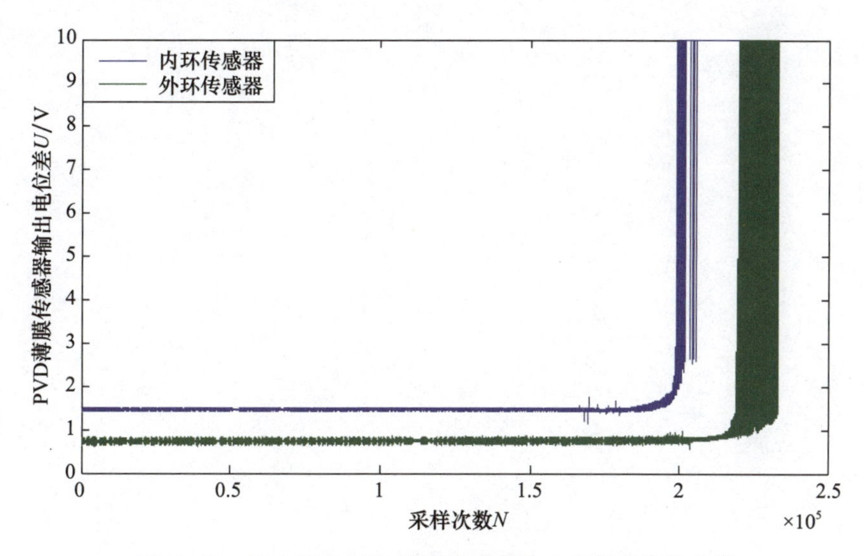

图 10.48　同心环状 PVD 薄膜传感器输出电位差信号曲线

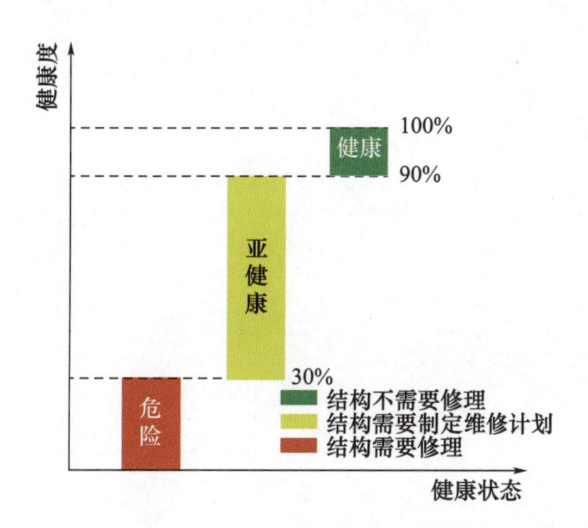

图 12.8　结构健康状态的划分